ClimatePartner°

Dieses Buch wurde klimaneutral hergestellt.
CO$_2$-Emissionen vermeiden, reduzieren, kompensieren –
nach diesem Grundsatz handelt der oekom verlag.
Unvermeidbare Emissionen kompensiert der Verlag
durch Investitionen in ein Gold-Standard-Projekt.
Mehr Informationen finden Sie unter: www.oekom.de

Bibliografische Information der Deutschen Nationalbibliothek
Die Deutsche Nationalbibliothek verzeichnet diese Publikation
in der Deutschen Nationalbibliografie; detaillierte bibliografische
Daten sind im Internet über http://dnb.d-nb.de abrufbar.

© 2011 oekom verlag, München
Gesellschaft für ökologische Kommunikation mbH
Waltherstraße 29, 80337 München

Lektorat: Ute Heek
Umschlaggestaltung: www.buero-jorge-schmidt.de
Umschlagabbildungen: © Heiko Bellmann (Grüne Rose),
© gettyimages (Schmetterling)
Gestaltung + Satz Innenteil: Ines Swoboda

Druck: fgb. freiburger graphische betriebe
Dieses Buch wurde auf FSC-zertifiziertem Recyclingpapier
und auf Papier aus anderen kontrollierten Quellen gedruckt.
Circleoffset Premium White, geliefert von *Igepagroup*,
ein Produkt der Arjo Wiggins.
FSC® (Forest Stewardship Council) ist eine nichtstaatliche,
gemeinnützige Organisation, die sich für eine ökologische und
sozialverantwortliche Nutzung der Wälder unserer Erde einsetzt.

Alle Rechte vorbehalten
Printed in Germany
ISBN 978-3-86581-194-3

Josef H. Reichholf

Das Rätsel
der grünen Rose

und andere Überraschungen
aus dem Leben
der Pflanzen und Tiere

Einführung

Ein ganz persönlicher Rückblick zu Beginn 7

Einführung

Ein ganz persönlicher Rückblick zu Beginn

Wie kam es, dass ich »Naturforscher« wurde? Diese Frage kam immer wieder von anderen Menschen an mich. Ich selbst stellte sie mir nie. Denn was ich tat, schien mir selbstverständlich. Wie ich vorging, das verlief im damals allerdings noch recht lockeren Rahmen von Gymnasium und Universitätsstudium. Und wie es mit mir weiterging, ergab sich mehr oder weniger von selbst. Die Frage, warum ich Biologe wurde, ist mir zum ersten Mal kurz nach Beendigung des Studiums gestellt worden. Mit einem Fernrohr stand ich am Flussufer und zählte geduldig Wasservögel. Eine Spaziergängerin näherte sich, schaute mir offenbar minutenlang zu, bis ich das Auge vom Fernrohr nahm und das Gezählte notierte, und fragte mich dann, ob ich Biologe sei. Noch mit dem Notieren beschäftigt, bejahte ich. »Kann man davon leben?« Auf diese Nachfrage war ich nicht gefasst, zumal ich mich eigentlich ganz gut versorgt fühlte. Vor Kurzem erst hatte ich ein Forschungsstipendium erhalten, um über die Ökologie der Wasservögel zu arbeiten, die sich zu den Zugzeiten auf den Stauseen am unteren Inn in großen Mengen einfinden. Wovon leben diese Vögel? Wie viel nutzen sie von der vorhandenen Nahrung? Weshalb gibt es so viel Nahrung in diesen Stauseen, dass im Frühjahr und Herbst alljährlich rund eine Viertelmillion Enten davon leben können? Verschmutzen sie das Wasser dabei? Um solche und andere Fragen, die mit der Konkurrenz der verschiedenen Arten untereinander zu tun hatten, sollte es in dieser für drei Jahre angesetzten Untersuchung gehen. Ich hatte gerade mit meinen Studien begonnen und keine Veranlassung, darüber hinaus in die Zukunft zu planen.

Im Vorjahr erst war ich aus Südamerika zurückgekehrt. Die Studienstiftung des Deutschen Volkes hatte mir nach Abschluss meiner Doktorarbeit ein Jahr in Brasilien ermöglicht. Für einen jungen, eben promovierten Biologen wie mich war es traumhaft schön, die unfassliche Fülle der Tropenwelt selbst erleben zu können. Das Studium davor hatte ich nach meinen Interessen gestaltet: Biologie, Chemie, Geografie und Tropenmedizin waren die Fächer. Ich war begeistert von den Inhalten und von den allermeisten Professoren und Dozenten auch. Ich fand sie klasse; einige waren Extraklasse. Nach zehn Semestern war ich mit Studium und Doktorarbeit fertig. »Studiert« hatte ich höchst intensiv und doch auch recht locker. Zusammen mit anderen Studierenden besuchte ich Vorlesungen, die mir gefielen, wo immer solche geboten wurden. Der Lehrplan blieb vage, das Engagement dafür vom Beginn bis zum Ende hoch. Die Zeit reichte. Schon während des Studiums nutzte ich jede Gelegenheit, nach draußen in die Natur zu kommen. In den Semesterferien beobachtete ich Flamingos in der Camargue, Steinböcke im Gran-Paradiso-Nationalpark in Oberitalien und am Neusiedler See die Balz der Großtrappen. Ich nahm an geführten Exkursionen in die Berge und an die Seen teil, und an vielen Wochenenden machten wir, die wir uns zum Deutschen Jugendbund für Naturbeobachtung (DJN) zusammengefunden hatten, Ausflüge in die Natur hinaus.

Die Zeit reichte immer noch für ein bisschen Spanisch und Portugiesisch als Vorbereitung für das Jahr in Südamerika, auf das ich mich freuen durfte. Vom »Büchergeld« der Studienstiftung konnte ich mir die besten Lehrbücher selbst kaufen. Sie haben für mich noch heute ihren Wert.

Nach meiner Rückkehr konnte ich nun endlich eigenverantwortlich forschen! Ob man davon leben könne? So eine Frage hatte ich wirklich nicht erwartet. Sie bewegte mich nicht, als ich nach dem Abitur an der Universität München das Studium mit Schwerpunkt Zoologie begann, auch nicht in den Regenwäldern und Savannen Brasiliens oder im Gran Chaco von Paraguay – und jetzt erst recht nicht, ich stand am Beginn meiner Forschung zur Ökologie der Stauseen am unteren Inn. Ich wollte immer schon Biologe werden; ich war es geworden. Wie es weiterginge, das würde sich ergeben.

Die Frau verstand nicht, was ich meinte mit meiner Antwort: »Ich denke schon!« Worum es ihr ging, begriff ich erst, als sie hinzufügte, dass ihre Tochter Biologie studieren wolle. Sie als Eltern wüssten aber nicht, ob das gut und aussichtsreich sei. Was ich daraufhin erläuterte, weiß ich nicht mehr genau. Sinngemäß war es wohl das später oft Wiederholte: »Wer wirklich Biologe werden will, wird seinen Weg gehen.« Damals war ich noch überzeugt davon, dass Interesse an einem Fach das Wichtigste ist, nicht die »Aussichten«! Bei einigen der solcherart Beratenen weiß ich, dass ich richtig lag. Sie wurden Biologen. Auch auf die meisten meiner Diplomanden und Doktoranden, die sich von mir Themen geben ließen und deren Arbeiten ich betreute, traf die Einschätzung zu. Sie waren alle sehr interessiert und motiviert.

Inzwischen bin ich mir da nicht mehr so sicher. Zu viele, viel zu viele gibt es, die Biologie studieren, und hoffnungslos zu wenige Stellen sind vorhanden, um eine Lebensexistenz darauf aufbauen zu können. Nicht einmal mehr die »sehr Guten« können sicher sein, die »Guten« noch weniger. Insofern hatte ich Glück. Die Zeit war günstig. Unser Interesse wurde nicht gebremst. Wir durften es auffächern und sich entfalten lassen. Wir konnten hineinschnuppern in andere Studienrichtungen. Universität bedeutete für uns in den 1960er-Jahren noch Universales, das nicht auf genau definierte Studiengänge eingeengt war. So verlor ich als werdender Zoologe weder den Kontakt zur Botanik noch zur Geografie. Im Gegenteil, meine bescheidenen Pflanzenkenntnisse gediehen trotz Konzentration des Studiums auf die Zoologie und meines frühen Beginns der Doktorarbeit über Wasserschmetterlinge. Die Kurse über Abwasserbiologie, an denen ich außer der Reihe teilnahm, erwiesen sich später als ausgesprochen hilfreich für die Untersuchungen an den Wasservögeln. Die Vorlesungen in Geografie nutzte ich zur Vorbereitung auf Südamerika; die Chemie bereitete mir Vergnügen in Vorlesungen wie in den Praktika. Die nicht vorgeschriebene Physikalische Chemie kam den physiologischen Arbeiten in der Zoologie enorm zugute, und den Semestern Tropenmedizin verdanke ich wohl, dass ich mir in den Tropen keine Krankheit holte. An Stress im Studium kann ich mich nicht erinnern – auch bei den Mitstudierenden nicht, von denen mehrere Professoren geworden und alle offenbar gut untergekommen sind.

Dennoch fängt man wahrscheinlich nicht einfach so an, Biologie zu studieren. Beim Rückblick und der Frage, warum ich Biologe wurde und nicht etwa Mediziner, obwohl mich die Medizin sehr interessierte, schälen sich einige Ereignisse heraus, die vermutlich schon früh wichtige Weichen gestellt hatten. Man bemerkt das in der Kindheit und Jugendzeit nicht. Am Anfang der in konkreter Erinnerung verbliebenen Erlebnisse steht mein erster Ausflug in die Au. Der Auwald am unteren Inn, um den es in den nachfolgenden Kapiteln immer wieder gehen wird, begann nur wenige Hundert Meter von meinem Elternhaus entfernt. Von unserem Garten aus sah ich ihn als eine Wand, die im Jahreslauf auch für Kinderaugen markant die Farbe wechselte. Schwärzlich war er im Winter, wenn Schnee auf den Wiesen davor lag, strahlend hellgrün im Frühjahr, wenn die Erlen und Weiden, die Pappeln und Eschen ausgetrieben hatten, dunkler grün und dichter den Sommer über, dann braun und gelb aufflammend im Herbst, bis die Blätter gefallen waren. In diese geheimnisvolle Au zog es mich, wenn ich am Gartenzaun stand, den ich noch nicht überklettern konnte, weil ich zu klein dafür war. Das sollte ich auch nicht, weil dahinter eine sumpfige Wiese lag, in der ich später oft knöcheltief einsank. Dann kam ein breiter, träge fließender und recht schlammiger Bach. Ein weiterer folgte. Sehr große, für mich damals geradezu himmelhohe Eschen und mächtige Kopfweiden, in deren Köpfe man leicht ein kleines Baumhaus hätte bauen können, wuchsen an seinem Ufer. In manchen dieser von Höhlen durchsetzten Kopfweiden nistete der Wiedehopf. Sein »Up-up-up« war mir vertraut wie der Kuckucksruf aus der Au.

Der Bach mit den Bäumen floss fast parallel zum Rand des Auwaldes. Es gab kleine Brücken, über die das Vieh der Bauern aus dem Dorf geführt wurde, wenn es dort im Herbst mit zusammengebundenen Vorderbeinen das letzte Gras abweiden sollte. Die Stricke ließen kleine Schritte zu, aber weglaufen war unmöglich. Oft waren die Kühe paarweise so zusammengebunden, wie man sie ansonsten vor einen Wagen spannte. Auf diesen Weiden blühten die

Herbstzeitlosen so zahlreich, dass sie wie mit Lila überzogen aussahen. Die Kühe grasten um die Blüten herum, zertraten dabei sicherlich viele, was sich aber im nächsten Frühjahr im Fruchten nicht weiter bemerkbar machte.

Eines Tages war es dann so weit, ich durfte zum ersten Mal mit in die Au. Es war im März, und noch war die Au nicht grün geworden. Bauersleute aus dem Dorf nahmen mich mit. Mit einem klapprigen Wagen, den eine Kuh zog, ging es gemächlich hinaus. Die großen eisenbeschlagenen Speichenräder aus Holz quietschten auf dem Feldweg, dass die Ohren schmerzten. Die Kuh war so langsam, dass ich am liebsten vorneweg gelaufen wäre, was ich natürlich nicht durfte. Der Weg führte schräg in den Auwald hinein. Anfangs konnte ich zwischen den dünnen grauen Stämmen der Erlen hindurch noch das Dorf mit den beiden Kirchtürmen sehen; der eine spitz und hoch, der andere ein Zwiebelturm und etwas niedriger. Schwarzer Schiefer bedeckte beide, während die Dächer der Häuser dunkel ziegelrot waren. Der Weg führte auf eine Brücke zu, die ein an dieser Stelle schmal gewordenes Altwasser – einen früheren Seitenarm des Inn, wie ich später erfuhr – überspannte. Danach ging es fast in der Gegenrichtung weiter in den Auwald hinein, bis wir anhielten und die Bauersleute mit ihrer Arbeit begannen. Mit einer kurzen Sense mähte der Mann das dürre Gras, das den Boden zwischen den Stämmen der Erlen bedeckte. Seine Frau folgte ihm und rechte das Gras zu kleinen Haufen zusammen. Von Zeit zu Zeit unterbrach der Mann das Mähen und trug das Angehäufte mit einer kurzen, kräftigen Gabel zum Wagen. Später würden sie es als Einstreu im Stall nutzen. Einen eigenen, inzwischen vielleicht bereits ausgestorbenen Ausdruck gab es für diese Tätigkeit: Aumaisen (niederbayrisch: *Aumoassn*). Danach war der Waldboden von aller Streu gesäubert.

Mir wurde bald langweilig. So hatte ich mir die Au nicht vorgestellt. Ich hatte Tiere erwartet und Wildnis, keine bäuerlichen Mäharbeiten, die immer wieder unterbrochen wurden durch das weithin tönende Wetzen der Sense. Suchend schlenderte ich umher. Zwischen den grauen, kaum mehr als armstarken Stämmen der Erlen war fast nichts zu sehen. Nur da und dort lag ein Schneckenhaus. Auf meinem Weg kam ich schließlich an den Rand eines Altwassers. Entengroße, schwarze Vögel mit leuchtend weißer Stirn schwammen darauf und riefen laut »Töck-töck«. Noch wusste ich nicht, dass es Blässhühner waren. Sie gefielen mir, wie sie mit einem kleinen Sprung halb aus dem Wasser emporschnellten und dann Kopf voran untertauchten. Fast an der gleichen Stelle warf sie das Wasser kurz darauf wie einen großen Korken wieder aus. Im Schnabel hatten sie dann Wasserpflanzen, die sie gleich verzehrten. Es gab auch viel kleinere, bräunliche Schwimmvögel, die offenbar viel geschickter tauchten und häufig laut trillerten. So sehr ich mich auch bemühte, sie beim Auftauchen zu sehen, es klappte nicht. Sie kamen immer an einer ganz anderen Stelle empor, als ich vermutet hatte, und blieben auch viel länger unter Wasser als die großen schwarzen. »Duckentchen« nannten die Leute diese Zwergtaucher. Die Welt der Au, die sich mir nun öffnete, schlug mich völlig in ihren Bann. Im hellbraunen, recht hohen Schilf raschelte es, gelegentlich berührte ein Fischrücken die Oberfläche und zog eine kurze Bahn. Ich vergaß Zeit und Raum und drang immer tiefer in diese faszinierende Welt ein. Die Bauern, mit denen ich in die Au gekommen war, hatte ich vollkommen vergessen. Ich kam an eine Brücke. Dass es eine ganz andere war als die, über die wir gefahren waren, bemerkte ich nicht. Der Erlenwald sah überall gleich aus. Damals wusste ich natürlich noch nicht, dass das an der Niederwaldnutzung lag. Jenseits der Brücke lag ein anderes, größeres und ziemlich rundes Altwasser. Auf diesem schwammen nicht nur die größeren schwarzen und die kleinen graubraunen Vögel, sondern auch mehrere Entenpaare. Flaschengrün glänzte der Kopf der Männchen. Ein dünner weißer Ring setzte das Grün vom Braun der Brust ab. Unsere Nachbarin hatte solche Enten auf ihrem Teich, aber diese hier waren viel scheuer. Als sie mich sahen, machten sie einen langen Hals und flogen mit klatschenden Flügelschlägen davon. Das war nun richtig eindrucksvoll, denn um Wildenten, um richtige Wildenten musste es sich gehandelt haben. Die andere Seite des Altwassers säumte ein schmaler Streifen Auwald. Durch ihn hindurch erkannte ich schemenhaft Kirchtürme. Ich ging am Ufer entlang, bis ich diesen Waldsaum erreichte, vergewisserte mich, dass es nur die Türme meines Dorfes sein konnten, und lief über die Wiesen auf sie zu. Den Bach mit den hohen Bäumen überquerte ich an einer Brücke. Den Sumpf hinter unserem Haus musste ich etwas ausholend umgehen. Dann war ich daheim.

Meine Mutter schimpfte gewaltig, dass ich den guten Leuten ohne ein Wort davongelaufen war. Sie eilte diesen nun selbst entgegen, um ihnen zu sagen, dass ich wohlbehalten daheim war und sie mich nicht suchen mussten. Erfreulich war das für sie sicher nicht gewesen. Aber ungemein prägend für mich.

Danach war es nur eine Frage der Zeit, bis ich groß genug war, um allein in die Au hinaus zu dürfen. Kaum konnte ich Fahrrad fahren, radelte ich so oft es ging in die Au und weiter zum Stausee, um die Natur zu erkunden. Wald und Wasser waren meine Welt – ich war der Flussnatur verfallen. Als ich dann ein Fernglas bekam, wurde der Inn mit seinem Vogelreichtum das Hauptziel. Zum Traumziel indessen entwickelten sich meine Vorstellungen vom größten aller Flüsse, vom Amazonas. Auch diesen erreichte ich später – und blieb doch der Flussnatur von Inn und Isar verhaftet. Sie waren überschaubar, boten unendlich viel Interessantes und wurden niemals langweilig. Was sich an ihren Ufern fand, erregte immer wieder meine Neugier.

Bis heute ist das so geblieben. Die Natur behielt ihre Anziehungskraft, ihre Faszination, egal ob es sich um Vögel, Schmetterlinge, Käfer oder unscheinbare Tiere, um Blumen oder Bäume oder um ökologische Vorgänge handelt. Doch was sich früher mehr auf das Einzelne, auf das Besondere konzentriert hatte, richtet sich nun auf das Verbindende, auf das Gemeinsame, auch zwischen Mensch und Natur. Die üblichen Trennungen in »Fächer« oder, wie es richtiger heißt, in Disziplinen, auf die man sich »diszipliniert« beschränken sollte, fingen an, ihren Sinn zu verlieren. Zu viel geht durch die Aufspaltung verloren. Zu wenig Verständnis kommt dabei zustande. »Quer« solle man denken, so heißt es vielfach, aber es wird alles dafür getan, genau das zu verhindern. Die Aufspaltung geht weiter. Längst hat sie zur Zersplitterung geführt; auch an den Universitäten. Den Studiengängen ist das »Uni«, nämlich das Universale, abhanden gekommen. Wer heutzutage im (kaum noch als solchen bezeichneten) Rahmen von Biologie ausgebildet wird, braucht weder einigermaßen ausreichend Kenntnis über Tiere und Pflanzen oder gar das menschliche Innenleben, noch wird das Wissen, in welcher Vielfalt sich das Leben darstellt, im Studium vermittelt werden. Umso merkwürdiger ist es, wenn dann bei der Erläuterung von Naturschutzproblemen die eine oder andere Art von (besonderen, gefährdeten) Tieren oder Pflanzen hervorgehoben wird, die die große Mehrzahl der in Biologie Ausgebildeten gar nicht kennt. Die Artenkenntnis wird den sogenannten interessierten Laien überlassen, deren französische Bezeichnung Amateur, Liebhaber, geläufiger ist. Sie sind nun die Spezialisten, die Kenner, aber oft auch schon geprägt von der Fächeraufspaltung. Der Käferspezialist tut sich recht schwer mit Wildbienen, obgleich beide Teilgruppen der Insekten sind und zur Insektenkunde, zur Entomologie, gehören. Von Pflanzenkenntnis unter Zoologen ganz zu schweigen – wie auch umgekehrt Botaniker von Tieren oft wenig wissen. Die Pilzforscher bilden eine eigene »kryptische Gruppierung«, Mykologen genannt. Ihr wichtigstes Handwerkszeug ist das Mikroskop, wie für die Vogelkundler, die Ornithologen, das Fernglas und das noch beträchtlich stärker vergrößernde Fernrohr. Und so fort. Sie alle sind, wie die übrigen Gruppierungen von Amateuren, die sich mit Lebewesen befassen, auseinandergedriftet. Wenigstens ihnen, den nicht von Lehrplänen und Studiengängen eingeschränkten Interessenten an der lebenden Natur, möchte ich Anregungen bieten, verstärkt auf das Verbindende zu achten, für sie ist dieses Buch geschrieben. Ein weiteres, wie ich meine höchst wichtiges Anliegen möchte ich hinzufügen und an die Adresse von Naturschutzbehörden und Naturschutzverbänden richten: Der Zugang zur Natur muss den Interessierten wieder erleichtert werden. Die Gesetze und Verordnungen zum Artenschutz schränken viel zu sehr ein. Sie bewirkten Entfremdung anstelle von Begeisterung. Zum Artenschutz haben die Artenschutzgesetze bei uns sehr wenig beigetragen. Nachweisbare Erfolge sind kaum auszumachen. Erholten sich gefährdete oder regional bereits verschwundene Arten wieder, so lag das daran, dass die direkte Verfolgung, Bejagung und Vergiftung eingestellt oder stark abgeschwächt worden ist. Die Naturfreunde, auch die Sammler von Schmetterlingen und Käfern, stellten keine Bedrohung der

Arten dar. Sie so weitgehend von der intensiveren Beschäftigung mit Tieren und Pflanzen durch die Artenschutzgesetze auszuschließen, stellt hingegen den größten Fehler des Naturschutzes dar. Er machte den Menschen zum (schlechten) Gegensatz zur (guten) Natur; zum Störenfried, der ausgesperrt und abgehalten werden müsse. Doch Naturfreunde erhalten die Natur und ihre Vielfalt, nicht Gesetze und Verordnungen. Letztere sind verzichtbar, Naturliebhaber sind es nicht. Um eine neue Generation von Naturfreunden möchte ich mit diesem Buch werben und die noch verbliebenen dazu ermutigen, sich dafür einzusetzen, dass der Naturschutz auf ein vernünftiges und zielführendes Maß zurückgeschraubt wird. Die Beschäftigung mit der Natur darf nicht länger genehmigungspflichtige Ausnahme sein.

Kapitel I

Feuchtgebiete – wenn Pflanzen nasse Füße bekommen

Ein Spaziergang im Auwald

Die üppig wuchernden, grünen Dschungel an unseren Flüssen enthalten mehr unterschiedliche Arten von Pflanzen und Tieren als jeder andere Lebensraum in Mitteleuropa. Wenn der Frühling in den Frühsommer übergeht, ertönt in den Auen ein vielstimmiges Vogelkonzert. An den Ufern der Bäche und Altwässer, an den Nebenarmen des Flusses und in den feuchten Senken wimmelt es von Leben. Im Pflanzengewirr sind einzelne Arten oft nicht leicht auszumachen. Lianen ranken sich an den Bäumen empor und hüllen die Stämme ein. Wildfrüchte und Beeren gibt es im Herbst in großer Zahl. Auch im Winter geht das Leben vielfältiger weiter als in anderen Formen von Wäldern. Denn das Wasser bietet immer irgendetwas.

Der Auwald meiner Kindheit, jene geheimnisvolle Welt jenseits des Gartenzauns, ließ mich nicht mehr los. Vom großen Fluss, der durch ihn fließt, erzählte meine Großmutter, dass früher das Hochwasser manchmal bis zu uns gekommen war. Das Dorf war aus guten Gründen, wie die anderen Dörfer im niederbayerischen Inntal auch, flussfern an einer Schotterterrasse angelegt worden, die von den gigantischen Fluten der Nacheiszeit zurückgelassen worden war. Der im Vergleich dazu klein gewordene Inn bewegte sich zwischen den von der Niederterrasse festgelegten Ufern hin und her. Inseln hatte er geschaffen und wieder weggerissen, riesige Kiesbänke bei Niedrigwasser freigelegt und die jahrhundertealte Treidelschifffahrt im Winterhalbjahr weitgehend zum Erliegen gebracht, wenn die Wasserstände für die schweren Kähne nicht mehr tief genug ausfielen. Viel stärker als bei der Donau, mit der sich der Inn in Passau vereint, schwankt seine Wasserführung. Von November bis Januar oder Februar fließen kaum mehr als 250 Kubikmeter pro Sekunde durch den Unterlauf, während es von Ende Mai bis Anfang oder

Mitte August über 2.000 sind. Höchste Hochwässer überschritten in der zweiten Hälfte des 20. Jahrhunderts (seit genau gemessen werden kann) 5.000 Kubikmeter pro Sekunde. Im Juli 1954 waren es sogar mehr als 6.000.

Damals durfte ich mit meinen neun Jahren zwar schon in die Au hinaus, aber noch nicht zum Inn, um die gigantische Flut zu sehen. Das ganze Dorf war in Aufregung, weil von überall her entlang des Inn Schreckliches von Überschwemmungen, die bis ins zweite Stockwerk der Häuser hinaufreichten, und von Dammbrüchen und toten Tieren im Wasser berichtet wurde. Würden die erst gut ein Jahrzehnt alten Dämme der neuen Stauseen halten? Das war die bange Frage. Das Wasser lief in Passau bereits in den Dom hinein und man beeilte sich, das Wertvollste mit Booten vor den noch weiter steigenden Fluten zu retten. Der Regen, der über eine Woche lang ohne Unterlass niederging, wollte und wollte nicht aufhören. Der hoch angestiegene Fluss staute inzwischen die Bäche zurück, die aus dem Vorland kamen. Auch der Bach hinter unserem Haus war betroffen und hatte einen See gebildet. Barfuß, weil es Sommer war, auch wenn das Wetter ganz und gar nicht dazu passte, erkundete ich diesen See bis zur Knietiefe.

Die Dämme hielten. Das Hochwasser, dessen Schrecken den Dorfbewohnern noch durchaus gegenwärtig war, weil es bereits zwischen 1920 und 1940 mehrfach große Fluten gegeben hatte, floss ohne Schäden an uns vorüber. Die neuen Dämme der erst 1942 und 1943 gebauten Stauseen hielten, wie seither auch, den Wassermassen stand.

Als ich nach den Tagen der Flut in die Au hinauskam, bot sich ein eigenartiger Anblick. Alles war grau bis zu der Höhe, die das Wasser erreicht hatte. Der feine Schlick des hochgedrückten Innwassers bedeckte wie mit einem Lineal gezogen bis zu dieser Höhe alles wie Asche. Darüber zeigte sich der Auwald in seinem normalen Grün. Erst bei späteren Hochwässern an anderer Stelle sollte ich sehen, wie die Strömung am Boden alles bis auf die stärksten Baumstämme abrasierte. Diesmal aber hatte es ein stehendes Hochwasser gegeben, das vor allem Mäuse und Igel nicht überlebt hatten. Rehe und Hasen hatten sich schwimmend aus der Au retten können. Sie standen nun auf den Wiesen herum, die nicht überflutet worden waren, und machten auf mich einen seltsam ratlosen Eindruck.

Ein paar Regengüsse später, die der August brachte, war die Au wieder grün. Ganz grün. Sie wucherte in den nächsten Jahren besonders stark – dank der Düngung, die die Flut gebracht hatte. Ohne es zu ahnen, hatte ich als kleiner Zuschauer einen der stärksten Impulse mitbekommen, den Hochwässer dem Auwald geben.

Ein Paradies für Vögel

Zunächst blieb der Auwald für mich einfach »die Au«. Obwohl ich die Silberweiden und Grauerlen, die Schwarzpappeln und die Traubenkirschen schon im Kindesalter kennen und sicher voneinander zu unterscheiden lernte, stellten sie für mich einfach nur den Wald dar. Ich empfand sie als Einheit. Von Anfang an. Sie »Ökosystem Auwald« zu nennen, kam mir auch später nie in den Sinn, als ich Ökologie lehrte und an der Auwald-Ökologie forschte. Vielleicht auch, weil ich den Eindruck hatte, dass diejenigen, die – weil es Mode geworden war – immer ein »Ökosystem« vorschalteten, wenn sie diesen oder jenen Wald meinten, weder das Ökosystem noch den Wald verstanden hatten. Die Au war ein Ganzes. Sie bestand aus Wald und Wasser. In ihr lebten Pflanzen und Tiere, die mich interessierten. Ich hatte mir schon erste Bestimmungsbücher besorgt. Sie waren mir wichtiger als alle Schulbücher. Denn nur das, was ich mit dem richtigen Namen benennen konnte, bekam Bedeutung. Ich las die Schülerzeitschrift »Der kleine Tierfreund« mit wachsender Begeisterung. Bald folgten die Hefte »Kosmos« und »Orion«, und natürlich weitere Bestimmungsbücher, vor allem solche für Tiere. Sie reizten mich mehr als die Pflanzen, weil Bücher mit Abbildungen, die für mich erschwinglich waren, nur Strichzeichnungen enthielten, mit denen ich mich schwertat.

Eine katastrophale Fehlbestimmung passierte mir damit, als ich auf einem Acker am Dorfrand eine Pflanze mit weißfilziger Blüte fand. Mein Bestimmungsversuch landete beim Edelweiß. Das Büchlein mit den Strichzeichnungen gab zum Vorkommen lediglich »Hochgebirge« an. Meine Mutter zeigte mir Edelweißblüten, die ihr mein Vater als Gruß aus dem Krieg vom Kaukasus geschickt hatte.

Die sahen ganz anders aus. Ich war ratlos und gab die Pflanzenbestimmung vorerst auf. Was ich gefunden hatte, erkannte ich viele
Jahre später als das Sumpf-Ruhrkraut *Gnaphalium uliginosum*. Die ·
Beschämung wich erst, als ich in Wolfgang Holzners »Ackerunkräuter« von 1981 Folgendes las:»Die weißfilzigen Pflänzchen erinnern
etwas an Edelweiß.« Da war ich aber längst mit der Pflanzenwelt
der Inn-Auen vertraut. Selbstverständlich gingen auch manche Be-
stimmungsversuche daneben, die Kleintieren galten. Käfer gibt es
so viele, und nur wenige lassen sich leicht erkennen. Bei den Tagfaltern war der Anteil der in Bestimmungsbüchern abgebildeten
Arten größer.

Am besten waren jedoch auch damals schon die Bücher über die
Vögel. Ausgerüstet mit einem kleinen Fernglas nahm ich mir die
Vogelwelt der Auen und auf dem Stausee vor. Sie schien unerschöpf-
lich. Hundert verschiedene Arten im Lauf eines Jahres bekam ich
mühelos zusammen. Die eigentliche Herausforderung waren weder
die Enten draußen auf dem Stausee noch das, was ich in den Gärten
im Dorf sehen konnte, sondern die Vögel des Auwaldes. Sie waren
allgegenwärtig und doch so schwer zu sehen. Ich musste die Stimmen erkennen lernen, ihre Gesänge. Nun wurde die Au wirklich
zum Dschungel. Drosseln und Grasmücken, Laubsänger und Rotkehlchen, Schwirle und Rohrsänger schienen um die Wette zu singen. Das verwirrende Durcheinander zu entschlüsseln wurde die
große Herausforderung. Ich fand Stellen, an denen gleichzeitig –
meist war es am späten Nachmittag oder bei beginnender Abend-
dämmerung – alle drei Arten der in Mitteleuropa vorkommenden
Schwirle zu hören waren. Auf einer von Buschwerk durchsetzten
Auwiese sang hell sirrend der Feldschwirl *Locustella naevia*, im
Gebüsch unter den Erlen der wie eine alte Nähmaschine klingende
Schlagschwirl *Locustella fluviatilis* und aus dem Röhricht am Altwasser tönte der Rohrschwirl *Locustella luscinioides* wie eine Schnur-
rolle an der Angel, die gerade aufgespult wird.

Es gibt nur wenige Orte, an denen es möglich ist, alle drei
Schwirlarten gleichzeitig zu hören. Die größte Besonderheit unter
den dreien war der Schlagschwirl, weil er – aus dem Osten kom-
mend, wo er die Flussauen besiedelt – damals gegen Ende der

1960er-Jahre hier am unteren Inn die Westgrenze seiner Verbreitung erreicht hatte. Sein »Nähmaschinengesang« ist unverkennbar. Die sehr mechanisch, geradezu insektenhaft klingenden Gesänge der Schwirle zu unterscheiden ist keine Kunst. Zu sehen bekommt man diese Vögel allerdings fast nie. Sie halten sich so sehr in Deckung, dass man in den Momenten, in denen man sie vielleicht doch einmal erblickt, die Feinheiten ihrer Zeichnung kaum erkennen kann. Dafür sind die Gesänge umso kennzeichnender, wie auch bei Grasmücken, Laub- und Rohrsängern. Nach und nach löste sich jedenfalls das scheinbare Durcheinander der Vogelgesänge im Auwald für meine Ohren in ein klares Nebeneinander auf, das kaum noch Schwierigkeiten bei der Bestimmung machte. Nur eine Stimme fehlte, so sehr ich mich auch danach sehnte. Manchmal, von Mitte bis Ende Mai, meinte ich sie erkannt zu haben, merkte aber doch im nächsten Moment, dass es eine Täuschung war. Alle herbei gewünschten Nachtigallen waren und blieben in »meiner Au« Sumpfrohrsänger *Acrocephalus palustris*, die Partien von Nachtigallengesängen nachahmten. Es gibt sie nicht, die Nachtigall, in den Inn-Auen. Höchst selten einmal, und dann eher in einem Garten, macht sie Rast auf dem Zug in die Brutgebiete und schluchzt eine Zeit lang ihre Strophen. Als die 1980er- und 1990er-Jahre einige recht warme und vor allem früh beginnende Sommer brachten, verweilte da und dort eine Nachtigall und sang und sang. Eine Woche lang oder länger. Dann war Stille. Ein einzelnes Männchen hatte es am betreffenden Platz versucht, aber keine Resonanz bekommen, weder von einem Weibchen noch von einem Rivalen. Die Nachtigall, die im 19. Jahrhundert noch weiter verbreitet war im nördlichen Voralpenland, ist noch nicht wiedergekommen. Die Vorkommen schrumpfen eher, als dass sie sich ausbreiten. Nur im äußersten Nordwesten Bayerns, der wärmsten Region am Main, kommt sie noch verbreitet vor. In unserer Zeit hätte ihr Gesang nur schwer Eingang finden können in Volkslieder. Früher hingegen gab es sie auch in den Flusstälern mit bayerischer Mundart und im Tirolerischen und Salzburgischen. Inzwischen hat sie sich wie andere die Wärme liebende Vogelarten zurückgezogen in den Süden und Südosten.

Was ich in den Jahren meiner jugendlichen Erkundung der Auen nicht ahnte, ist heute klar: Sie sind dichter als früher geworden, zugewachsen und damit kühler und feuchter. Temperatur- und Feuchtigkeitsmessungen von Wetterstationen zeigen das nicht an, weil sie anders messen – nicht vor Ort im Wald, sondern im möglichst standardisierten Freistand im Schatten. Doch wo der Wald dichter und dichter wird, verdunstet aus der Vegetation auch immer mehr Wasser. Das kühlt. Die Luftfeuchte bleibt hoch, selbst wenn über der Au die Sonne vom schönsten Maienhimmel strahlt. Immer wieder wird sich im Folgenden zeigen, wie sehr solche Entwicklungen grundlegenden Einfluss auf Vorkommen und Häufigkeit von Pflanzen, vor allem aber auf das Leben von Tieren haben.

Halali im Auwald

Für die Säugetiere bot der Auwald einen optimalen Schutz. Gelegentlich teilte das laute Schrecken eines Rehs mit, dass ich entdeckt worden war und dass es flüchtete. Füchse und Dachse ließen sich so gut wie nie sehen, Marder und Iltisse auch nicht. Mäuse hatten stets genug Deckung. Auf dem feuchten Boden verursachten sie bei ihrem Herumwuseln nicht einmal ein Rascheln. Wollte ich Rehe sehen, ging das besser vom Gartenzaun aus. Hasen liefen im Frühjahr zu mehreren hintereinander in krummen Kreisen über die Felder mit der jungen Saat. Ob sie häufig oder selten waren, hätte sich daraus nicht ablesen lassen. Tatsächlich aber gab es viele, was auch für die Füchse zutraf.

Wenn die Jäger im Herbst Treibjagden machten, zeigten die sogenannten »Jagdstrecken«, wie viel Wild es gab: Ganze Wagenladungen voller Hasen, über 100 waren es nicht selten, Dutzende Füchse sowie schichtenweise Fasanenhähne waren das Ergebnis eines Jagdtags in der Au. Fasane gab es zu Hunderten. Man musste aufpassen, dass sie nicht ins Fahrrad flogen, wenn man am Rand der Au entlang radelte. Manchmal zählte ich über 50 Hähne und Hennen auf einem Stück von nur einem halben Kilometer. Die Fasane zogen am Spätnachmittag langsam aus der Flur zur Au hin, um in der Dämmerung zu ihren Schlafbäumen zu fliegen. Dank dieser in jenen Jahren sehr guten Jagdstrecken an Niederwild wurde draußen am Stausee kaum gejagt. Die Wasservögel genossen Ruhe in einer Zeit, in der es noch keine größeren Schutzgebiete für sie gab. Ein paar Mal beteiligte ich mich als Treiber im Auwald, weil ich einen lebendigen Fuchs sehen wollte, und hoffte dabei, er würde entkommen. Es war leicht, zwischen den Bäumen voranzukommen. Die Au war noch licht. Einzig Altwässer stellten Hindernisse dar.

Diese Erinnerungen zeigen, wie offen der Auwald in den späten 1950er- und frühen 1960er-Jahren noch war. Versumpfte Stellen wurden als »Seggenwiesen« genutzt. Dort gab es bei den Treibjagden Waldschnepfen *Scolopax rusticola*, Bekassinen *Gallinago gallinago* und »große Schnepfen«, wie die Jäger sie nannten. Vermutlich waren das die seltenen Doppelschnepfen *Gallinago media*. Die Fasane brüteten in jener Zeit noch häufig im Auwald. Oft traf ich Weibchen mit ihrer Jungenschar auf den Wegen. Sie waren nicht darauf angewiesen, draußen auf den Feldern ihre Gelege zu bebrüten und die Jungen großzuziehen. Das taten dort die Rebhühner *Perdix perdix*, die auf den Treibjagden ebenfalls mit erlegt, lieber aber von den Jägern einzeln gejagt wurden, weil sich die Abflugrichtung eines Volkes schwer vorhersagen ließ. Die Fasane machen es den Jägern in dieser Hinsicht leicht. Sie poltern los und bleiben im Flug auf einer langen, nur leicht bogenförmigen Geraden. »Ein Hahn, ein Hahn« oder deutlich ablehnend »eine Henne, eine Henne«, schrien die Treiber in der Au, sodass die Schützen wussten, was über die niedrigen Bäume auf sie zukam. Auf Niederbayrisch hörte sich das kurz und bündig an: »a Ha« oder »a Hen«.

Diese Zeiten der Fülle sind vorbei. Die großen Jagdstrecken, die mit Traktoren ins Dorf gefahren wurden, gehören der Vergangenheit an. Warum? Ist die modernisierte, intensivierte Landwirtschaft daran schuld? Gewiss, sie hat die Flur zu hoch produktiven Einheitsflächen umgestaltet und ihr dabei die Vielfalt genommen, aus der auch die Jagderträge hervorgegangen waren. Aber für den Auwald trifft die Intensivierung nicht zu. Er wird weit weniger als früher oder gar nicht mehr genutzt. Im Gegenteil: Die Auen stehen unter Landschaftsschutz, stellenweise auch unter Naturschutz. Was aber ist dann geschehen?

Wälder mit wechselvoller Geschichte

Ursprünglich wuchs Auwald fast überall entlang der Flüsse. Nur an Steilufern, an denen der Fluss beständig nagte, konnte er nicht Fuß fassen. Auwald ist Wasserwald. Das besagt sein Name, denn mit Au ist das Wasser *aqua* gemeint. Das Lateinische hat es vom Keltischen und anderen indoeuropäischen Sprachen übernommen. »A« steht dafür, oder verdoppelt »Aa« wie im Flussnamen der Aare. Es steckt in Isar, der »Isara«, verbunden mit dem schnellen Fließen, der reißenden Strömung »is«, und auch im Inn, der in alter Weise auf Niederbayrisch nur »I« heißt – die kürzeste Bezeichnung für einen Fluss. Die Au hingegen meinte ursprünglich mehr die Wiesen am Fluss und nicht direkt den Wasserwald. Wie ausgeprägt dieser nämlich war, darüber ließe sich trefflich streiten. Die verbreitete Vorstellung, Auwälder hätten in gleichsam natürlicher Ausbildung früher unsere Flüsse begleitet, bis im 19. und 20. Jahrhundert die großen Rodungen anfingen, weil der Wasserbau die Fluten zähmte und das Wasser kanalisiert und reguliert ableitete, ist wohl nicht viel mehr als ein Wunschbild. Die Flussauen wurden durch alle Jahrhunderte genutzt und den Bedürfnissen von Mensch und Vieh angepasst. Urwüchsig waren sie sicherlich nur an wenigen Stellen und über gewisse Zeiten. Denn nirgendwo siedelten die Menschen dichter als in den Flusstälern. Hier entstanden die ersten größeren Orte, die sich mit zunehmender Bevölkerungszahl zu Städten entwickelten. Den Flüssen entnahm man Wasser, wenn Quellen und Bäche an den Talrändern nicht genügend hergaben. Sie hatten das Abwasser aufzunehmen und lieferten Holz, vor allem Brennholz, weil das weiche Holz der Auwaldbäume zum Bauen weniger geeignet, aber gut zum Verheizen ist. Das üppige Wachstum der Pflanzen am Fluss prädestinierte die Aue als Weideland für das Vieh. Die Beweidung wiederum schuf ein Mosaik von offenem Grünland, das hoch genug lag, um von den kleineren, alljährlichen Überschwemmungen nicht direkt betroffen zu sein, von feuchten, oft von Röhricht umgebenen Senken, Seitenarmen des Flusses mit wechselnder Durchströmungsstärke und sehr trockenen Stellen, den »Brennen«. Diese bildeten sich, wenn starke Hochwässer dünenartig Sand abgelagert hatten. Lagen sie hoch genug über dem Grundwasserspiegel, trockneten diese Sandstellen aus und wurden im Sommer so heiß, dass sie im Österreichischen »Heißländs« genannt wurden. Große Teile der Aue bedeckte aber der Wald. Er fügte sich nicht nur in das Mosaik unterschiedlicher Lebensbedingungen ein, sondern strukturierte sich selbst mosaikartig weiter – und zwar gemäß der Nähe zum Wasser und zur Dauer und Häufigkeit der Überschwemmungen.

Auwald in Theorie ...

In den flussnahen, oft und lange überfluteten Bereichen finden die Weiden die besten Lebensbedingungen. Sie vertragen auch hohe Wasserstände im Sommer. Notfalls entwickeln sie auf der Höhe der Wasserlinie einfach am Stamm neue Wurzeln. Reißt das Hochwasser Weiden weg und schwemmt sie irgendwo an, so treiben die Stämme und Äste überall Wurzeln, wo sie den Boden berühren. Aus einer gestrandeten Weide kann so eine ganze Gruppe und von dieser ausgehend ein neuer kleiner Weidenwald entstehen. Nicht ganz so feucht darf es für die Erlen sein. Sie halten zwar auch viel Wasser aus, aber keine dauerhafte Nässe. Nur die Schwarzerlen *Alnus glutinosa* wachsen im stehenden Wasser des sogenannten Bruchwaldes. Aber dort herrschen andere Verhältnisse. Die Grauerle *Alnus incana* braucht im Sommer doch mehrere Monate, in denen ihr Wurzelwerk nicht unter Wasser steht. Dann gedeiht sie am besten.

Wo die Grauerlen gut wachsen, mischen sich Pappeln in den Bestand. Die Schwarzpappel *Populus nigra* überwächst die Erlen wie die großen »Überhälter-Bäume« im tropischen Regenwald die geschlossene Kronendecke. Knorrig und mächtig zugleich sehen sie aus, die Schwarzpappeln. Sie sind alt, wenn die Eichen und die Ulmen, die Eschen und die Linden an den Rändern der Pappelaue noch jung sind. Denn wie Weiden und Erlen wachsen sie schnell heran und altern früh. Was ins Kraut schießt, hat nicht Bestand. Was langsam gedeiht, wird stark und dauerhafter sein. Diese Regel gilt nirgendwo so augenfällig wie in der Strukturierung des Auwaldes. Auf die schnellwüchsige, im Wesentlichen von Silberweiden, Grauerlen und Schwarzpappeln gebildete Weichholzaue folgt die »langsamere« Hartholzaue mit den genannten Bäumen. Eichen können also durchaus auch im Auwald angetroffen werden. Es muss sich nicht um gepflanzte handeln. »Pflanzer« waren dennoch fast immer am Werk, wenn Eichen aufkommen. Die schweren Eicheln fallen nicht weit vom Stamm, da kann der Wind noch so stark wehen. Nur ausnahmsweise wird das Hochwasser reife Eicheln mitnehmen und an geeigneter Stelle anschwemmen. Denn Herbsthochwässer sind selten – wo Eichen in Flussauen wachsen sogar die Ausnahme. Tiere und Menschen besorgen die Eichenverbreitung. Der Eichelhäher *Garrulus glandarius* erhielt seinen Namen, auch den wissenschaftlichen Artnamen, von seiner ungewollten, aber sehr wirkungsvollen Verbreitung von Eicheln. Er versteckt viele und vergisst manche. Die Eichen stehen dennoch aus zwei Gründen am Ende des Spektrums der Auwaldbäume: Sie vertragen Überschwemmungen am wenigsten, zumal wenn diese länger andauern, und ihre Samen eignen sich nicht für die Verbreitung durch Wasser und Wind.

Die Hartholzaue begrenzt den Auwald nach außen und die Eichen nehmen dabei natürlicherweise die äußersten Positionen ein. Die Bäume dazwischen vertragen mehr oder weniger Überflutung. Ihre Samen eignen sich für die Windausbreitung. Am anderen Ende, am Wasser selbst, wachsen jene Arten, die wie die Weiden die Verdriftung der winzigen Samen überwiegend dem Wasser anvertrauen – oder zumindest weitgehend, wie die Erlen. Auch die »Pappelwolle« fliegt weit, und wenn die Pappeln solcherart »erblühen«, wirkt die fliegende Wolle wie ein Schneegestöber. Der Volksmund nennt es zwar Blühen, aber es handelt sich natürlich um die flaumigen Samen. Beim Blühen hingegen liegen die Verhältnisse zu Nähe oder Ferne des Wassers nicht mehr so klar.

Die Erlen sind Windbestäuber wie die Eichen, während sich die Weiden tierischer Helfer bedienen. Sie erzeugen weibliche und männliche »Kätzchen« auf unterschiedlichen Baumindividuen. »Zweihäusig« nennt sie die Botanik in noch spätmittelalterlicher Verdeckung des Sexuellen und meint damit, dass es ein weibliches und ein männliches »Haus« bei ihnen gibt. Stieß ich in Büchern auf diese Bezeichnung oder musste ich sie in der Botanik verwenden, erinnerte ich mich an die in meiner Kindheit in Niederbayern noch übliche Bezeichnung »Frauenzimmer« und »Mannsbild«. Auch darin stecken noch alte Umschreibungen.

Die »zweihäusigen« Weiden brauchen wegen der Verteilung ihrer männlichen und weiblichen Blüten auf unterschiedliche Bäume zur erfolgreichen Bestäubung Partner, die in der Lage sind, nötigenfalls etwas gegen den vorherrschenden Wind zu fliegen. Die männlichen Kätzchen bieten vornehmlich und reichlich Pollen, die weiblichen Nektar an. Das ergibt die ideale Kombination für die im Frühjahr, zur Blütezeit der Weiden, tätigen Bienen. Sie können sich dank des arttypisch duftenden Nektars blütenstet verhalten, obwohl die Blüten selbst unterschiedlich aussehen. Dafür geeignete Wildbienen gibt es in vielen Arten, und in den Flussauen kommen sie besonders reichlich vor. Die für die Silberweiden wichtigste Wildbienenart ist die Sandbiene *Andrena vaga*. Sie baut ihr Bodennest in Kolonien auf den sandigen Stellen, die das Hochwasser zurückgelassen hat, und vor allem auf den Dämmen, denn diese sind auch noch hochwassersicher. Kleine, krümelartig aufgeworfene Erdhäufchen mit einem Loch in der Mitte, das genau den Durchmesser des Bienenkörpers hat, zeigen an, dass Sandbienen ihre Bodennester angelegt haben.

... und in der Praxis

So weit das, was man »Theorie« nennen könnte. Denn die Auwälder an unseren Flüssen entwickelten sich, wie schon angedeutet, kaum jemals wirklich diesem Schema der Waldzonierung entsprechend, sondern so, wie Mensch, Vieh und Fluss das zuließen. Die Abfolge der Uferweiden von der erlenreichen Weichholzaue, die in Pappelbestände übergeht und in die sich auch die Traubenkirsche *Prunus padus* mischt, über den Eschen-Ulmen-Hartholzauwald bis zu den Eichen stellt sich nämlich am klarsten erst in verlandenden Stauseen ein. Die von Staumauer und Seitendämmen bewirkte Regulierung von Wasserständen und Hochwasserhöhen macht das möglich. Der gestaute Fluss taucht gleichsam in den Stausee hinein, wird dadurch in seiner Fließgeschwindigkeit abgebremst und lagert an Geschiebe und Schwebstoffen ab, was von der Strömung nicht mehr transportiert oder getragen werden kann. Dadurch entsteht ein Binnendelta. Ist der Stauraum breit, weitet sich dieses Delta ähnlich wie bei Flussmündungen in einen See aus. Ist er schmal, kommt es nach und nach längsseitig zu den Ablagerungen. Die ältesten davon sind zu Beginn der Verlandung am weitesten flussaufwärts entstanden. Die jüngsten liegen der Staumauer am nächsten. Auf diese Weise kommt eine Längszonierung zustande. Die jüngste Aue auf den Anlandungen bilden wie zu erwarten die Weiden, meistens Silberweiden im randalpinen Bereich. Es folgt die Erlenaue, danach der Erlen-Traubenkirschen-Wald, dann werden die Pappeln häufiger, und ganz »oben« am Beginn der Verlandungszone findet man den nur noch selten von Hochwässern überfluteten Eschen-Ulmen-Wald. Der technische Eingriff mit seiner Leitwirkung für das Geschehen zeigt, dass die Theorie stimmt. Nur hat sich die Abfolge *längs* des Flusses ausgebildet, und nicht *senkrecht* dazu. Den Bäumen selbst ist die Theorie, wenn ich das so ausdrücken darf, gleichgültig. Sie wachsen dort, wo die Bedingungen passen oder wo sie zuerst hingekommen sind und die Konkurrenz noch nicht ihr Aufkommen behindert hat. Und die Konkurrenz ist hart, sehr hart, im nährstoffreichen Auwald. Sie wird noch häufiger Thema sein.

Die Überflutungshäufigkeit und -dauer war in früheren Zeiten das Haupthindernis für die landwirtschaftliche Erschließung der Auen. Es lohnte nicht, Felder anzulegen, wenn damit zu rechnen war, dass sie beinahe alljährlich überschwemmt würden. Vielfach war es im Hinblick auf die Erträge der Fischerei auch günstiger, Seitenarme nicht für den Durchfluss zu sperren. Die technischen Fortschritte änderten im 19. und frühen 20. Jahrhundert die Lage in den Auen jedoch grundlegend. Nun konnten auch, wie es vordem schon seit Jahrhunderten mit den Bächen gemacht worden war, wasserreiche Flüsse in ihrem Lauf begradigt und mit Hochwasserdämmen vom Umland abgegrenzt werden. Die Eindämmung schuf die Möglichkeit, die Auwälder zu roden und in Ackerland umzuwandeln. Zwischen den Dämmen gab es nun aber häufiger Hochwässer mit größeren Strömungsgeschwindigkeiten, weil den in ein starres Bett gezwungenen Flüssen die natürliche Ausbreitungsmöglichkeit fehlte. Da Weideland in der Folge zu oft überschwemmt wurde, behalf man sich mit Weichholzauen. Sie hielten den Hochwässern besser stand und lieferten in Niederwaldbewirtschaftung verlässlich Brennholz. Waren die Auen noch bis in das 19. Jahrhundert hinein ziemlich offen und gar nicht so dicht bewaldet, wie man sich das in unserer Zeit häufig vorstellt, so fing nun das Wuchern der Vegetation richtig an. Der dichte Dschungel entstand. Denn die Bäume hatten alles, was sie für rasches Wachstum benötigen: Nährstoffe im Boden, die von den Fluten immer wieder neu eingetragen wurden, und Wasser, an dem es nun zu keiner Zeit mehr mangelte.

Außerhalb der Dämme hingegen fingen die verbliebenen Auen aus genau denselben Gründen zu kümmern an. Sie erhielten keine frischen Nährstoffe mehr, weil das Hochwasser sie nicht mehr erreichte, und der Grundwasserstand sank zu stark ab oder schwankte zu wenig. Das machte sie als Ackerland tauglich. Innerhalb weniger Jahrzehnte wurde nun der Großteil der früheren Flussauen gerodet und in Acker- oder auch in Siedlungsland umgewandelt. Der Bau von Stauseen beschleunigte die Entwicklung. Den Auen außerhalb der gut abgedichteten Dämme drohte nach deren Errichtung nur noch ganz selten einmal Hochwasser. Das Wasser, das vom Land zum Fluss strömte und sich an den Dämmen staute, wurde über regulierende Binnenentwässerungen in die Stauseen gepumpt oder parallel dazu über Sickergräben unterhalb der Staudämme eingeleitet. Nur die innerhalb der Stauräume verbliebenen Auen und solche, die sich darin neu bildeten, blieben sich selbst überlassen und damit gesichert. Der große Rest ging verloren. Alten Karten zufolge existieren gegenwärtig kaum mehr als fünf Prozent der früheren Auwälder. Die meisten davon gehören zum Typ Weichholzaue, weil sie auf so feuchtem und hochwasserbedrohtem Gelände wachsen, dass sich eine Umwandlung in andere, forstlich ertragreichere Waldtypen nicht lohnt.

Wo nicht zuletzt auch auf Druck der Naturschutzverbände die Dämme nahe an den gestauten Flüssen gezogen wurden, um »Flächenverluste« möglichst gering zu halten, kam es tatsächlich zu den größten Verlusten an Auwaldflächen. Die Theorie scheiterte an der Praxis. Und dieser liegt ein Prinzip zugrunde, das stets bedacht werden sollte, wenn es um die sogenannte Flächensicherung geht, nämlich, dass sich am Ende die für den Besitzer ertragreichste Form durchsetzt. Die Auwälder haben daher am ehesten dort Zukunft, wo sie als Staatsgrund tatsächlich langfristig geschützt und aus der Nutzung genommen sind. Ob das die beste Alternative ist, wird in anderem Zusammenhang auszuloten sein. Jedenfalls sind die in Stauseen neu entstandenen, von Anfang an keiner Nutzung ausgesetzten Auwälder die einzigen echten Urwälder, die es bei uns gibt. Darüber mehr am Schluss, wenn es gilt, Ausblicke auf »den Urwald« zu entwerfen. Doch wenden wir uns zunächst verschiedenen Bäumen und Pflanzen sowie ihrem faszinierenden Zusammenspiel untereinander und mit ganz bestimmten Tieren zu.

Weiden – das Rätsel der grünen Rose

Silberweiden prägen den Wald der Flussauen. Weht der Sommerwind darüber, drehen die Blätter ihre weißfilzige Blattunterseite nach oben und es fließen Silberwogen über den Wald. Weiße Reiher erheben sich aus den von Röhricht gesäumten Buchten, schweben mit dem Wind über die Weiden hinweg, um die nächste Lagune aufzusuchen. Die Bewegung der Weidenblätter bleibt weich. Sie erzeugen kein hartes Rauschen, wie die Pappeln oder das Röhricht, sondern mehr ein zartes Summen. Die Stimmen der Vögel dämpft es nicht. Sogar ein feines »Ziiieh« lässt sich mitunter vernehmen und die Herzen von Ornithologen höher schlagen. Es ist der Ruf der Beutelmeise. Merkwürdiges tut sich mitunter auch an den Weiden selbst. Makellos schlanke Triebe hören zu wachsen auf und erzeugen an der Spitze eine grüne Rose, die im Aufbau Rosenblüten zu gleichen scheint, aber doch irgendwie anders geraten ist – rosenartig, aber grün. An anderen Weiden riecht man Gift, tödliches Gift. Und an wolkenlosen Frühlings- und Frühsommertagen regnet es im Weidengebüsch unaufhörlich und kalt.

Silberweiden – die eine unter vielen

»Stattlichste und forstlich wichtigste einheimische Weidenart. 15 bis 25, maximal 30 Meter hoher, bis zu 200 Jahre alter, raschwüchsiger Baum.« So charakterisiert das »Lexikon der Forstbotanik« die Silberweide *Salix alba* und fügt zu ihrer Verbreitung hinzu: Europa, West- und Südwestasien, Himalaja, Tibet, Nordafrika und eingebürgert im östlichen Nordamerika. Allein die Größe des natürlichen Verbreitungsgebiets weist auf eine sehr erfolgreiche Baumart hin, die Vorzüge haben muss, sonst hätte man sie in Nordamerika nicht eingebürgert, wo es gewiss keinen Mangel an Baumarten gibt. In wenigen Worten kann viel enthalten sein. Die Silberweide sprengt den Rahmen einer solchen Kurzbeschreibung bei Weitem. Betrachten wir also kurz die Details der Beschreibung.

»Stattlich« ist die Silberweide, wenn sie die angegebene Größe erreicht. Das ist zwar nur ganz selten einmal der Fall, wenn der Baum unter dafür günstigen Bedingungen frei und ohne Konkurrenz, auch ohne eine solche von anderen Bäumen ihrer Art, aufwachsen kann. Dann schafft sie auch schon mal ein Alter von mehr als 100 Jahren. 200 Jahre dürften gewiss eine große Seltenheit sein. Das liegt an ihrer Raschwüchsigkeit. Wer schnell aufwächst, altert auch rasch. Diese Regel trifft in Baumkreisen fast immer zu. Eingebunden in einen Bestand beginnt die sichtbare Alterung viel früher, oft schon mit 50 bis 70 Jahren. Das trifft zumindest in den ausgedehnten Beständen von Silberweiden der Auwälder am unteren Inn innerhalb der Stauseen zu. Dass sie »forstlich wichtig«, sogar »die wichtigste« sein soll, ergibt sich aus dem Zusatz »einheimische Weidenart«. Er deutet an, dass es weitere Arten von Weiden gibt. Viele sind es – wie viele, das lässt sich gar nicht so genau sagen. Die Angaben schwanken. »Etwa 500 Arten mit Verbreitungsschwerpunkten in der nördlichen kalten und gemäßigten Zone. Außerdem in Südostasien, Südafrika und Südamerika«, wird im »Lexikon der Forstbotanik« hinzugefügt. In der »Exkursionsflora von Österreich« sind allein fast zehn Prozent davon, etwa 45, aufgeführt. Drei unterschiedliche »Schlüssel« zur Bestimmung der Arten und der mit manchen verbundenen »Kleinarten« werden dazu geboten. Sie sind eine Herausforderung für Kenner, und wer sich dafür hält, betont, dass die Weiden katastrophal schwierig zu bestimmen seien. Ihr Artenspektrum reicht von leicht zu übersehenden, am Boden kriechenden Weiden, die in der arktischen Tundra und Waldtundra, auf Bergeshöhen und in Hochmooren vorkommen, bis eben zur stattlichsten Art der ganzen Sippschaft, der Silberweide. Sippschaft ist dabei keineswegs umgangssprachlich abwertend gemeint. Zahlreiche Weidenarten werden in »Kleinarten« oder Sippen untergliedert. Aus guten Gründen, wie die Botaniker meinen.

Die Weiden selbst halten sich nicht so sehr daran, denn sie kreuzen sich untereinander, bilden mehr oder weniger eigenständige Hybride und erschweren die ordentliche Zuordnung damit noch viel mehr. Der »biologische Ratschlag« könnte daher lauten: Von den Weiden sollte man die Finger lassen. Außer man will sie verzehren – und das tun sehr viele Tierarten. Doch davon später mehr.

Bleiben wir noch einen Augenblick bei der Silberweide. Sie kennzeichnet an den Alpenflüssen die wassernahe Weichholzaue, sobald das Gefälle der Flüsse so gering geworden ist, dass sich Anschwemmungen aus Feinsand und Schlick ablagern können. Sie ist also eine Baumart der Wildflussdynamik. Die oft raschen Veränderungen, die Hochwässer verursachen, haben zur Folge, dass die Silberweiden nicht wie viele andere Baumarten auf langfristig beständigem Boden wachsen können. Sie müssen mit der Flussdynamik zurechtkommen. Die Unbeständigkeit ihres Lebensraumes zwingt zu rascher und besonders reichlicher Vermehrung. Würde eine Silberweide so lange mit der Erzeugung von Samen zuwarten wie eine Eiche mit der Produktion von Eicheln, gelänge ihr an manchen Wuchsorten überhaupt keine Vermehrung.

Wachsen wie und wo immer es geht

Größe bedeutet bei Bäumen zumeist Beständigkeit. Bei unseren Bäumen in Mitteleuropa können wir von dieser Annahme ausgehen. Nur ganz wenige Spezialisten harren lange aus und bleiben trotzdem klein, wie zum Beispiel der Wacholder auf Heideland, von dem es später noch einiges zu berichten geben wird. Wo aber rasche, keinem festen zeitlichen Muster folgende Veränderungen der Lebensbedingungen auftreten, ist es besser, sich nicht mit zu viel Aufwand dagegen zu stemmen, sondern sich gleichsam nach dem Jiu-Jitsu-Prinzip den Schwung zunutze zu machen, der vonseiten der Natur kommt. Die Weiden am Fluss können das gut, die Silberweide sogar ganz besonders gut. Sie reagiert auf anhaltend hohe Wasserstände mit der Entwicklung neuer Wurzeln oben am Stamm, wo der Wasserspiegel steht, kann diese aber auch problemlos wieder vertrocknen lassen, wenn er fällt. Umgestürzte, vom Hochwasser um- und mitgerissene Silberweiden treiben dort wieder aus, wo sie angeschwemmt werden. Sie brauchen nicht einmal festen Boden dazu; es reicht, wenn die Flut sie in ruhiges Flachwasser getragen hat. Sind sie an Land geraten, geht die Neubewurzelung noch schneller. Ein einzelner Stamm kann eine ganze Reihe neuer Stämme treiben. Dass das geht, liegt daran, dass in der Weidenrinde genügend Nährstoffe dafür gespeichert sind. Nicht das Wurzelwerk, das vielleicht sogar vom Hochwasser weggerissen wurde oder noch am alten Wuchsort stecken geblieben ist, muss die Nährstoffe für das neue Wachstum liefern. Genügend große Stücke lebendiger Rinde reichen dazu aus. Eine sehr ausgeprägte vegetative Vermehrung, also das Weiterwachsen ohne dazwischen geschaltete geschlechtliche Vermehrung, Samenbildung und den Neubeginn mit Keimlingen, versetzt die Silberweide in die Lage, aus Hochwasser und anderen Naturereignissen, die wir Katastrophen nennen, Nutzen zu ziehen.

Die geschlechtliche Vermehrung schränkt sie deswegen nicht ein. Im Gegenteil. Silberweiden blühen bereits in früher Jugend. Sie bilden Samen so massenhaft, dass mitunter gegen Ende Mai der Eindruck entsteht, Schneetreiben habe über dem Fluss eingesetzt, so dicht fliegen die Flocken ihrer Samenwolle. Dann kann die Wasseroberfläche wenig turbulent strömender Flüsse bedeckt sein mit einem Teppich abdriftender Samen – so dicht, dass auch größere Insekten darauf landen, laufen oder sich mittragen lassen können. Wo sich Wirbel bilden, in denen sich Schwemmgut fängt, entsteht dann eine bräunliche, sehr schmutzig aussehende Masse, die an Schaum erinnert, der begonnen hat sich abzusetzen. Der Wind trägt die Weidensamen über große Strecken mit sich. Flugweiten von bis zu zehn Kilometern hat man festgestellt. Die Temperaturunterschiede zwischen dem kälteren Flusswasser und dem wärmeren

Umland erzeugen Luftwirbel, mitunter sogar Mini-Tornados. Solche Turbulenzen kommen den winzigen Flugsamen zugute.

Über frisch aufgetauchte, oberflächlich trocken gewordene Sandbänke kann der Wind die Weidensamen wie Wattebällchen dahinrollen. Die Feuchte der Nacht hält sich darauf bis in den Tag hinein. Gehen dann, weil die Sonne Ende Mai die zum Abflug bereiten Weidensamen rascher erwärmt als den feuchten Boden, die Samenbehälter auf, bleiben die langsam niedergehenden Flöckchen kleben. In geschlossener Schicht bedecken sie den noch unbewachsenen Sand und Schlick. Und wassernah, wie dieser ist, können die sehr kleinen Samen im Licht keimen, ein winziges Würzelchen treiben und neues Leben starten. Nahrungsvorräte brauchen die Keimlinge an solchen Stellen nicht. Der frische Schlick ist in aller Regel nährstoffreich genug und ohnehin feucht.

Als ob man sie absichtlich eingesät hätte, wachsen sodann die Jungweiden auf. Alle gleich groß, alle dicht an dicht, aber weit genug auseinander, dass sich die schmalen Blätter so vom Stämmchen ausbreiten können, dass sie Licht empfangen. Ganz typische Lichtkeimer sind die Silberweiden − und Massenproduzenten winziger Samen ohne Vorräte für einen ersten Wachstumsschub. Diesen müssen sie selbst schaffen, und sie schaffen ihn, weil sie dort keimen, wo die Bedingungen dafür geeignet sind. Auf das weitere Schicksal eines solchen Jungweidenbestandes komme ich noch zurück. Zunächst sind noch einige weitere spannende Eigenheiten der Weiden allgemein und der Silberweide im Speziellen anzufügen.

Wie Bastarde entstehen

Dass Weiden in der Regel zweihäusig sind, darauf habe ich bereits hingewiesen. Bei der Silberweide sind die Kätzchen länglich mit ausgezogener Spitze. Sie entwickeln sich bald nach dem Austrieb der Blätter im Frühjahr, im nördlichen Alpenvorland ist das meistens Anfang bis Mitte April, und nicht schon davor, wie bei der als »Palmkätzchenbaum« bekannten Salweide *Salix caprea*. Dieser Hinweis auf die Blütezeit ist wichtig. Zur Bastardierung der Weiden kommt es nämlich vor allem dann, wenn nahe beieinander stehende, für die Hybridbildung geeignete Weidenarten gleichzeitig blühen. Dann landen die Bienen, die sich den Pollen an den männlichen Kätzchen der einen Art geholt haben, an den weiblichen der anderen und können so die Entstehung von Bastarden verursachen. Verläuft das Blühen der verschiedenen Weidenarten zeitlich gut genug voneinander getrennt, kommt es auch zu keinen Vermischungen, oder nur ganz selten einmal. Die Unzuverlässigkeit der Frühjahrswitterung im so wechselhaften Atlantischen Klimabereich, nach der sich die Weiden aber Jahr für Jahr richten müssen, begünstigt die Verbastardisierung. Und wenn noch der Mensch mit dazu ins Spiel kommt, weil er Weiden nebeneinander pflanzt, die sich naturgemäß nicht zu nahe kommen würden, vergrößert das die Chancen zur Hybridbildung noch einmal. So kompliziert das alles ist, so lassen sich doch mehrere Weidenarten ziemlich klar erkennen. Die Silberweide gehört wie auch die Salweide zu diesen markanten Arten. Beide zeigen auch einen der Hauptunterschiede für die Gliederung der Weiden: Silberweiden repräsentieren die Gruppe der schmalblättrigen, Salweiden die der breitblättrigen Weiden. Die Blattform gibt zumindest grobe Hinweise auf die Lebensräume. Die Schmalblättrigen finden wir am Wasser und in häufiger überschwemmten Bereichen wie den Auen, den »Wasser-Wiesen«. Diese sind bereits im vorigen Kapitel näher geschildert worden. Die Breitblättrigen leben »auf dem Land« in ziemlich dauerhaft mäßig feuchten (in der Pflanzenökologie und der Bodenkunde als »frisch« bezeichneten) Biotopen. Sie brauchen eine anhaltend gute Wasserversorgung, während Schmalblättrige, wie die Silberweiden, auch mit stark schwankenden Feuchteverhältnissen zurechtkommen. Silberweiden können an ihren natürlichen Standorten sowohl recht nasse als auch sehr trockene »Füße« bekommen. Am günstigsten sind für sie Flüsse, die im Frühjahr oder spätestens im Frühsommer das jährliche Hochwasser führen. Denn wenn der hohe Wasserstand zurückgeht und frischen Sand und Schlick freigibt, treffen die zu dieser Zeit ausfliegenden Samen auf die günstigsten Bedingungen für das Keimen. Die Samen der häufig schon im März und vor Austrieb der Blätter blühenden und während der Blattentwicklung bereits fruchtenden Salweiden können hingegen feuchte Stellen am Boden erreichen, bevor dort die Vegetation aufwächst. So kommt es zu punktuellen Neuansiedlungen, vornehmlich an sogenannten »gestörten Stellen«, und nicht zur Bildung eines Massenbestandes wie bei den Silberweiden.

Artreine, gleichaltrige Bestände von Silberweiden entsprechen daher durchaus der Natur ihres Lebensraumes, auch wenn sie den Eindruck forstlich angelegter Monokulturen erwecken. Die Gleichaltrigkeit bringt es mit sich, dass diese Bestände auch nahezu gleichzeitig Massen von Samen freigeben, wenn sie dazu alt genug geworden sind. Daher können sich von Natur aus sogar Klone bilden und fortpflanzen, also Nachkommen eines einzigen Individuums mit entsprechend verringerter genetischer Vielfalt. Die Aufspaltung der Weiden, zumal der schmalblättrigen, in eine so schwer zu durchschauende Vielfalt von Kleinarten entspricht dieser genetischen Aufspaltung in zahlreiche Reinbestände mit großer Individuenzahl. Weiden können somit interessante Einblicke vermitteln, was geschieht, wenn sich vorher getrennte Erbeigenschaften wieder zusammenfinden, neu gemischt und gleich in Massen vervielfältigt werden.

Weiden lindern Schmerzen

Der Begriff »Weide« ist bekanntlich doppeldeutig. Er kann Weideland, also eine (weitgehend) baumfreie Fläche bedeuten, oder Bäume der Gattung Weide. Offenbar gehörten ursprünglich die Weiden zur Weide wie das Vieh, das es beweidet. Die wissenschaftliche Gattungsbezeichnung *Salix* bezieht sich auf den römisch-lateinischen Namen für die Weiden. Mit Salz (lat. sal), wie man vermuten könnte, hat der Name direkt nichts zu tun. Wohl aber enthalten die Weiden ein sehr bekanntes »Salz«, das Salicin, aus dem Acetylsalicylsäure gewonnen werden kann. Seit alten Zeiten ist es als Fieber senkendes, rheumatische Beschwerden linderndes Mittel bekannt und genutzt worden. Synthetisch rein hergestellt, bildet die Acetylsalicylsäure den Wirkstoff des auch in unserer Zeit wohl bekanntesten Arzneimittels überhaupt: Aspirin. Diese Bezeichnung stammt aber überraschenderweise nicht von der Weide, sondern von einer ganz anderen, gar nicht näher damit verwandten, aber ebenfalls »aspirinhaltigen« Pflanze, dem Mädesüß *Filipendula ulmaria*, das früher treffender Spire genannt wurde. Von diesem »Spire« entlehnte die Firma Bayer zur Patentanmeldung 1899 den nunmehr weltweit bekannten Markennamen Aspirin. Nicht alle Weidenarten enthalten gleichermaßen hohe Konzentrationen von Salicin in ihrer Rinde. Groß ist sie in der Salweide, die eigentlich »Weiden-Weide« heißen würde, wollte man ihren Namen beim Wort nehmen. Vielleicht ist sie deshalb besonders reich an Salicin, weil sie viel langsamer wächst als die Silberweide. Das Glycosid Salicin erzeugt die Weide natürlich nicht für den Menschen. Es dient in der Weidenrinde als Fraßschutz. Einen solchen haben die Weiden auch nötig, weil sie sonst kaum Stoffe erzeugen, die Tierfraß abwehren oder erschweren, etwa indem sie die Verdauung des Tieres behindern. Weidenrinde ist sehr saftig, schmeckt aber bitter. Wenn ich mir als Kind im Frühjahr eine Weidenpfeife schnitzte, bekam ich den bitteren Geschmack auf die Lippen. Unangenehme Folgen hatte dieser aber nicht.

Weiden – biegsam und brüchig zugleich

Die Silberweide ist bei uns die typische Weichholzart. Dass das so ist, liegt an ihrer Wachstumsgeschwindigkeit einerseits und der Eigenart der Weiden, das Kernholz, genauer das Splintholz, nicht durch Gerbsäuren zu festigen und zu schützen. Silberweiden wachsen im Alter von fünf bis zehn Jahren bis zu zwei Meter pro Jahr in die Höhe. Derart schnellwüchsiges Holz kann gar nicht ausreichend gefestigt werden. Schon die Zellwände der Holzzellen sind zu dünn für größere Härte. So ein »Turbo-Wachstum«, das zudem im Wesentlichen in den nur gut drei Monaten zwischen Ende April und Anfang August stattfindet, verträgt sich nicht mit Panzerung. Wie schon erläutert, passt es zur Instabilität des Lebensraumes. Die Äste der Silberweiden sind brüchig. Die Stämme werden frühzeitig kernfaul. Die Brüchigkeit der Weidenäste musste ich mehrfach erleben, wenn ich an den Stämmen hochkletterte, was ohne Zug an Ästen ganz gut geht, so lange der Stamm noch die raue, rissige Borke trägt. Diese bremst, sofern die Hose das aushält, das Abrutschen wirkungsvoll. Beginnen die Äste, wird die Borke glatter und schließlich so glatt, dass man unweigerlich ohne Halt an Ästen ins Rutschen kommt. So mancher Ast erwies sich zum Festhalten als ungeeignet und ein paar Mal fiel ich als Jugendlicher auch vom Baum. Der weiche Boden verursachte keine Verletzungen, aber er hinterließ eindeutige Spuren, zumal wenn noch etwas Wasser darüber stand. Das Erklettern brüchiger Silberweiden entsprang nicht etwa jugendlicher Torheit, gepaart mit Leichtsinn. Ich hatte gute Gründe, hinaufzuklettern und einen bestimmten Ast zu brechen. Die Gründe waren ganz bestimmte Gebilde von Tieren, derer ich habhaft werden wollte. Sie wären anderweitig nicht zu erreichen gewesen. Sie verdienen eine genauere Betrachtung. Doch zunächst noch ein kleiner Abstecher zu einer ganz speziellen Weiden-»Art«.

Wie aus Silberweiden Kopfweiden werden

Kopfweiden sind eine besondere, durch regelmäßiges Beschneiden der Triebe erzwungene Wuchsform der Silberweide. Auch einige andere Weidenarten können zu Kopfbäumen geschneitelt werden, aber meistens werden Silberweiden beschnitten. Der Stamm treibt dann an der Schnittstelle kronenartig wieder aus, vernarbt die Schnittfläche mehr oder minder unvollständig und verdickt sich kopfartig, wenn das Zurückschneiden der neuen Triebe regelmäßig alle paar Jahre stattfindet. Sehr dicke Bäume können auf diese Weise entstehen. Die dickste Kopfweide, die ich in der Umgebung meines Heimatdorfes kannte, maß im Umfang gut fünfeinhalb Meter. Ihr Durchmesser betrug an der schmalsten Stelle, etwa eineinhalb Meter über dem Boden, 175 Zentimeter. Bei großen Kopfweiden ragen die Triebe nach Struwwelpeterart vom Kopf empor. Allmählich beginnt dieser von oben nach innen auszufaulen. Werden die sich wie ein Ring an den Seiten verstärkenden Haupttriebe des »Kopfes« zu lange nicht geschnitten, bricht der Baum auseinander. Unter den Kopfweiden am Bach gab es mehrere, die nur noch aus zwei oder drei Teilen bestanden. Ich konnte mich dazwischen hineinzwängen und war vom Baum umgeben. Ein merkwürdiges Gefühl war das, gleichsam im Innern des Baumes angelangt zu sein; einem Innern, das es nicht mehr gab, weil es der Zahn der Zeit zerlegt hatte.

Kopfweiden brauchen regelmäßige Pflege, so man sie in Form halten will. Sie sind von vielen Tieren so begehrt, dass man sich wundern könnte, wie diese früher leben konnten, als die Menschen noch keine Kopfweiden schufen. Die Kopfweiden am Bach, der durch die Wiesen floss, die sich zwischen dem Gartenzaun unseres Hauses und dem Auwald erstreckten, dienten damals in den 1950er-Jahren noch dem Wiedehopf als Brutbäume. Auf einer Kopfweide, die von oben her schon tief zersetzt war, wuchs eine Schwarze Johannisbeere. Sie trug im Sommer so aromatische Beeren, dass ich mir einbilde, seither niemals besser schmeckende bekommen zu haben. Vielleicht lag es daran, dass die Beeren da oben im Halbschatten, den die Weidenzweige bildeten, in idealer Weise heranreifen konnten.

Nachdem ich diesen Strauch auf dem Baum entdeckt hatte, tarnte ich ihn vor der Reifezeit im nächsten Jahr mit Weidenzweigen, die ich so in den zersetzten oberen Teil steckte, dass man die schwarz glänzenden Beeren von außen nicht mehr sehen konnte. So fruchtete die Schwarze Johannisbeere wie in einem geheimen Gärtchen. Die Vögel mochten oder entdeckten sie auf der einzeln stehenden Kopfweide anscheinend nicht, denn auch sie machten mir die Beeren nicht streitig. Es müssen aber Vögel, wahrscheinlich Fasane, gewesen sein, die irgendwo Schwarze Johannisbeeren verzehrt und nach Passage ihres Darms unversehrt und keimfähig hier abgelagert hatten. Fasane vermute ich deshalb als »Pflanzer«, weil es damals sehr viele gab und weil sie mit kleinen Sprüngen vom Boden her Johannisbeeren abzupfen und verzehren. Sie fliegen zum Übernachten auf Bäume. Als Standvögel sind sie das ganze Jahr über im Gebiet, im Gegensatz zu den Wacholderdrosseln *Turdus pilaris* und den nordischen Rotdrosseln *Turdus iliacus*, die damals nur im Herbst in Schwärmen kamen, überwinterten und im Frühjahr wieder abzogen. Die Singdrosseln *Turdus philomelos* blieben in der Au und die Amseln im Dorf. Den Wiedehopf schließe ich als Quelle der Anpflanzung ebenso aus wie die Steinkäuze *Athene noctua*, denn beide verzehren keine Johannisbeeren und transportieren auch deren Samen nicht.

Tierarchitektur vom Feinsten

Kopfweiden eignen sich für die Vögel eigentlich viel besser als die Normalform der Silberweide. An ihr sind auch nur selten Vogelnester zu finden – dafür aber solche einer ganz besonderen Art. Um so ein spezielles Nest handelte es sich, als ich im Spätherbst des Jahres 1959 auf eine gut zehn Meter hohe Silberweide kletterte und prompt aus mehreren Metern Höhe hinunterfiel. Abgesehen vom Kratzer eines fast glashart gewordenen alten Schilfstängels, der meinen Oberschenkel streifte, in die Hose ein Loch und der Haut eine blutende Wunde riss, war mir nichts passiert. Doch da das Nest über ein mir damals abgrundtief scheinendes Altwasser hinaushing, obsiegte die Vernunft über die jugendliche Begierde. Ich wartete auf den Winter und eine mich tragende Eisdecke. Dann kletterte ich wieder hoch, blieb am Hauptstamm, vermied es, Seitenäste zu belasten und brach genau jenen Ast, an dem ansonsten unerreichbar weit draußen das Nest hing. Es war nicht viel Kraft nötig und schon gar nicht der Einsatz des kräftigen Messers, das ich vorsorglich mitgenommen hatte. Mit einem Knall hatte ich den Ast in der Hand. Vorsichtig drehte ich diesen so um, dass ich ihn durch eine hinreichend große Lücke im Astwerk mit dem schweren Ende voran nach unten fallen lassen konnte. Das außen angebrachte, federnde Nest würde schon heil ankommen. Und so war es auch. Als ich es schließlich in Händen hielt, erschien es mir so kostbar wie ein goldener Kelch oder etwas ähnlich Unvorstellbares. Als länglicher Beutel hing es an der äußersten Spitze eines Seitenzweiges. Beide Seiten waren oben an der Astgabel, an der es mit feinen, aber kräftigen Pflanzenfasern befestigt war, noch offen, sodass es eigentlich eher wie ein Henkelkörbchen aussah. Gefertigt war es aus der Samenwolle von Weiden, die für den Zusammenhalt mit Pflanzenfasern durchsetzt war. Entsprechend lag es fast gewichtslos in meiner Hand. Die Ästchen hatte ich bis auf das gut 20 Zentimeter lange Endstück entfernt, an dem es befestigt war. Das Nest selbst maß der Länge nach etwas mehr als 20 Zentimeter. Damit der kleinen Kostbarkeit ja nichts geschah, nahm ich bei der Rückfahrt mit dem Fahrrad dieses Ende zwischen die Zähne, bis ich daheim ankam, denn die Wege waren verschneit und schwer zu befahren. Zu Hause bestätigte mir der Vergleich mit den Bildern und den Beschreibungen, die ich einer Zeitschrift entnehmen konnte, dass es tatsächlich ein Beutelmeisen-Nest war – allerdings eines, das noch nicht ganz fertig war. Der Beutel war nicht geschlossen und er hatte auch keine angesetzte Einflugröhre.

Beutelmeisen – geheime Vogelsache

Mein Nest gehörte zu den ersten, die am unteren Inn gefunden worden waren, und zu den wenigen, die damals für ganz Bayern bekannt waren. Der Informationsfluss war noch schlecht zwischen den Ornithologen, eigentlich noch gar nicht wirklich vorhanden, weil nur Briefe nach München geschickt, aber die Daten zu solchen Einzelfunden nicht veröffentlicht wurden. Es dauerte noch über 25 Jahre, bis 1986 Walter Wüst den zweiten Band seines Werkes »Avifauna Bavariae, die Vogelwelt Bayerns im Wandel der Zeit« veröffentlichte und darin auch über die ihm zugegangenen Meldungen über Nestfunde von Beutelmeisen in Bayern schrieb. Die Fundorte der Nester wurden von den Findern geheim gehalten wie besonders ergiebige Pilzreviere. Auch ich wagte kaum, darüber zu berichten. Doch die nächsten Jahre zeigten schon, dass die Beutelmeise *Remiz pendulinus* an mehreren Stellen am unteren Inn brütete und dass die Nester eigentlich recht leicht zu finden waren, wenn man sich an den Weiden orientierte. Denn von wenigen Ausnahmen abgesehen, bei denen es sich um Pappeln handelte, bauten die Beutelmeisen ihre Nester fast immer am Rand von Silberweidengruppen über Schilf oder Rohrkolbenbeständen nahe am Wasser. Vom Schilf, das zwei bis drei Meter hoch aufwächst, hielten sie bei der Wahl des Zweiges, an dem das Nest begonnen wurde, weitere zwei bis drei Meter Abstand. Offenbar schätzen die kleinen Beutelmeisen – die mit den echten Meisen gar nicht näher verwandt, sondern ihnen nur in der Körperform ähnlich sind – ein paar Meter freie Anflugstrecke aus dem Röhricht, in dem sie nach Nahrung suchen. Wo die Weidenkronen dichter werden, bauen sie ihre Nester nicht. Die Wassernähe ergibt sich aus den Orten der Nahrungssuche.

Die wichtigste Nahrungsquelle ist für die Beutelmeisen zur Brutzeit das Schilfrohr *Phragmites*, gefolgt vom Rohrkolben *Typha*. An diesen Uferpflanzen finden die Beutelmeisen Kleininsekten wie Schilf-Blattläuse und Spinnen, mit denen sie auch ihre Jungen füttern. Diese wachsen im warmen, im Wind schaukelnden Nest heran und werden vornehmlich oder ausschließlich vom Weibchen versorgt. Denn die Männchen neigen sehr dazu, sich polygam zu verhalten. Sie bauen eine Schaukel, aus der später vielleicht ein ganzes

Nest werden kann, und singen darin so intensiv, dass man beim Zuschauen und Zuhören geradezu unweigerlich den Eindruck gewinnt, der Nestplatz solle in den höchsten Tönen angepriesen werden. Die schwarze Gesichtsmaske, die die ansonsten unauffällig braunen Beutelmeisen kennzeichnet, kommt dabei besonders gut zur Wirkung. Findet sich ein Weibchen ein und akzeptiert es den Platz, wird sogleich eifrig an der Schaukel weitergebaut. Sie entwickelt sich unter vielen »Ziiiieh«-Rufen weiter zum Henkelkorb und zum Beutel, der im oberen Drittel an einer Stelle offen bleibt. Von dort aus wird die Röhre nach vorn und schräg nach unten gebaut. Nun ist das Nest komplett. Das Weibchen legt zwei bis vier Eier und beginnt mit dem Brüten, wohingegen das Männchen die Lust zu verlieren scheint. Es fliegt zu einem anderen, vielleicht über einen Kilometer entfernten Platz, den es bereits kennt und wo es vielleicht auch schon eine provisorische Schaukel gebaut hat, um dort um ein weiteres Weibchen zu werben. Manchmal gibt es sogar noch einen dritten Brutplatz; das hängt davon ab, wie viele Weibchen in der Gegend und bereit sind, sich mit dem Männchen einzulassen. Umpaarungen kommen vor, wie auch die Rückkehr zum ersten Weibchen. Diese ziehen ihre Jungen häufig ohne Hilfe des Männchens in günstigen Jahren alleine groß. Das Nest macht es möglich. Es wärmt so gut, dass die Kleinen – einigermaßen warme Frühsommerwitterung vorausgesetzt – nicht gewärmt werden müssen. Sie sitzen wie in Watte eingepackt in ihrer wasserdichten Wiege. Entscheidend ist, wie viel Nahrung es gibt.

Das merken wohl schon die Männchen beim Nestbau. Bei geringem Nahrungsangebot ein Weibchen mit dem Gelege zu verlassen, dessen Vater sie sind, wäre im Sinne der Vermehrung eine nicht gerade Erfolg versprechende Verhaltensweise. Kann aber das Weibchen die Jungen dank reichlich in der nahen Umgebung verfügbarer Nahrung alleine zum Ausfliegen bringen, lohnt es sich für das Männchen, eine neue Partnerin zu suchen. Nicht überall gibt es gleich früh und im entsprechenden Umfang die nötige Nahrungsmenge. Wasserkleininsekten neigen zu kurzzeitigen Massenvermehrungen, Blattläuse auf den Schilfblättern ebenfalls. Auf feste, sichere Reviere können sich die kleinen, nur knapp zehn Gramm leichten

Beutelmeisen nicht einlassen. Der Nestbau kostet mehrere Tage Zeit, spart aber anschließend viel Energie, weil darin die Wärme so gut gehalten wird. Dass Männchen und Weibchen an Ort und Stelle mit sehr unterschiedlichen Lebensbedingungen zurechtkommen müssen, die sich nicht von Jahr zu Jahr gleichen, erzwingt ein Höchstmaß an Flexibilität. Daher steckt so viel Undurchsichtiges im nomadenhaften Leben der kleinen Beutelmeisen. Auch wenn sie Ende März oder im April in kleinen Schwärmen von der Überwinterung im Mittelmeerraum zurückgekommen sind, muss das nicht bedeuten, dass sie bleiben. Sie sind unstet und selten.

Mitteleuropa liegt am Rand des sich hauptsächlich im kontinentalen Osten ausdehnenden Areals der Beutelmeise, das auch Teile am Mittelmeer einschließt, vor allem Flussmündungsgebiete. Die Witterung ist oft nicht günstig. Die wärmebedürftigen Beutelmeisen brauchen einen warmen, jedoch möglichst nicht zu trockenen Frühsommer für ein erfolgreiches Brüten. Sie passen zur Silberweide, aber ihre Ansprüche an die Umwelt sind noch viel enger als die der großen Weide. An dieser finden sie die geeigneten Stellen für die Anbringung ihrer einzigartigen Nester, die zum Kunstvollsten der gesamten Vogelwelt gehören. Nahrung aber liefert hauptsächlich das Röhricht. Wie viel, hängt von der Witterung ab, aber auch davon, wie gut es mit frischen Nährstoffen aus den Hochwässern versorgt worden ist. Damit schließt sich wieder der Kreis zu den Weiden. Sie wachsen am besten an Flüssen mit regelmäßigem Frühjahrshochwasser, das im Frühsommer zurückgeht und den Boden, auf dem der Silberweidenwald wächst, wieder trocken werden lässt. Die vorher vom noch kalten Flusswasser durchströmten Seitenbereiche werden durch den Rückgang des Wasserstandes zu Lagunen. Das Wasser darin wärmt sich auf, die Insekten können sich üppig entwickeln – jedoch nur, wenn das Flachwasser nahrungsreich genug ist. Anders als die Weiden und die übrigen Wasser- und Uferpflanzen, die mineralische Nährstoffe zum Wachsen benötigen, leben sehr viele Insektenlarven von organischen Reststoffen. Das meiste davon stammt von den Weiden, deren Blätter ins Wasser fallen. Dort zersetzen Mikroben den Abfall und ernähren die Kleintierwelt. Nicht der Abfall selbst gibt viel her, ergiebig ist vor allem das Eiweiß der Mikroben, das beim Abbau gebildet wird. Wo die Weidenaue noch jung ist, sammelt sich am meisten an von diesem organischen Abfall, Detritus genannt. Dort gibt es folglich die größte Fülle an Kleintieren. Von diversen Larven und Insekten und von den schon genannten Blattläusen, die am Schilf saugen und dabei viel Zucker von sich geben, ernähren sich nicht nur die Beutelmeisen, sondern auch die Rohrsänger, die Laubsänger und die Grasmücken im Röhricht und in der Weidenaue. Nimmt der organische Abfall ab, bedeutet das weniger Kleininsekten und eine schlechtere Ernährungslage. Daher gab es die meisten Beutelmeisen-Bruten an den Stauseen am unteren Inn immer in den Folgejahren nach einem starken Hochwasser, vor allem wenn dann auch die Frühsommerwitterung günstig verlief. Fein sind die Ansprüche dieser kleinen Vögel, die man leicht übersehen und noch leichter überhören kann, wenn das Ohr die hohen Frequenzen von 10.000 Hertz und mehr nicht mehr wahrnimmt.

Vorsicht Verwechslungsgefahr

In manchen Frühsommern sah es so aus, als hätten sich die Beutelmeisen geradezu explosionsartig vermehrt. Beutelnester hingen überall an den Silberweiden, allerdings hoch oben in den Kronen und an anderen für Beutelmeisen ungewöhnlichen Stellen. Der genauere Blick darauf enttäuschte. Das waren keine Beutelmeisen-Nester. Es handelte sich um Gespinste, die offenbar von Raupen stammten. Schlanke gelbliche Raupen mit schwarzen Punkten steckten in den zunächst lockeren, dann zunehmend dichteren Gespinsten. Im frühsommerlich hellen Licht schimmerten sie silberweiß wie die Weidenblätter selbst und fielen nicht auf. Später, als sich die Kotbällchen der Raupen darin angesammelt und der Regen die Spinnseide bräunlich verfärbt hatte, erweckten sie aus einiger Entfernung betrachtet tatsächlich den Eindruck von Beutelmeisen-Nestern.

Gespinste von den Silberweiden einzuholen, um die Raupen zu züchten, erwies sich als ähnliche Herausforderung wie das Abnehmen der Beutelmeisen-Nester, nur dass die Raupengespinste noch höher hingen. Mancher Ast brach, bis ich an einen herankam, an dessen Ende ein Gespinst befestigt war. Schließlich gelang es und die »Zucht« konnte beginnen. Sie war einfach. Die Zweige wurden in mit Wasser gefüllte Flaschen gesteckt und ans Fenster gestellt. Wurden die Weidenblätter knapp, weil die Raupen einen Großteil verzehrt hatten, steckte ich einen neuen Zweig dazu, und zwar so, dass das Gespinst die frischen Blätter berührte. Dann wechselten die Raupen hinüber und fertigten ein neues, nun sehr schönes, weil ganz frisches Seidengespinst. Als sie eine Länge von gut zwei Zentimetern erreicht hatten, verpuppten sie sich darin. Die gelblichen, im Vorderteil bräunlichen Puppen hingen innerhalb des Raupengespinstes locker nebeneinander. Etwa zehn Tage später, es war Mitte Juni geworden, saßen außen schlanke, längliche Schmetterlinge, deren silberweiße Flügel Reihen feiner schwarzer Punkte trugen. An den Köpfen bewegten sich unablässig fadenförmige weiße Fühler. Bei leichter Berührung hüpften die nur einen Zentimeter langen und wenige Millimeter breiten Schmetterlinge davon. Den Flug vermieden sie bis zum Abend. Dann schwirrten sie so langsam umher, dass man sie leicht aus der Luft greifen konnte. Die rauchgrauen, mit langen Fransen versehenen Hinterflügel wurden sichtbar.

Ein hoch spezialisierter Schmetterling

Genau zu bestimmen, um welche Art es sich handelte, war am Schmetterling schwierig (»drei Reihen feiner schwarzer Punkte auf den Vorderflügeln; Fransen dunkel«), aber dank der Futterpflanze der Raupen in diesem Fall einfach: Ich hatte die Weidengespinstmotte *Yponomeuta rorrella* gezüchtet. Vom Augsburger Schmetterlingsforscher Jacob Hübner war sie schon 1796 richtig erkannt, beschrieben und mit dem bis heute gültigen wissenschaftlichen Namen versehen worden. Das Jahr 1796 ist für die Weidengespinstmotte aber auch aus anderen Gründen wichtig. In den Jahren davor hatte es bereits mehrere überdurchschnittlich warme Sommer gegeben, und der Sommer 1807 wurde so warm, dass er fast 200 Jahre lang bis zum Sommer 2003 der wärmste blieb. Damals breiteten sich die Weidengespinstmotten von Osten her von den Flussauen der Donau westwärts aus und erreichten das nördliche Alpenvorland.

Eine ähnliche Entwicklung gab es zwischen 1947 und 1952, den Sommern meiner Kindheit, in denen ich fast ununterbrochen barfuß lief, und dann 1983, 1992 und 1994 sowie 2003. Die Durchschnittstemperatur des Sommers reicht jedoch allein nicht aus, um die Gunst oder Ungunst für das Vorkommen der Weidengespinstmotten zu erklären. Die Witterung muss vom Austreiben der Bäume Anfang April bis in den Juni hinein passen. Ob Juli und August heiß, normal oder unterkühlt werden, wirkt auf die Gespinstmotten nicht mehr. Auch ungünstige Witterung Anfang April hemmt sie nicht allzu sehr. Daher ist es schwierig, allgemeine Messungen zugrunde zu legen. Es kommt vor allem auf das Wetter im Frühsommer an.

Die Weidengespinstmotte ist auf die schmalblättrigen Weiden spezialisiert und innerhalb dieser Gruppe auf die Silberweide. Sie kann jedoch der Futterpflanze keineswegs überallhin nachfolgen, wo diese vorkommt oder angesiedelt wird. In den Randgebieten ihres Areals werden viele Baumarten weit weniger von Raupen und anderen tierischen Nutzern befallen als im Zentrum des Vorkommens. Wurden sie künstlich in andere Regionen verfrachtet, bleiben sie weitgehend oder ganz von Insektenfraß verschont, weil es die auf sie spezialisierten Arten dort nicht gibt. Das kann sie aber anfälliger machen für wenig spezialisierte Arten, die »Generalisten«. In der Forstwirtschaft ist aus guten Gründen viel mit Bäumen fremdländischer Herkunft experimentiert worden. Amerikanische Roteichen *Quercus rubra* bleiben von vielen Arten verschont, die heimische Eichen *Quercus robur* und *Quercus petraea* befallen. Noch weniger betroffen sind amerikanische Douglasien *Pseudotsuga menziesii* von typischen Schädlingen an Fichten und daher auch dank ihrer Wüchsigkeit als Forstbaumart geschätzt.

Man kann das so und so sehen. Soll die fremde Art verbannt werden, weil sie nicht heimisch ist und weniger heimischen Arten Lebensmöglichkeiten bietet, oder sollte man sie schätzen, weil es weniger Aufwand macht, sie davon freizuhalten? Denn meistens betrachten die Waldbesitzer insbesondere jene Arten als Schädlinge, die sich auf eine Nutzart spezialisiert haben. Bei den Traubenkirschen wird uns später noch eine der Weidengespinstmotte sehr ähnliche, aber noch enger spezialisierte Gespinstmotte in dieser

Hinsicht beschäftigen. An der Traubenkirsche wird sich zeigen, wie Bäume und Motten miteinander auskommen, ohne dass mit Gift oder mit biologischer Schädlingsbekämpfung eingegriffen werden muss. Doch wenden wir uns nun ganz speziellen Geschehnissen an den Weiden zu.

Grüne »Rosen« im Weidengebüsch

Schlanke, normal beblätterte Weidenschösslinge wechselten am Ufer ab mit anderen, die um ein Drittel oder mehr kürzer geblieben waren und keine Spitze mehr trugen, sondern eine dicke Rosette grüner Blätter. Aus der Nähe betrachtet erinnerten sie an Rosen. Die Blätter ordneten sich spiralförmig so, dass die kleinsten innen und die größten außen, aber bereits deutlich nach unten abgesenkt waren. Alles sah wirklich wie eine Rose aus; wie eine kleine, aber volle und fast perfekte Rose aus grünen Blättern. Nur das Zentrum mit den Staubgefäßen und dem Stempel fehlte, aber das gibt es bei vielen Zuchtrosensorten auch nicht. Außerdem fehlte der Duft. Die grünen Rosen rochen nach nichts anderem als nach Weidenblättern. Aus solchen, und nur aus solchen, bestanden sie auch zweifellos.

Als ich das erste Vorkommen solcher Weidenrosen entdeckte, war ich versucht, einen Strauß davon abzuschneiden und mitzunehmen. Was wäre das für ein besonderer Strauß geworden! Doch die Neugier siegte über die Zier. Die nächsten Wochen betrachtete ich die Weidenrosen bei ihrer weiteren Entwicklung. Sie veränderten sich kaum. Die kleinen wurden noch etwas größer und voller. Die großen blieben unverändert. Lediglich die Spitzen der größten Blätter in der Rosenspirale verfärbten sich ein wenig rötlich, als hätte man sie zart mit einem Farbpinsel bestrichen. In ihrer Nähe fielen mir nun auch kleine braune Knollen mit vorgezogener Spitze auf, die am Ende eines geraden, aber abgestorbenen Weidentriebs standen. Das also war der Endzustand, wenn das Grün wie im Herbst braun und brüchig geworden war. Dann blieb nur der »Kern« der grünen Rose als festes, holziges Gebilde zurück, das den Verursacher dieser Bildung enthält: die rötliche Larve und später die Puppe der Weidengallmücke *Rhabdophaga rosaria*, neuerdings wissenschaftlich *Dasineura rosaria* genannt.

Auf chemischem Weg hemmt die kleine Gallmücke das Längenwachstum des Spitzentriebs. Doch die Blattbildung geht weiter und erzeugt so die Rose. Die ältesten, noch wenig veränderten Blätter stehen daran ganz außen, die jüngsten, am stärksten gestauchten, innen. Bei schmalblättrigen Weiden wie den Silber- und Purpurweiden sieht die Galle besonders rosenähnlich aus. Noch stärker ähnelt sie einer (grünen) Kamelienblüte. Bei den breitblättrigen Weiden wie den Sal- und Ohrweiden wirkt sie zerrupfter und nicht so kunstvoll. Winzige Mengen eines chemischen Stoffes, den die Gallmücke in den Spitzentrieb spritzt und der das Längenwachstum hemmt, lösen so starke Formveränderungen aus.

Diese Rosenbildung gibt das Geheimnis der Blütenbildung frei. Denn auch die echte Rose ist ein »gestauchter« Endtrieb. Die Sprossachse wächst nicht mehr in die Länge, aber Blätter werden weiter entwickelt. Sie enthalten jedoch bei echten Rosen kein Blattgrün mehr. Dessen Fehlen bringt die anderen, in den zu Blütenblättern gewordenen Blättern vorhandenen Farbstoffe oder solche, die anstatt des Chlorophylls gebildet werden, zur Geltung. Fehlen Farbstoffe ganz, wird die Blüte weiß – und besonders anfällig, weil eine wesentliche Funktion der Farben darin besteht, die empfindliche Blüte vor zu starkem Licht zu schützen.

Vor allem das ultraviolette Licht ist gefährlich. In vielen Blüten gibt es besondere Strukturen, die dieses zurückstrahlen. Da die meisten Insekten das UV-Licht sehen können, wirkt die UV-Reflexion für die Besucher wie ein Leitstrahl zu Nektar und Pollen der Blüte. Eine Notwendigkeit gerät auf diese Weise zum Vorteil. Blüten mit Leitfarben können die Massenproduktion von Pollen, der dem Wind überantwortet werden muss, einschränken und die gezielte Übertragung durch Bienen und andere Insekten nutzen. Für uns sehr intensive Blütenfarben wie sattes Rot und Blau bedeuten den Insekten weniger oder gar nichts. Aber für die Blüten erfüllen sie wichtige Funktionen. Sie erwärmen sich schneller, weil die kurzen Wellenlängen des Lichts, auch die schädlichen UV-Strahlen durch die Blütenfarbstoffe (Anthocyan) in Wärme umgewandelt werden. Gleichzeitig schützen sie die Geschlechtszellen vor der UV-Strahlung. Blattgrün, das sogenannte Chlorophyll, überdeckt in den Blättern andere Farbstoffe. Manche kommen erst im Herbst zutage, wenn sich das Laub verfärbt.

So führt uns die winzige Gallmücke vor, wie es einst vor vielen Millionen Jahren in der fernen Vergangenheit des Erdmittelalters zur Entstehung der Blüte gekommen ist. Würde sie mit einem weiteren chemischen Stoff auch noch die Bildung von Blattgrün unterdrücken, entstünden an den Weiden farbige Rosen mit winzigen Larven darin, um derentwillen all das geschieht.

Kalte Regentropfen an heißen Sommertagen

Im Juni werden die Tage nicht nur länger, sondern die Abende auch lauer. Biergartenstimmung kommt auf. Noch wird sie nicht getrübt von lästigen Wespen am Nachmittag und den gemeinen Stechmücken am Abend. Draußen am Fluss stellt sich mit frühsommerlichem Wetter die schönste Zeit des Jahres ein. Alles grünt und blüht, die Schmetterlinge fliegen, die Vögel singen noch, und wo man Jungtiere zu sehen bekommt, spürt man richtig, wie gut es ihnen geht.

Bei hoher Sonne tut an Tagen mit »Kaiserwetter« der Schatten gut. Es muss noch kein »dicker Schatten« sein, weil die Bläue des Himmels zu schön ist und die Luft angenehm. Noch ist auch das Wasser am Fluss kühl und frisch, denn erst im Hochsommer, oft Anfang oder Mitte August, erreichen unsere Flüsse ihre höchsten Wassertemperaturen. Sie kommen aus dem Gebirge und bringen deshalb die Bergkühle mit. Das macht es besonders angenehm, an sommerlichen Junitagen am erfrischenden Fluss zu sitzen. Ein feines Gewirr von Schattenfleckchen werfen die schmalen, glänzenden Blätter der Silberweiden auf den Boden. Sonnenbrand ist nicht zu befürchten, weil ihr Spiel im Windhauch, den auch bei völliger Windstille das strömende Wasser erzeugt, der Sonne keine Zeit lässt, eine bestimmte Stelle zu lange zu bescheinen.

Plötzlich klatscht ein kalter Tropfen auf die so angenehm erwärmte Haut. Sekunden später folgen weitere. Aus wolkenlos blauem Himmel scheint Regen zu fallen, kalter Regen! Manch kurzer Gewitterschauer fühlt sich an solchen Vorsommertagen wärmer an als diese Tropfen, die prall und fast eisig herunterkommen. Da und dort gehen Sonnenschirme auf und werden als Regenschirme eingesetzt. Wer draußen in der Sonne liegt, wundert sich, weil sich dort nichts ereignet. Nur unter den Bäumen regnet es. Und es hört auch nicht auf, bis in den späteren Nachmittag hinein.

Der Regen kommt aus den Kronen der Silberweiden. Sind diese nicht allzu hoch, lässt sich erkennen, wie sich Tropfen für Tropfen formt, anschwillt und herunterfällt. Wären es Trauerweiden, könnte man meinen, die Bäume weinen. Das Nass quillt aus ihren Zweigen so stark hervor, dass die tropfenden Stellen Schaum bilden. Er birgt das Geheimnis der »weinenden Bäume« mit Regen bei schönstem Sommerwetter und wolkenlosem Himmel. Insektenlarven sitzen an der Quelle des Schaums und saugen den aufsteigenden Saft der Weiden. Larven kleiner, unscheinbar bräunlicher Zikaden sind es, die sich an den Weiden am Fluss in manchem Frühsommer in solchen Massen entwickeln, dass in der Tat richtig starker Regen fällt, von dem man durchaus nass werden kann.

Die Wissenschaft hat ihnen den Namen Weidenschaumzikaden *Aphrophora salicina* gegeben. Wie die vielfach verhassten Blattläuse zapfen sie den Saftstrom der Pflanzen an und ernähren sich davon. Aber weil dieser sehr viel Wasser und wenig nahrhafte Stoffe enthält, müssen die Larven auch entsprechend viel davon durch ihren Körper hindurchlaufen lassen. Sie haben sich gleichsam zu einer »leckenden« Wasserleitung gemacht. An heißen Frühsommertagen brauchen sie besonders viel Wasser, um sich damit selbst hoch oben in den lichten Kronen der Weiden kühl genug zu halten. Quelle ist das kalte Grundwasser, das die Weiden mit ihren Wurzeln aufnehmen und im aufsteigenden Saftstrom bis in die höchsten Gipfel transportieren. Daher fühlen sich die Tropfen so frisch und kühl an. In den heißen Stunden des Tages läuft diese Wasserkühlung auf Hochtouren. So kühlen sich die Weidenschaumzikaden und lassen es regnen, um selbst nicht in der Hitze umzukommen. Die Weiden liefern den Zikaden nicht nur viel Wasser, weil sie wassernah wurzeln, sie schützen in gewisser Weise auch die kleinen Sauger, die sich selbst mit ihrem Schaum nicht nur kühlen, sondern wohl auch tarnen. So entgehen sie den Augen hungriger Vögel, die solche zarten Larven schmackhaft finden könnten. Vielleicht schützt sie auch das im Saft der Weiden enthaltene Salicin, das nicht jeder Vogelmagen verträgt. Den Schaumzikaden schadet das Salicin offenbar nicht. Es hält auch Bakterienwachstum in Schach. So können die kleinen Sauger bei günstiger Witterung sehr zahlreich werden. Und wie für fast alle Kleintiere bedeutet »günstig« ein sonniges und warmes Frühsommerwetter. Kühlfeuchte Witterung nützt den Pflanzen, vor allem den Nutzpflanzen, aber nicht bunten Blumen, Schmetterlingen, Vögeln oder den Weidenschaumzikaden. Fallen April und Mai warm aus, gibt es sie in solchen Mengen, dass sie auch andere Pflanzen anzapfen. An Stauden von Kanadischen Goldruten *Solidago canadensis*, die unter den Silberweiden wachsen, und sogar an den jungen, noch gelbgrünen Trieben von Fichten *Picea abies* fand ich sie in warmen Frühjahren wie 2009. Die Larven häuten sich mehrmals, bis sie erwachsen sind. Nach der letzten Häutung sind ihre Flügel entwickelt. Sie können nun nach Zikadenart gleich mehrere Dezimeter weit springen und aus dem Sprung davonfliegen. Ihre große Zahl überfordert anscheinend die natürlichen Feinde. Wie viele bis zum nächsten Frühjahr durchkommen, wird aber von vielerlei Ungewissheiten abhängen, nicht zuletzt auch vom Hochwasser. Es kann, wie im August 2005, mit gewaltiger Flut den Weidenauwald ausräumen und nahezu Frischland hinterlassen, auf dem fast alles neu anfangen muss. Nichts ist am Fluss weniger vorhersagbar als das Hochwasser. Verlief das Jahr gut, so kann anhaltend nasskalte Witterung die nächste Generation treffen. Oder Parasiten schlagen bei gutem Wetter zu – wie bei den Gespinstmotten, wenn sie im Auwald zu lange zu zahlreich vorhanden sind.

Das Himmelblau des Schillerfalters

Vor den Weiden mit den Schaumzikaden bewegt sich ein Stückchen Himmelsblau, jedoch am Boden. Es spiegelt sich in den Flügeln eines Schillerfalters. Zwei Arten leben im Auwald, der Große und der (fast genauso große) Kleine Schillerfalter *Apatura iris* und *Apatura ilia*. Das durch Lichtbrechung erzeugte Blau spiegelt nicht wirklich den Himmel, entsteht aber auf ähnliche Weise. Denn das Weltall wäre an sich schwarz, die Luft ist aber durchsichtig. Also sollten wir unter einem finsteren Himmelsgewölbe leben. Hell bliebe es trotzdem, solange die Sonne über dem Horizont ist. Das »Blau« des Himmels entsteht durch Streuung des Lichts an feinsten Wassertröpfchen, und an winzigen Farbkörnchen kommt das Blau im Flügel der Schillerfalter durch eine ähnliche Streuung zustande. Rot, Gelb und Grün verschwinden. Das Blau bleibt und macht die Falterflügel so schön. Doch diese Schönheit tarnt in Wirklichkeit die Schillerfalter. Die himmelslichtartigen Reflexe erschweren es den Vögeln, die Falter zu fangen. Im Flug blitzen sie auf und verschwinden, wie Blinklichter, die ein- und ausgeschaltet werden. Mancher Schillerfalter trägt »Schnabelmarken« am Rand der Flügel, vornehmlich an den Hinterflügeln. Sie verraten, dass ein Vogel vergeblich versucht hat, den Schmetterling zu packen.

Noch weit stärker, bis fast zur Unsichtbarkeit tarnen sich die Raupen der Schillerfalter oben in den Kronen der Weiden. Sie sitzen wie ein noch nicht ganz frei gewordenes Blatt am Spross, sind grün, tragen helle, schräg verlaufende Streifen an den Körperseiten und sind von feinen weißen Punkten unregelmäßig besetzt. Hornartig ragen Spitzen vom Raupenkörper nach vorn, sodass man sie auch für eine Schnecke halten könnte, wenn sie fest an die Unterlage gedrückt ruhen. Die Schillerfalter bevorzugen Weiden mit breiteren Blättern, wie die Grauweide *Salix cinerea* und die Salweide *Salix caprea*. An diesen fallen die Raupen nicht auf, auch wenn sie schon etwas größer und dicker geworden sind. Erheblich größer, kleinfingerlang und -dick, werden Raupen des Abendpfauenauges *Smerinthus ocellatus*. Auch sie sind weidengrün und seitlich längsgestreift, aber von ihrem Hinterende ragt sichelförmig ein dornartiges, spitzes Gebilde in die Höhe. Wozu es gut ist, weiß man nicht. Viele Schwärmerraupen tragen solche »Hörner«. Der Trauermantel *Nymphalis antiopa*, einer unserer schönsten Schmetterlinge, lebt als Raupe auch an Weiden, häufig an den schmalblättrigen Silberweiden. Der große samtschwarze Falter mit dem breiten gelben Rand an den Flügeln ist und bleibt aus unbekannten Gründen selten. Von Jahr zu Jahr kommt er nur vereinzelt vor, aber es gibt ihn. Die Art stirbt zwischendurch nicht aus, wie man meinen könnte. Seit zweieinhalb Jahrhunderten rätselt man darüber nach, warum das beim

Trauermantel so ist. Weiden gäbe es genug, um Massen seiner Raupen zu ernähren. An der Menge der Raupennahrung kann es also nicht liegen, dass er so selten ist. Vielleicht eignet sich seine Strategie, auffällige Raupen zu bilden, doch nicht so gut. Sie sind schwarz. Rote Flecken reihen sich den Körper entlang, von dem nach allen Seiten, die Bauchseite mit den Füßen ausgenommen, bizarre Stacheln abstehen. Auf den einheitlich graugrünen Weidenblättern sind die Raupen des Trauermantels gut zu sehen. Aber wer interessiert sich dafür? An den dünnen, im Wind schwingenden Zweigspitzen der Weiden sind sie jedenfalls für Vögel nicht leicht zu erbeuten. Rätselhaftes gibt es in Hülle und Fülle, sobald wir uns näher mit dem Leben an den Weiden befassen.

Tierische Artenvielfalt an den Weiden

Nicht nur die Anzahl der Tiere, die an und von den Weiden leben ist beeindruckend – auch die Vielfältigkeit ihrer Lebensweise ist beachtlich. Wenn im Frühjahr die Kätzchen blühen, werden sie von Tagfaltern wie dem Kleinen Fuchs *Aglais urticae* und dem Tagpfauenauge *Inachis io* besucht. Das Farbenspiel der Flügel dieser Falter fällt uns eher auf als die vielen Bienen und Fliegen, die wir erst bei genauerer Beobachtung sehen. Honigbienen nutzen die Weidenblüte so sehr, dass es früher verboten war, »Palmkätzchen« zu schneiden. Nur für die kleinen, am Palmsonntag geweihten Sträuße, die auf die Felder gesteckt wurden, hatte es Ausnahmen gegeben. Die Zeiten sind offenbar vorbei, in denen sich Bienen und Honig einer so hohen Wertschätzung erfreuten, dass man Palmzweigdieben mehr hinterher war als Leuten, die Enziane pflückten. Honig war Lebenskraft. Vom Honig stammte die natürliche Süße, bevor ihn Rohr- und Rübenzuckerraffinade zurückdrängten in die Ecke von Gesundheitskult. Dabei blieben vielen Menschen manche Krankheiten und der Gesellschaft hohe Kosten erspart, würde nur ausnahmsweise mit Zucker gesüßt und normalerweise Honig verwendet. Seit die Palmkätzchen als Bienenweide nicht mehr die große Rolle spielen, verschwinden die Salweiden auch immer mehr aus den Gärten und der Flur. Dabei tragen sie die dicksten und schönsten Kätzchen, die sich wirklich kätzchenweich anfühlen, wenn die braune Hüllschuppe abgefallen ist und den »Haarpelz« freigegeben hat. Wer ahnt, dass sich an diesen Kätzchen noch viel tun wird, zumal an den männlichen, die »eigentlich« nicht mehr gebraucht werden, wenn der Pollen abgegeben ist, denn zur Bildung der Samen kommt es nur auf die weiblichen Kätzchen an. Diese entwickeln sich auf von den männlichen verschiedenen Weiden. Auch die Weiden sind »zweihäusig«. Interessenten für die Kätzchen gibt es in beträchtlicher Anzahl. Man kennt und findet sie aber kaum, weil die Schmetterlinge, um die es sich handelt, nachts fliegen. Es sind dies im März und April die Kätzcheneulen, die zu den nachtaktiven Eulenfaltern gehören. In Mitteleuropa gibt es neun verschiedene Arten davon. Einige sind so häufig, dass sie in milden Frühlingsnächten zu Dutzenden ans Licht fliegen. Ihre Suche gilt dem Nektar der Weidenkätzchen. In den noch kalten Nächten dient er diesen Faltern als Brennstoff erster Güte. Im Herbst fliegt eine Gruppe anderer, in manchen Arten den Kätzcheneulen durchaus ähnlicher Nachtfalter. Zu ihnen gehören die Gelbeulen, deren Raupen sich in den Weidenkätzchen entwickeln. Die Falter lassen sich mit ihren gelben, fleckigen Flügeln am Boden auf dem abgefallenen Herbstlaub kaum erkennen. Zwischen frühem Frühjahr und spätem Herbst breitet sich die Spanne des Insektenlebens an den Weiden aus. In den Wintermonaten sind es dann Säugetiere, die mitunter noch auffälliger als alle Insekten zusammen von den Weiden leben. Mäuse und Kaninchen benagen die Rinde, Biber fällen die Bäume, um auch an die ergiebigere Rinde im Geäst und Gezweig zu kommen. Im Holz der Weiden bohren die Larven von Insekten – es gibt keine Weidenart und keine Stelle an den Weiden, von den Wurzeln bis zu den obersten Spitzen, die nicht irgendwie von einer Tierart genutzt würde. Dennoch fallen die meisten Arten nicht auf. Mit ihrem raschen Wachstum gleichen die Weiden die Verluste rasch wieder aus, die der Tierfraß mit sich bringt. Am stärksten wirkt Verbiss durch Rehe und Kaninchen in unseren Auwäldern.

Der Geruch von Bittermandeln

Manchmal wird man mit zunächst Unerklärlichem konfrontiert. Ein Gewitter braut sich am Frühsommernachmittag zusammen. Davor herrscht jene drückende Stille, in der sogar der Fluss leiser zu rauschen scheint. Kein Luftzug bewegt das Weidengebüsch, unter dem Rast gemacht wird, um der Wasseramsel *Cinclus cinclus* zuzusehen, die im flachen Wasser zwischen den Steinen nach Insektenlarven sucht. Die Handbewegung, mit der ich nach dem Fernglas greife, löst Unerwartetes aus. Bittermandelgeruch breitet sich plötzlich aus. Zunächst bleibt die Quelle rätselhaft. Genaues Beobachten der Bewegungen gibt Hinweise auf die Duftspur. An den Weidenblättern hängen die Puppen von Blattkäfern wie Reste von kleinem Vogelkot, die nicht vollends abgefallen sind. Nähert man sich diesen Puppen, schwingen sie ein wenig und sondern den bezeichnenden Geruch nach Blausäure ab. Die Weidenblattkäfer bringen es fertig, aus ihrer Nahrung, den Inhaltsstoffen der Weidenblätter, die sie als Larven verzehren, dieses starke Gift herzustellen. Ein paar Handvoll solcher Käferpuppen könnten beim Menschen die Anzeichen von Blausäurevergiftung herbeiführen, wenige schnabelgerechte Portionen vielleicht schon bei den Vögeln. Deren Geruchsvermögen warnt aber rechtzeitig vor der Giftigkeit, bevor sie sich den Magen verderben und Schaden nehmen.

So schützt also die Weide die Käfer, deren Larven ihre Blätter abgefressen hatten. Doch Vorsicht, vielleicht urteilen wir manchmal zu vorschnell. Es kann ja sein, dass ein geringer Fraß für die Weide vorteilhaft ist, wenn dadurch größerer Schaden abgewendet wird, den andere Nutzer verursachen könnten. Neuere Forschungen haben gezeigt, dass verschiedene Pflanzen, die häufig erheblichem Fraßdruck durch Tiere ausgesetzt sind, im Bedarfsfall wirksame Abschreckmittel, sogenannte »Repellents«, verstärkt synthetisieren. Deren Herstellung unterbleibt, weil sie chemisch aufwendig ist, oder sie wird nur auf niedrigem Niveau betrieben, wenn keine Fraßschäden auftreten. Benachbarte Pflanzen derselben Art stellen die Abschreckmittel schon her, wenn sie die Fraßschäden in ihrer Nähe »riechen«. Die chemische Kommunikation teilt ihnen mit, dass Fressfeinde angekommen sind. Die Weidenzweige, unter denen es angefangen hatte, nach Blausäure zu riechen, sahen ansonsten völlig unbeschädigt aus. Sie waren hoch aufgeschossen. Ihr Wachstum war nicht gehemmt worden.

Der Geruch ist oftmals ein wesentliches Merkmal zur Bestimmung von Pflanzen, denn verschiedene Pflanzenteile können ganz unterschiedlich duften oder unangenehm riechen und dem Naturfreund dadurch eindeutige Hinweise geben. Auch manche Bäume lassen sich gut am Geruch identifizieren, vor allem, wenn man Blätter oder junge Rinde zwischen den Fingern zerreibt. Bei den Weiden ist das nicht so ausgeprägt wie bei den Pappeln. Vor allem im Frühjahr rieche ich sie, wenn sie austreiben.

Pappeln – ein Volk von Bäumen

»Populus«, das »Volk«, nannten die Römer ihre Untertanen. Wir haben wie andere europäische Sprachen auch diesen Ausdruck ins Deutsche übernommen und sowohl das Populäre als auch den Pöbel daraus gemacht; im Englischen heißt es »people«. Aus dem Lateinischen stammt auch unser Baumname Pappel, englisch heißt sie »poplar«. Die Alten Römer nannten sie »populus« wie das Volk. Die Pappeln sind also das Volk unter den Bäumen. Volkstümlich hießen sie im bayerisch-österreichischen Voralpenland jedoch Eiber, die Zitterpappeln aber Aspen oder Espen. Eiber hört sich ungewöhnlich an. Man benutzt diese Bezeichnung seit Jahrzehnten nicht mehr. Doch wie Eibisch ist das Wort mit Hibiscus verwandt. Dahinter steckt das altgriechische »ibiscos«. So tönt der mediterrane Süden aus den Namen der Pappeln. Dort bildeten sie das gewöhnliche Volk der Bäume, nicht die finsteren Fichten oder die knorrigen, schwer zu fällenden Eichen wie nördlich der Alpen. Aus dem Holz von Pappeln zieht Essig jene Essenz, die ihn zum »balsamico« und unvergleichlich schmackhaft macht. Pappeln gedeihen, wo es warm ist, wo sie viel Licht bekommen und wo sie mit ihrem Wurzelwerk genügend Wasser fassen können. Sparsam gehen sie nicht um mit dem kostbaren Nass. Sie brauchen die Nähe zu den Flüssen. Ihre breiten dreieckigen Blätter reagieren auf jeden Windhauch. Das macht sie »geschwätzig« wie das Volk.

Sammlerstücke und Blattkunstwerke

Es ist das Besondere, das augenfällig ist. In der Au gab es in der Nähe meines Heimatdorfes einen sonderbaren Bestand an Bäumen, wie ich ihn bisher nicht gekannt hatte. Sie trugen sehr große Blätter, die weithin hell leuchteten, wenn der Wind sie ein wenig drehte und so ihre weiße Unterseite zu sehen war. Die Form der Blätter war recht verschieden. In Reih und Glied standen die Bäume. Als ich sie zum ersten Mal bewusst wahrnahm, waren sie etwa so hoch wie die Erlen auf den benachbarten Parzellen. In wenigen Jahren aber waren sie über diese hinausgewachsen und hoben sich über den Auwald empor. Wenn im Spätsommer die Blätter fielen, suchte ich nach den größten und besonders geformten. Sie beeindruckten mich außerordentlich, denn keine andere Baumart hatte auch nur annähernd so große Blätter. Es gab etwas schmalere, sehr lange, die über meine flach ausgestreckte Hand weit hinausragten, und kürzere, die sie fast komplett abdeckten. Auf der Unterseite sahen sie aus, als ob sie frisch gekalkt worden wären, denn alle trugen einen dichten Filz aus feinen weißen Haaren. Pappeln seien das, sagte mir der Besitzer des Waldstücks und fügte hinzu »amerikanische«. Das stimmte nicht.

Es waren Silberpappeln *Populus alba*. Normalerweise kommen sie erst in den Auwäldern an der Donau bei Wien und weiter flussabwärts im kontinentalen Klimabereich vor. Sie wachsen rasch und werden sehr groß. Bis zu 35 Meter Höhe können sie erreichen. Die Schwarzpappeln *Populus nigra*, die ich inzwischen als festen Bestandteil der Auwälder am unteren Inn kennengelernt hatte, werden bei Weitem nicht so hoch. Früh entwickeln sie weit ausladende, unregelmäßig geformte Kronen, sobald sie über die Höhe der Erlen hinausgekommen sind. Dadurch wirkten sie wuchtiger. Die Pflanzung war ein Versuch. Er misslang, wie sich Jahre später herausstellte. Der Boden eignete sich nicht so gut. Auch die heimischen Zitterpappeln *Populus tremula* gab es nur selten. Dass es sie doch da und dort, meist sogar in kleinen Gruppen von fünf bis 20 Bäumen gab, fiel mir auf, als wieder Biber *Castor fiber* in den Inn-Auen zu sehen waren.

Was Biber mögen

Ende der 1960er-Jahre fing die Wiedereinbürgerung der Nager an. Der »Bund Naturschutz in Bayern« hatte mit Genehmigung der zuständigen Ministerien die Wiederkehr der Biber ermöglicht. Hubert Weinzierl war die treibende Kraft. Ihm vor allem ist es zu verdanken, dass im letzten Drittel des 20. Jahrhunderts Bayern wieder Biberland geworden ist. Die ersten Aussetzungen nahm der Bund Naturschutz in der Nähe der Donau bei Ingolstadt und am unteren Inn vor. Die an einem kleinen Zufluss der Rott bei Eggenfelden 1970 ausgesetzten vier Biber wanderten zum Inn ab. Sie wiesen damit selbst darauf hin, wo die Wiedereinbürgerung klappen könnte: In den neuen Auwäldern innerhalb der Dämme an den Stauseen am unteren Inn und auch in den alten Auwäldern außerhalb, die aber immer stärker unter Druck gerieten, weil sie die Besitzer in andere, einträglichere Nutzungsformen umwandeln wollten. Mit den großen Mengen an Silberweiden, die wirtschaftlich bedeutungslos geworden waren, habe der Biber genug Nahrung, meinten die Fachleute.

Das war auch durchaus richtig. Die Biber nagten im Spätherbst so viele Weiden um, dass in den dichten Beständen Lichtungen entstanden. Auf ein Biberrevier, das ein Paar mit ihren zwei bis vier Jungen vom vorausgegangenen Sommer bewohnte, kamen 50 bis 180 gefällte Weiden. Ich war besorgt, wie das weitergehen würde, denn wenn die Biber alljährlich so viele Bäume umlegen würden, müssten die Weiden doch bald knapp werden. Sie wurden es nicht, weil die aus Schweden gekommenen Biber schon nach wenigen Jahren merkten, dass die bayerischen Winter bei Weitem nicht so kalt wurden wie die schwedischen und entsprechend auch nicht so viel Nahrungsvorrat benötigt wurde. Die Zahl der in einem Biberrevier umgenagten Bäume ging auf 30 bis 40 zurück. Der Zuwachs pro Jahr fiel größer aus als die von den Bibern genutzte Baummenge, wie Siegfried Kalleder, ein ausgebildeter Forstmann, in einer genauen Untersuchung feststellte. Knapp wurden die Weiden ganz und gar nicht, aber die Zitterpappeln.

Verdauungsprobleme

Die Biber bevorzugten sie, wo immer sie welche finden konnten, die nicht weiter als 20 bis 30 Meter vom Wasser entfernt wuchsen. Offenbar schmeckte ihnen die Pappelrinde viel besser als die der Weiden. Am Gehalt an Salicin mochte es liegen, vielleicht waren die Biber als Jungtiere in ihrer schwedischen Heimat aber auch auf Zitterpappeln »konditioniert« worden. Die Verdauung der Biber muss sich auf die recht unterschiedlichen Inhaltsstoffe der Baumrinden einstellen, bis sie problemlos verläuft. Das Salicin hemmt möglicherweise bestimmte bei der Verdauung mitwirkende Bakterien. Dass in den ersten Jahren nach der Wiedereinbürgerung mehrfach Jungbiber in genau der Zeit starben, in der sie sich von der Muttermilch auf feste Pflanzenkost umstellen mussten, bestärkt den Verdacht von Verdauungsschwierigkeiten. Denn die Biber wiesen keinerlei Verletzungen oder innere Schädigungen auf. Die Bakterienflora ihrer Mütter passte möglicherweise noch nicht gut genug zu der Silberweidenrinde als Hauptnahrung im Winter. Erlen und Traubenkirschen nahmen die Biber im ersten Jahrzehnt nach Beginn der Wiedereinbürgerung gar nicht als Nahrung an, obwohl insbesondere bei den Erlen keine dicke Borke die Rinde schützt. In Bezug auf die Traubenkirschen konnte ich verstehen, warum sie von den Bibern verschmäht wurden. Ich brauchte nur ihre Blätter oder Rinde zwischen den Fingern zu zerreiben, um zu riechen, wie sie stinkt. Die Rinde von Zitterpappeln riecht und schmeckt nicht abstoßend. Die Biber schälten sogar dicke Stämme fast bis zum Beginn des Wurzelstocks, obwohl in diesem untersten Stammbereich die Rinde doch schon mit einer rauen, rissigen Borke bedeckt ist.

Schwarzpappeln – imposante Bäume mit ausladenden Kronen

Um die Schwarzpappeln mit ihren knorrigen Stämmen, den langen, gelblichen Trieben, die auch bodennah daraus hervorkamen, und den dreieckigen Blättern, die mit bräunlich getöntem Gelb im Herbst den Boden bedeckten, kümmerte ich mich wenig. Ich nahm sie eigentlich nur als eindrucksvolle Baumgestalten wahr. Weit ragten sie über das geschlossene Kronendach der Erlen hinaus und prägten die Silhouetten der Auen. Wenn im April ihr hellgelbes Laub erschien, war unter den großen Schwarzpappeln der Boden mit spitzen braunen, klebrigen Schuppen bedeckt, die den Winter über die Knospen geschützt hatten. Das Harz lockte kleine Insekten an. Waren noch Seidenschwänze *Bombycilla garrulus* im Gebiet oder machten diese unregelmäßigen Wintergäste aus den Wäldern des Hohen Nordens während des Rückfluges in ihre Brutgebiete in dieser Jahreszeit Zwischenrast, so konnte man beobachten, wie sie an den austreibenden Schwarzpappeln die Kleininsekten in der Luft fingen. Die doch recht schweren Vögel – sie haben etwa die Größe von Staren – bremsten mit ausgebreiteten Schwingen ihren Flug plötzlich ab, schienen für Millisekunden in der Luft zu stehen und schnappten dabei das Insekt.

Auf manchen der großen Schwarzpappeln waren im Winter Nester von Rabenkrähen zu sehen. Nach den viel größeren Horsten von Greifvögeln hielt ich hingegen vergeblich Ausschau. Dafür gab es Gruppen mächtiger Schwarzpappeln am Inn, die gleich mehrere große Nester pro Baum trugen – Horste von Graureihern *Ardea cinerea*, die dort ihre Brutkolonie hatten. Die Angler sahen die Reiher nicht gern und wollten am liebsten die Nester vernichten. Aber noch waren die seltenen Vögel streng geschützt. Das Interesse an der Verfolgung der Reiher nahm stark ab, als in den 1980er-Jahren die Kormorane *Phalacrocorax carbo* immer häufiger wurden und zu Hunderten am unteren Inn überwinterten. Die Reiher fischen einzeln oder in lockeren Gruppen, die Kormorane aber gleich in Scharen. Das macht sie für die Fischerei besonders verdächtig. Als sich 2009 sogar ein Seeadlerpaar einstellte und erfolgreich brütete, hätte es eine große Schwarzpappel auf den schwer zugänglichen Inseln im Inn gebraucht. Doch die Bäume, die innerhalb der Stauseen aufwachsen, sind mit höchstens 50 Jahren noch viel zu jung, verglichen mit den »Veteranen«, die in den Auen außerhalb überlebten. Viele fielen in den 1960er- und 1970er-Jahren der Rodung der Inn-Auen zum Opfer.

Vom Nutzen des Pappelholzes

Die Nutzung der Erlen und Weiden als Brennholz war stark zurückgegangen. Niemand wollte mehr das Holz. In meiner Jugendzeit kauften wir es noch von Bauern, die ein Stück Auwald besaßen, und zersägten die Erlenstämme mit der Handsäge in etwa 30 Zentimeter lange Stücke. Mit einem Beil wurden diese auf dem »Holzstock« gespalten. Die nur armstarken Stücke wurden halbiert, die dickeren geviertelt. Bei den Erlen ging das leicht, bei den Weiden ganz gut, aber bei den Pappeln gab es selten glattwüchsige Stücke. Die knorrigen leisteten Widerstand. So manches Scheit flog davon. Auch bestand stets die Gefahr, dünne Holzsplitter in die Hand zu bekommen. Die Erlen waren in dieser Hinsicht geradezu handzahm. Das Holz wurde im Frühjahr »gemacht« und trocknete den Sommer über aus – in Doppelreihen aufgestapelt und mit geteerter Dachpappe abgedeckt. Gut trocken und zum Verfeuern am besten geeignet war Scheitholz, das auch einen Winter hinter sich hatte. Doch die Zeit der Brennholznutzung ging zu Ende. Es wurde immer schwieriger, geeignetes Holz zu bekommen, weil die Bauern im Winter gar nicht mehr »Holz machen« fuhren.

Entsprechend verloren die Auen an Wert für ihre Besitzer. Auch für die Streunutzung interessierten sich immer weniger Landwirte. Die letzten, die sich noch die Mühe machten, waren die »Häusler«, die ihre »Sacherl« nur noch im Nebenerwerb bewirtschafteten. Für eine Kuh oder zwei im Stall holten sie aus ihrer Parzelle Auwald das dürr und trocken gewordene Rohrglanzgras als Einstreu. Der Stallmist wurde täglich mit der Mistkarre zum Misthaufen neben dem Stall transportiert und im Frühjahr auf die kleinen Felder hinausgefahren. Die Kuh gab Milch und hatte die Wägen zu ziehen, denn ein Pferd konnten sich die Kleinbauern längst nicht mehr leisten. Die »Großen« mit ihren teuren Ställen und der Schwemmentmistung fuhren standesgemäß PS-starke Traktoren. Immer größere Teile der feuchten Auen blieben sich selbst überlassen. Die trockeneren rodete man und wandelte sie zu Maisäckern um.

Nutzbares Land ungenutzt zu lassen widerstrebte den Bauern. Sie verkauften die Auen oder sie ließen sich zur Anlage von Pappelpflanzungen überreden. Der neue Wunderbaum war eine Kreuzung zwischen einheimischen Schwarz- und zwei nordamerikanischen Pappeln. »Kanadische Hybrid-Pappel« wurde sie genannt und forstlich-fachlich mit *Populus x canadensis* bezeichnet. Die Pflanzungen sollten keinen hohen Holzertrag liefern, sondern Zellulose. Je schneller der Baum wächst, desto weniger Schutzstoffe lagert er in das Holz ein. Die Zellulose lässt sich so mit dem geringsten Aufwand entfernen. Zuerst hektar-, dann quadratkilometergroße Pappelpflanzungen entstanden in den 1960er- und frühen 1970er-Jahren in den Inn-Auen und an der Donau. Nach 15 bis 20 Jahren, also der Zeit, zu der wieder eine Nutzung des früheren Waldes fällig gewesen wäre, waren die Hybridpappeln bereits mehr als doppelt so hoch wie der Auwald geworden. Aber ihre Kronen wurden immer lichter. Die im Herbst goldgelben Blätter hätte man an den obersten Ästen und Zweigen zählen können. Dann fing die Rinde an, sich im Kronenbereich abzulösen. Unten, bodennah, sah die Borke fest und gesund aus. An ihrer feuchteren Seite färbte sie sich rötlich; zuerst in kleinen Flecken, dann in zusammenhängenden Flächen.

Rote Grünalgen und zerstörerische Pilze

Grünalgen, die sonst im Wasser leben, hatten sich angesiedelt. Es gibt unter ihnen solche, die sich an der Luft auf feuchtem Untergrund halten können. »Aerophytisch« ist ihre Lebensweise, was übersetzt »luftwachsend« heißt. Die einzelne Alge dieser Gattung *Trentepohlia* ist klein und ohne starke Vergrößerung unter dem Mikroskop nicht zu erkennen. Dass sie keinen grünen, sondern einen braun- bis orangeroten Belag bildet, hat den gleichen Grund wie bei der Entstehung der grünen Blüte. Der rote Farbstoff schützt die im Aufbau einzellige Wasserpflanze vor der an Land viel zu starken Lichtstrahlung. Das Chlorophyll der Alge wird vom Rot verdeckt, sodass man ohne Kenntnis dieser Gegebenheit nicht glauben möchte, dass es sich um eine Grünalge handelt. Den Baum schädigt sie nicht. Er dient ihr nur als Unterlage für das Wachstum, wie der Boden auch. Dort aber würden andere Pflanzen sie schnell überwuchern. Mit der Ablösung der Rinde oben in den Kronen und den schwarzbraunen Flecken auf den Blättern, die vorzeitig abzufallen anfingen, hatten die roten Grünalgen nichts zu tun. Verursacher dieser Erkrankungen waren Pilze. Die vom Pilz *Marssonina brunnea* verursachten Schäden hemmten das Wachstum der Hybridpappeln so sehr, dass viele abzusterben begannen. Die Auen waren für die Hybridpappeln doch zu feucht. Der erhoffte große Ertrag für die Produktion von Zellstoff blieb weitgehend aus. Als sich in den 1980er-Jahren dieses Ergebnis abzeichnete, galten die Auwälder entlang der Flüsse bereits als besonders schützenswerte Biotope. Rodungsgenehmigungen gab es nicht mehr. Allenfalls durften sie mit Edellaubholz aufgebessert werden. Zu ungenehmigten Rodungen kam es trotzdem. Offenbar blieben sie aber folgenlos. Was von den Auen am unteren Inn die kritische Übergangsphase der beiden Jahrzehnte zwischen 1960 und 1980 überlebte, blieb erhalten. Der Naturschutz konnte mit dem Ergebnis einigermaßen zufrieden sein. Das Ergebnis war von Gemeinde zu Gemeinde etwas unterschiedlich, im Durchschnitt war es die Hälfte des früheren Auwald-Bestandes. Immerhin. Zu wenig dennoch, weil die Restflächen zu stark aufgesplittert zwischen Maisfeldern und den verbliebenen Pappelpflanzungen lagen.

Die Vögel drückten dies auf ihre Weise aus. Wo der Auwald stark aufgesplittert worden war, fehlten im Spektrum, verglichen mit geschlossenen Auwaldflächen gleicher Größe, zehn bis 15 Prozent der etwa 60 typischen Arten. Verschwunden waren natürlich nicht die häufigsten, sondern seltene Arten. Fünf Quadratkilometer Auwald reichten zwar aus, um das für den Auwald typische Spektrum der Singvogelwelt zu erhalten, aber nur dort, wo die Fläche nicht in zahlreiche kleine Teilstücke aufgesplittert war. In Waldinseln von nur wenigen Hektar Größe fehlten bis zu 80 Prozent der Arten. Auch ihre Häufigkeit ging zurück. In den kleinen Waldstücken lebten nicht mehr genügend Angehörige der Art, um den Zusammenhalt als Bestand zu sichern. Einzelbruten schlugen häufig fehl. Männchen ohne Artgenossen in der Umgebung mögen so viel singen wie sie können, sie werden keine Partnerin für die Brut bekommen. Zu klein gewordene Bestände sind zum Aussterben verurteilt.

Gescheiterter Versuch oder Chance für die Zukunft?

Waren nun die Pappelpflanzungen gut oder schlecht? Verschlechterten sie gar die Entwicklung, weil die Hybridpappeln keine wirklich einheimische Art waren? Das erwies sich, wie so oft, als viel leichter gefragt als beantwortet. Ein halbes Jahrhundert nach Beginn der großen Auwald-Rodungen und der Anlage von Pappelpflanzungen fällt mein Urteil nicht mehr eindeutig aus. Anfangs hatte ich, wie viele andere Naturschützer auch, die Pflanzungen vehement bekämpft. Ich sah nicht, in welch starkem Maße die Nutzung als Niederwald die Auen am unteren Inn geprägt und so artenreich gemacht hatte. Ich konnte noch nicht wissen, wie es sein würde, wenn sie 30, 40 oder 50 Jahre lang keiner Nutzung mehr unterworfen sein würden. Das lag in zu ferner Zukunft. Wie sich die Pappelpflanzungen auswirken würden, war gleichfalls nicht abzusehen. Die ablehnende Haltung kam dafür umso schneller auf. Man war gegen das Unbekannte, weil man es nicht kannte.

In den ersten Jahren schienen sich die Befürchtungen zu bestätigen, dass die Pappelpflanzungen in typischer Art von Monokulturen die meisten der vorher vorhandenen Arten verdrängen würden. Zwei Vogelarten störten diese Annahme allerdings beträchtlich. Es handelte sich hierbei ausgerechnet um eine sehr schöne und um eine sehr seltene Art. Der Pirol *Oriolus oriolus*, die »Goldamsel«, mochte die Pappeln. Sein Flöten war nirgends so häufig wie in den größeren Beständen dieser Pflanzungen zu hören. Ansonsten kaum zu beobachten, flogen die Pirole, oft gleich zu mehreren, goldgelb aufleuchtend hinter den grünlichen Weibchen her und ließen sich dabei gut und häufig sehen. Ihre flachen Schaukelnester fand ich im Herbst nach dem Laubfall zu Dutzenden in den Pappelkronen, deren Zweigstruktur sich sehr gut eignet für die Anlage des zwischen zwei Ästchen wie eine breite, rundliche Hängematte ausgespannten Nestes. Die andere Vogelart war der Schlagschwirl *Locustella fluviatilis*. Über 100 singende Männchen registrierte ich entlang der Pappelpflanzungen am unteren Inn. Das war mit Abstand das größte Vorkommen dieser Art westlich des Eisernen Vorhangs, der in den 1970er-Jahren Ost und West noch für Menschen unüberwindlich trennte.

Den Grund für dieses große Vorkommen erkannte ich mehr als ein Jahrzehnt später. Der Bestand der Schlagschwirle hatte nach der Anlage der Pappelpflanzungen deshalb so stark zugenommen, weil zwischen den Pappeln die Erlen aus den alten Wurzelstöcken aufgekommen waren und sich so eine nahezu geschlossene Schicht von Unterholz gebildet hatte. Unter dieser blieb der Boden fast frei von Vegetation. Es gab zu wenig Licht. Der Schlagschwirl braucht für die Nahrungssuche zugänglichen Boden. Er läuft viel und ähnelt in dieser Hinsicht den Rotkehlchen, von denen es in jener Zeit auch nur so wimmelte. Als »häufige« Art wurde das Rotkehlchen aber damals weit weniger beachtet als der seltene Schlagschwirl.

Ein Schmetterling vermittelt Einblicke

In der Pappelpflanzung entwickelte sich ein zweischichtiger Wald, der auch zahlreichen Schmetterlingsarten zugute kam. Auch dieses Ergebnis zeigte sich erst, als ich viele Jahre später, das 21. Jahrhundert hatte schon begonnen, die jahrzehntelangen Fänge von Schmetterlingen mit Lebendfang-Lichtfallen auswertete. In der Zeit der Zunahme von Schlagschwirl und Pirol gab es die meisten Schmetterlinge bestimmter nachts fliegender Arten, wie Pappelschwärmer *Laothoe populi*, Pappelzahnspinner *Pheosia tremula* und anderer, an Pappeln lebender Arten mit großen oder haarigen Raupen. Der Pirol verzehrt sie. Die Pappelpflanzungen hatten ihm nicht nur günstige Nistplätze, sondern auch mehr Futter geboten, als zuvor in den Auen für ihn zu finden war.

Zu dieser Zeit in den 1970er-Jahren verschwand jedoch ein besonderer Schmetterling, die Pappelglucke *Gastropacha populifolia*. In Bayern ist sie ausgestorben, in Deutschland vom Aussterben bedroht. Dass dem so sein soll, möchte man kaum glauben, denn Schwarzpappeln gibt es noch und viele Auwälder stehen seit Jahren unter Naturschutz. Auch wenn der Grund für das Verschwinden der Pappelglucke nur rekonstruiert werden kann, so zeichnet sich doch ein Zusammenhang mit der Natur des Auwaldes deutlich genug ab. Die Raupen der Pappelglucke leben nicht oben in den Kronen, in denen fast beständig Wind weht und recht trockene, im Sommer sehr heiße Verhältnisse herrschen können, sondern bodennah an jungen Trieben, die aus dem Stamm kommen. Solche kamen, wenn die Pappeln bei der Niederwaldbewirtschaftung »auf Stock« gesetzt sind, in großer Zahl und regelmäßig. Der umgebende Auwald schützte diese Jungtriebe sowohl vor zu großer Hitze durch Beschattung als auch vor zu großer Trockenheit durch die Feuchte, die sich im Wald hält. Die weiblichen Falter, schwerfällige Flieger wie alle »Glucken«, finden geeignete Stellen für die Eiablage leicht und ohne großen Energieaufwand. Das sähe anders aus, müssten sie mit ihrer dicken Fracht von Eiern im Hinterleib 20, 30 und mehr Meter hoch in die Kronen hinaufffliegen. Als es keine Stockausschläge mehr gab, verschwand die Pappelglucke. So weit, so gut. Die Argumentationskette lässt sich nachvollziehen. Aber was hatten die Pappelglucken getan, bevor ihnen der Mensch mit seiner Niederwaldbewirtschaftung so günstige Verhältnisse bot?

Die Bedeutung von Stockausschlägen

Die Antwort steckt in der Schwarzpappel selbst. Stockausschläge oder Austrieb an Verletzungen der Rinde sind keine Neuerfindungen als Reaktion auf die Nutzung durch den Menschen. Sie gehören zur Natur der Schwarzpappel. Denn wenn sie groß genug geworden sind, halten sie nicht nur den üblichen Frühsommerhochwässern stand, sondern widerstanden auch anderen, heutzutage fast vergessenen Hochwässern früherer Zeiten. Diese kamen zustande, wenn das Eis auf den großen Flüssen brach. Die Schollen stauten sich an den Schlingen unregulierter Flussläufe, wurden zum Eisstoß und vom Druck des Wassers in die Auen hineingeschoben. Die Eisschollen schnitten dabei vielfach die Rinde großer Bäume in Bodennähe an. Betroffen waren vor allem die Schwarzpappeln, weil sie flussnah wachsen, aber erhöhte Stellen brauchen. Die Erhöhungen kamen durch Ablagerungen des Flusses zustande, die sich bilden, wenn der Fluss auf ein Hindernis stößt, abgebremst wird und dabei mitgeführtes Material hinterlässt. Der Auwaldboden bekommt auf diese Weise ein höchst vielfältiges Relief. Die niedrigeren Bereiche sind die feuchteren, die höheren die trockeneren und für die großen Pappeln am besten geeignet. Rindenverletzungen durch Eisschollen muss es früher häufig gegeben haben. Die Regulierung der großen

Flüsse hat Eisstöße und Winterhochwässer rar gemacht. Die Niederwaldbewirtschaftung wirkte auf die Bäume ähnlich wie solche Eishochwässer. Deshalb vertragen Weiden und Pappeln Stammverletzungen am besten. Das Verschwinden der Pappelglucke drückt aus, wie »zahm« unsere großen Flüsse geworden sind. Dass es die Schwarzpappel noch gibt, reicht ihr nicht.

Der Boom hielt auch bei den Pappelschwärmern und den Pappelzahnspinnern nicht lange an. Die Pappeln wurden größer, die Erlen auch. Sie wurden lichter, weil ihnen die höheren Pappeln mehr Licht nahmen, und die Bodenvegetation verdichtete sich und verfilzte. Die guten Jahre währten für Schlagschwirle, Rotkehlchen und Pirole kaum ein Jahrzehnt. Dann ging ihre Häufigkeit zurück, wie auch andernorts in den verbliebenen Auwäldern am unteren Inn. Die Singdrossel verschwand sogar weitgehend, weil es kaum irgendwo noch offenen Boden für die Nahrungssuche gab. Das Ende der Niederwaldbewirtschaftung fing an wirksam zu werden. Beide Typen der Au, die alte Erlenaue und die Pappelpflanzungen, verloren Arten, und typische Auwaldtiere wurden selten. Wie soll man solche Entwicklungen werten?

Ohne die Pappelpflanzungen gäbe es noch weniger Auwald, weil die Besitzer die Auen ganz gerodet hätten. Das war ja auch großflächig geschehen. Die Maisfelder, die anstelle des Auwaldes angelegt wurden, sind nun wirklich ohne Frage das Ende der einstigen Artenvielfalt der Auen. Die Pappelpflanzungen haben wenigstens einen Zwischenzustand erhalten, der sich wieder zum Auwald entwickeln ließe, wenn die Gesellschaft das anstrebte. Und sie lehrten uns etwas, was gerade in unserer Gegenwart für die Zukunft aufschlussreich sein könnte: Die angestrebte Massenproduktion von »Biomasse« – denn um nichts anderes handelt es sich bei der plantagenartigen Holzproduktion – lohnte bei Weitem nicht so, wie man sich das vorgestellt hatte. Die öffentlichen Fördermittel, denen so manche Pappelplantage ihr Dasein verdankt, waren demnach längst nicht immer gut angelegt. Doch Populus, das Volk, wurde nicht gefragt, als Populus, die Pappel, in die Massenproduktion geschickt wurde.

Erlen – Symbiose mit dem Strahlenpilz

Im Gegensatz zu den Weiden und Pappeln machen es uns die drei mitteleuropäischen Erlenarten leicht, sie richtig zu bestimmen. Sie halten sich auch recht gut an den Lauf der Flüsse, die von den Bergen kommen. Dort wo das Wasser noch schnell strömt, säumen Grünerlen die Bäche. In den mittleren Bereichen schließen sich die Grauerlen an und im Tiefland sind es die Schwarzerlen, die auch mit dem stehenden Wasser in Brüchen und Sümpfen zurechtkommen. Der Erlkönig konnte daher in norddeutschen Mooren Furcht verbreiten; ins süddeutsche Bergland hätte er nicht gepasst. Mit den Erlen hat das direkt nichts zu tun. Der Vater, der mit seinem zitternden Kind durch Nacht und Wind reitet, hätte den Anlass dazu in den Erlenauen des Berglands nicht bekommen und sein Kind wäre auch nicht gestorben. Es hatte Malaria! Schlechte, nämlich fiebermückenschwangere Lüfte, die »mal-aria« der Alten Römer, gibt es am frischen, strömenden Wasser nicht, an dem Grün- und Grauerlen wachsen. Der Erlkönig, der Elfen-König, ist hier nicht zu fürchten. Die Erlen selbst sind in Gefahr. Ein Pilz setzt ihnen in unserer Zeit arg zu.

Ein Baum mit vielen Namen

Der flammende Aufruf von Jean Jacques Rousseau »Zurück zur Natur« machte von Frankreich über die Schweiz die Runde unter Europas Intellektuellen. Und während Immanuel Kant in Königsberg über Gott und die Welt nachdachte, gab im Jahre 1754 der englische Botaniker Philip Miller den in Europa allseits bekannten Erlen den wissenschaftlichen Gattungsnamen *Alnus*. Als Wortschöpfung war das keine Glanzleistung, sondern einfach der Rückgriff auf das in Gelehrtenkreisen übliche Latein. Die Leistung bestand in der Vereinheitlichung. Jede europäische Sprache hat einen mehr oder weniger eigenen Namen für die Erlen. Im Bulgarischen heißen sie elša, englisch alder, finnisch leppä, französisch aulne, italienisch ontano, kroatisch joha, niederländisch els, norwegisch or, polnisch olszyna, portugiesisch amieiro, spanisch aliso, russisch olijchá und deutsch Ellern oder Erle. Weitere Bezeichnungen gibt es in hier nicht aufgeführten Sprachen. Ein Chaos also, ein unnötiges, denn der Ursprung des Wortes »Erle« liegt an der Wurzel der indogermanischen Sprachen. Im Althochdeutschen hieß der Baum »erila« oder »elira«; ein interessanter »Dreher« von »l« und »r«, der andeutet, wie sich das römisch-lateinische »alnus« zu Eller und Erle wandelte. Mit der Festlegung auf die lateinische Bezeichnung ergab sich für alle Sprachen Klarheit, welche Gattung von Bäumen damit gemeint war. Der schwedische Botaniker Carl von Linné nutzte solche klaren Vorgaben für sein neues, einfaches und leicht nachvollziehbares System der Natur (Systema Naturae). Darin teilte er allen Arten von Pflanzen und Tieren, die er kannte und als Arten zu erkennen glaubte, zwei Namen zu: einen für die Gattung, hier *Alnus* für die Erle, entsprechend dem Familiennamen der Menschen, und *incana* als Artname für die Grauerle, *glutinosa* für die Schwarzerle, gerade so, wie dem vereinenden Familiennamen der individuelle Vorname des betreffenden Menschen gegeben wird. Die Grünerle *Alnus viridis* kam später hinzu, wie auch *rubra* für die amerikanische Roterle und *japonica* für die Japanische Erle und Bezeichnungen für all die anderen der insgesamt mindestens 35 verschiedenen Arten von Erlen, die es global gibt und die Linné noch nicht kannte. Der Wandel der Benennungen, der schon bei den lokalen Ausspracheformen der Namen beginnt und sich über die Dialekte und die Zeiten fortsetzt, wurde damit beendet. Fortan bleiben die Namen stabil und allgemein verbindlich, mag man die Pflanzen und Tiere örtlich auch anders nennen. Bei den Pappeln, den Eiber, ist darauf bereits Bezug genommen worden. Andere Bäume hießen ganz anders als üblich, so zum Beispiel die noch näher zu behandelnde Traubenkirsche *Prunus padus*, die Elexn genannt wurde.

Klassifizierung schafft Klarheit

Die Vereinheitlichung hatte klare Vorteile. Müsste man erst Lexika vieler Sprachen wälzen, um dahinterzukommen, was für ein Lebewesen eigentlich gemeint ist, käme kaum ein brauchbarer Austausch von Wissen zustande. Andererseits liegen weder Kenntnisse noch Nutzungsformen von Pflanzen und Tieren in einer Kultur für alle Zeiten unveränderlich fest. Die Namen und ihre Entwicklung verraten viel über die Geschichte mit den Geschichten, die sich um sie ranken. So geht aus der Zusammenstellung der Namen für die Erlen beispielsweise hervor, dass die Finnen die Erlen längst kannten, bevor sie aus ihrer zentralasiatischen Heimat aufbrachen und in den indoeuropäischen Sprachraum vordrangen. Im Okzitanischen »vern« oder »verne« steckt dagegen eine ältere, keltische Form, während die übrigen europäischen Sprachen im Kern des Wortes das im lateinischen »alnus« zum Ausdruck Gebrachte enthalten. Erlen spielten also seit alten Zeiten für die Menschen eine Rolle – vermutlich nicht nur als Brennholz. Dieses hätte man nicht so gezielt bezeichnet, dass eine bestimmte Baumgattung klar erkennbar geblieben wäre, auch wenn sich mit den Sprachentwicklungen Abwandlungen ergeben haben. Interessanterweise hießen die Erlen im Niederbayerischen auch ganz ähnlich wie im Norddeutschen Ellern. Das »E« zu Beginn wurde aber wie ein »Öh« oder, in Verbindung mit Bach, als Ihrlbach (Erlbach) ausgesprochen. Zwischen den beiden Erlenarten, der Schwarz- und der Grauerle, unterschied man nicht oder nur andeutungsweise, wenn der – von Schwarzerlen gesäumte – Erlbach Irlbach hieß und die Grauerlen aus der Au »Öhllern«.

Knollen an den Erlenwurzeln

Genutzt wurden beide Erlenarten in ziemlich gleicher Weise nur als Brennholz. Große, starke Schwarzerlen, die 20 Meter und mehr an Höhe erreichen und deren rotbraunes Holz durchaus begehrt ist, standen ja nirgendwo mehr. Die Erlen waren Bäume des Niederwaldes. Höher als fünf oder sechs Meter wuchsen sie kaum, weil sie nicht zu dick werden sollten. Spätestens nach 20 Jahren holzte man die »Schläge« genannten Parzellen wieder ab. Da danach mehrere neue Stämme aus einem Wurzelstock aufwuchsen, verteilte sich dessen Leistung entsprechend. Hohe Wachstumsraten wurden nicht erzielt. Dabei hätte es solche durchaus geben können. Die Erlen leben nämlich in Gemeinschaft mit einem Strahlenpilz – wissenschaftlich *Actinomyces alni* genannt. Dieser »Pilz«, es handelt sich um keine echten Pilze, sondern um Verwandte der Bakterien, bindet Stickstoff aus der Luft, und zwar in solchen Mengen, dass die Erlenbestände keinerlei Stickstoffdüngung brauchen. Bis um die 200 Kilogramm Reinstickstoff pro Hektar und Jahr schaffen diese Strahlenpilze – Mengen, die heutzutage die Landwirte zur Düngung ihrer Felder einsetzen. Die Strahlenpilze schaffen das ganz allein.

Die Erlenwurzeln bieten den Strahlenpilzen ein ideales Zuhause. Wo der Pilz sie erreicht, bilden sie Knöllchen, die bis auf die Größe von Pralinen anschwellen und in ihren Kammern für den Baum durchaus von höchster »Pralinenqualität« sind. Premium-Mitarbeiter könnte man sie auch nennen, so groß ist ihre Leistung. Die Erlen müssen im Spätsommer und Herbst nicht wie andere Bäume die Bausteine des Blattgrüns abbauen und in die Speicher für den nächsten Laubaustrieb zurückholen. Die Blätter fallen grün ab. Erst am Boden werden sie nach und nach braun und schnell zu Humus zersetzt. Für die Kleintierwelt und die Bodenpilze sind sie hochwertige Nahrung. Nur im Wasser geht der Abbau langsam vonstatten. Da lagern die Erlenblätter oft lange, bis sie allmählich filigran skelettiert werden. Köcherfliegenlarven der Gattung *Glyphotaelius* schneiden sich bevorzugt daumennagelgroße Stücke aus Erlenblättern und bedecken damit ihre Köcher. Manch »wandelndes Blatt« im Bachwasser unter Erlen stellt sich als Köcher einer Köcherfliegenlarve heraus.

Lebensbäume für andere Lebewesen

Nicht nur mit dem Strahlenpilz kommen die Erlen gut zurecht, sondern auch mit vielen anderen Pilzen. Rund 70 verschiedene Großpilzarten leben mehr oder weniger direkt mit ihrem Wurzelwerk verbunden. Der Schiller-Porling *Inonotus radiatus* ist am engsten mit den Erlen verbunden. Er wächst muschelförmig, oft in mehreren Schichten übereinander, aus alten Erlenstämmen heraus. Die Oberseite, der »Hut«, ist glänzend semmelgelb, orangegelb bis gelbbraun. Aber wo gibt es sie, die alt gewordenen Erlen, an deren Stämmen solche Pilze langsam heranwachsen können? Die Pilzwelt an den Erlen ist etwas für Pilz-Spezialisten (Mykologen). Es gibt einen Pilz, der entwickelt sich nur auf den abgefallenen Zäpfchen der Erlen. Häufig fand ich in den Erlenauen auf am feuchten Boden liegenden Ästchen den weißen Spaltblättling *Schizophyllum commune*. Sein Artname *commune* verweist auf seine verbreitete Häufigkeit. Schön, vor allem im Detail des ein bis drei Zentimeter breiten, muschelförmigen Hutes, der an seiner Unterseite fächerförmig ausstrahlende Lamellen trägt, ist dieser Pilz trotzdem und durchaus wert, näher betrachtet zu werden.

Die reichhaltige Pilzwelt, welche die Erlen umgibt, schützt sie aber nicht davor, Ziel von Angriffen zu werden, die von Pilzen ausgehen. So breitet sich gegenwärtig vor allem an den Schwarzerlen ein Pilz aus, der zur Gruppe der *Phytophthora*-Pilze gehört und die befallenen Bäume schwer schädigt. Neuartiges Erlensterben hat man diese Erkrankung genannt, die erst seit 1993 bekannt ist. Ganze Erlenbestände, vor allem solche in Baumschulen, die gleiches Alter aufweisen und genetisch einander sehr ähnlich sind, fallen innerhalb weniger Jahre der Infektion zum Opfer. Ein naher Verwandter des Pilzes löst die Kartoffelfäule aus. Mitte des 19. Jahrhunderts vernichtete die Kartoffelfäule die Lebensgrundlage von Millionen Menschen vor allem in Irland. Hunderttausende starben oder wanderten nach Amerika aus, weil fast die gesamte Kartoffelernte von der Fäule vernichtet worden war.

Weniger dramatisch, dafür manchmal auffälliger wirken sich manche Insekten an den Erlen aus. Über 150 verschiedene Arten hat man an den Erlen festgestellt, rund die Hälfte davon Schmetterlinge.

Ein Baum, der über die Symbiose mit den Strahlenpilzen gut mit Stickstoff versorgt wird, ist von Insekten natürlich besonders begehrt. Denn Stickstoffverbindungen sind zusammen mit solchen, die Phosphor beinhalten, die Grundlage für die Bildung von Eiweiß, von Proteinen. Was die Bäume an Zellulose, Holzstoff oder Wachsen produzieren, ergibt letztendlich nicht viel mehr als den Brennstoff für den Betrieb des Lebens. Für die Bildung von Eiern oder Jungtieren ist, wie auch für das Wachstum, die Versorgung mit Grundstoffen notwendig, aus denen die Organismen Proteine bilden können. Die Erlen haben genug davon. So lassen sie einen Teil ihres Blattwerks meistens schon im Hochsommer abfallen, ohne dass äußere Zwänge für diesen frühen Fall von noch grünem Laub erkennbar sind.

Licht, Luft und Wasser

Die Verluste »rechnen sich«, wie man sagen könnte. Denn umso mehr Licht bekommen die verbleibenden Blätter, die wenig oder keine Fraßschäden durch Insekten tragen. Für die Erlen ist das Licht oftmals am wichtigsten. Nährstoffe zum Wachstum haben sie genug, und an ihren wechselfeuchten Wuchsorten zumeist auch Wasser. Früher Laubfall im August muss deshalb keine Schädigung bedeuten. Wichtiger als die leicht zu ersetzenden Blätter ist für die Erlen die Rinde. Gerade in den Zeiten, in denen sie noch jung sind und stark wachsen, schützt die lebendige Rinde keine dicke, tote Borke. Umso bemerkenswerter ist es, dass die auf Rindennahrung im Winterhalbjahr eingestellten Biber die Erlenrinde nicht mögen. Es gibt zwar immer wieder Funde in typischer Biberart fein säuberlich abgenagter Erlenstämmchen, die belegen, dass auch gelegentlich Erlenrinde genommen wird. Aber diese sind viel zu selten im Vergleich zur Häufigkeit der Erlen. Die Bevorzugung, die Präferenz, ergibt sich ja nicht allein aus der Zahl der gefällten und geschälten Bäume, sondern aus dem Verhältnis zum vorhandenen Bestand, dem »Angebot«. Wie bei den Pappeln schon beschrieben, favorisieren die Biber die Zitterpappel so sehr, dass sie jeden Stamm und jedes Stämmchen davon suchen, das in ihrer Reichweite wächst. Silberweiden bilden der Zahl nach den größten Anteil an der Winternahrung an den süddeutschen Flusssystemen, weil sie auch bei Weitem am häufigsten vorkommen. An Bächen und kleinen Flüssen, die durch Fichtenwälder fließen, kann es sein, dass scheinbar Fichten bevorzugte Bibernahrung sind. Den Bibern blieb jedoch nur nichts anderes übrig. Sie mussten mit harzverklebten Mäulern die Jungfichten akzeptieren oder abwandern.

Also müssen in der Erlenrinde Stoffe sein, die Biber wirklich nicht mögen. Die Pflanzenheilkunde verrät dazu nicht viel. Die Blätter der Erlen und deren Rinde hat man früher zur Absenkung von Fieber genutzt, also ähnlich wie Weidenrinde. Da die Erlen aber nicht mit den Weiden näher verwandt sind, sondern mit den Birken, besagt diese frühere Nutzungsform nicht allzu viel. Schwemmt man Erlenrinde mit Wasser auf, lässt sich mit UV-Licht eine farbschöne Streuung feststellen. Sie kann von den Gerbstoffen in der Rinde ausgehen. Erlen enthalten offenbar mehr davon als die Weiden. Eine Eigenschaft der Rinde, die bei genauerer Betrachtung auffällt, ist für die Erle – zumal für die auf sehr nassem Untergrund wachsende Schwarzerle – von größter Bedeutung. Es sind dies die vielen kleinen, narbenartigen Gebilde. Mit starker Lupenvergrößerung lässt sich erkennen, dass das von besonderen Zellen umgebene Öffnungen in der Rinde sind. Durch diese wird Luft aufgenommen und über Luftleitungsbahnen bis in die Wurzeln hinunter transportiert. Daher können die Wurzeln lange Zeit unter Wasser bleiben, ohne abzusterben. Diese Fähigkeit ermöglicht es der Schwarzerle, in Mooren und auf staunassem, schwerem Boden ohne nennenswerte Durchlüftung erfolgreich zu wachsen.

Samen mit Schwimmwesten

In einer weiteren Eigenschaft unterscheiden sich die Erlen sehr stark von den Weiden, mit denen zusammen sie in der Aue wachsen. Die Weiden bilden »Kätzchen«, die Erlen »Zäpfchen«. Tatsächlich sehen die Samenbehälter der Erlen den Zapfen von Kiefern so ähnlich, dass man sie für eine Miniaturausgabe davon halten könnte. Die Erlen sind jedoch überhaupt nicht näher mit den Zapfen bildenden Nadelbäumen verwandt. Es handelt sich lediglich um eine äußerliche Ähnlichkeit. In den Zäpfchen wachsen die Samen heran. Sie sind klein, leicht und »geflügelt«, denn an ihren Seiten tragen sie häutige Anhängsel, die wie Flügelchen wirken. Der Wind trägt sie aber nicht sehr weit fort, wie man leicht feststellen kann, wenn die Erlen die Samen freigeben. Die allermeisten liegen unter dem Baum oder in nächster Nähe davon. Die Fachbücher klären uns auf: Bei den »Flügelchen« handelt es sich anders als bei den nahe mit den Erlen verwandten Birken nicht um Einrichtungen, die das Fliegen mit dem Wind begünstigen, sondern um so etwas wie Miniatur-Schwimmwesten. Der ins Wasser fallende Same bleibt an der Oberfläche, saugt sich nicht voll, sondern driftet mit der Strömung davon. Irgendwo wird er an vielleicht günstiger Stelle an Land gespült und keimen können. Ein Jahr lang bleibt die Keimfähigkeit mindestens erhalten.

Nun wachsen aber die wenigsten Erlen so direkt am Wasser, dass diese Transportart Erfolg verspricht. Vielleicht hilft Hochwasser, das in die Aue fließt, weiter? Der Zeitpunkt des Samenausfalls spricht eigentlich dagegen. Denn das geschieht im Winter – und da treten Hochwässer ganz selten auf und die Auengewässer sind meistens zugefroren. Der Schnee sieht dann wie ganz grob, aber auch ganz dicht gepfeffert aus. Abertausende der kleinen Samen bedecken ihn – und verschwinden mit dem Schnee. Die Schmelze im Spätwinter und Vorfrühling ist es wohl, die Erlensamen am wirkungsvollsten verbreitet. Vögelchen, wie die Erlenzeisige *Carduelis spinus* und die in größeren Schwärmen im Winter herumfliegenden Birkenzeisige *Acanthis flammea* verschleudern die Erlensamen nur so, wenn sie sich an die Zäpfchen heranmachen.

Die Invasion des Erlenblattkäfers

Es geht ihnen also gut, den Erlen! Das Ausrufezeichen bekräftigt diese Aussage, denn die drei Erlenarten haben sich erfolgreich den Lebensraum an den Gewässern von den Bergen bis ins Tiefland, vom schnell fließenden Wasser bis zu den Sümpfen aufgeteilt. Über ganz Europa und bis weit nach Asien hinein erstreckt sich das Areal der Erlen, ohne dass es, von Randgebieten wie der Insel Korsika und dem Süden Italiens sowie den Japanischen Inseln abgesehen, zu größerer Aufsplitterung gekommen ist. Die Gattung der

Weiden hatte uns das genaue Gegenteil davon gezeigt. Es fällt nicht einmal den Spezialisten leicht, die Weidenarten und -formen zu bestimmen. Warum verhält es sich bei den Erlen nicht auch so? Beide Gruppen von Bäumen leben in den Flussauen und in den Feuchtgebieten neben- und miteinander. Bei den einen verhält es sich so, bei den anderen aber anders. Vielfältig ist die Natur, könnte man in vorgetäuschter Weisheit antworten. Wir wissen es nicht, muss man ehrlich feststellen. Auch bei den Birken gibt es nur wenige Arten, und mit den Birken sind die Erlen nahe verwandt. Eignet sich ihr Erbgut, ihr Genom, nicht für solche Auffächerungen wie bei den Weiden? Vielleicht geben genetische Forschungen in naher Zukunft hierzu Auskunft. Warum wollen wir das wissen? Bloße Neugier? Erinnern wir uns, dass die Erlen mit Strahlenpilzen eine so erfolgreiche Symbiose eingegangen sind, dass sie keinen Mangel an Stickstoff haben. Diese Beziehung lässt aufhorchen. Was kann, was könnte sie uns Menschen bieten, um den Einsatz von Fremdstickstoff, der viel Energie kostet, in der Pflanzenproduktion zu vermindern? Erlen sind mehr als Brennholz. Und Erlen sind auch nicht unverwundbar.

Der neuen Bedrohung durch den Fäulnispilz *Phytophthora* ist eine andere vorausgegangen. In den frühen 1970er-Jahren erlebte ich ihren Höhepunkt. Angefangen hatte es in den 1960er-Jahren. Da wurden vielerorts in den Erlenauen am unteren Inn glänzend blaue Käfer an den Erlenblättern auffällig. Sie erschienen bald nach dem Austrieb der Grauerlen im April, die sie offenbar den Schwarzerlen vorzogen. Der etwas länglich halbkugeligen Gestalt nach handelte es sich um Blattkäfer. Die Bestimmung fiel nicht schwer, als die Weibchen dick genug geworden waren. Dann hoben die schwellenden Eipakete in ihrem Hinterleib die Flügeldecken so stark an, dass ein millimeterbreiter gelber Rand sichtbar wurde. Erlenblattkäfer *Agelastica alni* lautete die Diagnose. Sie war wirklich nicht schwer, verglichen mit den Schwierigkeiten, die andere Blattkäfer oder die anschließend auch kurz behandelten Springrüssler bei der Bestimmung machen. Anfang der 1970er-Jahre wurden die Erlenblattkäfer und ihre Larven unübersehbar häufig. Die Käfer begannen im Frühjahr damit, Löcher in die Erlenblätter zu fressen. Die dicken Weibchen hinterließen kleine Klumpen glänzend gelber Eier. Aus diesen schlüpften schwarze Larven. Sie skelettierten die Blätter. Ende Juni und im Juli sahen die Grauerlen aus, als ob es Spätherbst geworden wäre. Es gab kaum noch ein halbwegs grünes Blatt. Das Laub war braun und durchsichtig wie ein Mückengitter geworden. Nur die Mittelrippe und die Seitenrippen standen noch sowie der Rand, der sie zusammenhielt. An den restlichen Blättern drängten sich die groß und glänzend schwarzen Larven zusammen. Sie waren bereit zur Verpuppung, und im nächsten Frühjahr würde eine Käferflut wohl unausweichlich sein. Was früher in manchen Jahren die großen Maikäfer angerichtet hatten, setzten nun die Erlenblattkäfer fort. Die Erlenaue würden sie zerstören. So sah es aus.

Aber die Erlen hielten durch. Ihre schier unerschöpfliche Lebenskraft obsiegte. Sie trieben im nächsten Jahr wieder. Die Käfer wurden allmählich weniger. Gegen Ende der 1970er-Jahre musste ich danach suchen, wenn ich welche vorführen wollte. Die Erlen verloren zwar etwas an Dickenzuwachs, wie spätere Stammquerschnitte zeigten, aber nicht ihr Leben. Kahlfraß bis zum völligen Blattverlust im Hochsommer hatten sie überstanden. Welch eine Leistung! Und wie verkehrt wäre es gewesen, mit Gift einzugreifen. Sie halten noch mehr aus, sicherlich auch den Angriff des *Phytophthora*-Pilzes. Vielleicht gehen sie gestärkt aus solchen Krisen hervor.

Springrüssler – der Floh unter den Käfern

Mit der Lebensweise des Erlenblattkäfers beschäftige ich mich schon jahrelang. Den ganzen großen Zyklus von den ersten Anzeichen einer Massenvermehrung über ihren Höhepunkt 1971 bis 1973 und das Abklingen in der Folgezeit erlebte ich mit. Warum diese Massenvermehrung zustande kam, weiß ich trotz anfänglicher Vermutungen, sie könnte mit Änderungen im Grundwasserstand in Verbindung stehen, noch immer nicht. Es sieht so aus, als ob einfach mehrere günstige Umstände zusammengekommen waren. Manches bleibt im Ablauf der Natur einzigartig, weil es sich nicht wiederholt und auch nicht wiederholen lässt. Allmählich faszinierte mich das Gegenteil der Massenvermehrung, die anhaltende Beständigkeit des Vorkommens einer winzigen Käferart, die auch von den Erlenblättern lebt. Kaum jemand bekommt den Käfer zu Gesicht. Und wer ihn sieht, sollte ihn mit mindestens zehnfacher Vergrößerung unter dem Binokular betrachten. Es ist ein Wunderding, das man dann erblickt und zumindest halbwegs versteht. Denn der kleine Käfer hat zwei Besonderheiten. Die eine teilt er mit vielen anderen Arten seiner Familie. Das ist der »Rüssel«, so etwas wie eine stark vorgezogene Schnauze mit einem Paar Fühlern darauf. Also gehört er zu den Rüsselkäfern, den *Curculioniden*. Man muss sie mögen, um sich näher mit ihnen zu befassen, so schwierig sind diese oft winzig kleinen Käfer. Die zweite Besonderheit im speziellen Fall sind die Hinterbeine mit den keulenartig verdickten »Schenkeln«. Nur wenn der Käfer nicht mehr lebt, kann man sie genauer betrachten. Lebendig hüpft er davon wie ein Floh. Daher sein Name Springrüssler. Diesen teilt er aber mit mehreren anderen Arten, die ihm außerordentlich ähnlich sehen. Wie betont, man muss sie mögen, diese kleinen Käfer! Dann allerdings bieten sie eine kleine Welt voller großer Wunder.

Der Springrüssler, um den es hier geht, heißt *Rhynchaenus testaceus*, ist goldbraun, fein wie ziseliert behaart und gerade einen Millimeter lang. Man bekommt ihn, wenn man Erlenblätter sammelt und in einem geschlossenen Gefäß (mit etwas Durchlüftung, damit die Blätter nicht verschimmeln) aufbewahrt. Nach Tagen oder Wochen hüpfen dann die goldigen Flöhe darin herum. Um welche Blätter geht es? Um solche, die Ende Mai oder Anfang Juni einen vom Rand her meist keilförmig ausgebildeten braunen Fleck tragen. Die braune Zone ist die Blattmine der Larve des Erlenspringrüsslers. Sie frisst im Blattgewebe, ohne die obere und die untere Zellschicht zu zerstören. So bleibt sie wie in einer Tüte geschützt und arbeitet sich langsam vorwärts, bis sie genug hat, sich verpuppt und ruht, bis die Entwicklung zum Käfer abgeschlossen ist. Dieser kommt dann aus dem braunen Fleck heraus. Greifen wie ein gewöhnlicher Rüssel- oder wie der Erlenblattkäfer lässt er sich nicht. Er springt wie ein Floh davon. Hunderte und Aberhunderte Blätter von Grauerlen mit den nicht zu übersehenden Minen dieses Springrüsslers habe ich untersucht. Von ganz wenigen Ausnahmen abgesehen, fand ich immer nur eine Mine pro Blatt. Daraufhin staunte ich noch mehr über diesen Käferzwerg. Wie bringt es ein Eier legendes Weibchen fertig, immer nur eines an ein sich gerade entwickelndes Blättchen zu bringen? Zwei gingen und gehen auch noch. Aber mehr als drei oder vier wären sicher zu viel. Keine Larve könnte die Entwicklung zu Ende bringen. Irgendwie muss das legende Weibchen feststellen, ob schon ein anderes ein Ei abgelegt hat. Vielleicht geschieht dies chemisch. Vielleicht lässt sich die Einstichstelle ertasten. Jedenfalls irren sie sich fast nie, diese Winzlinge. Dass sie die Erlen »befallen«, fällt deswegen auch kaum auf. Jahr um Jahr notierte ich die kaum veränderte, geringe Häufigkeit. Die Käferchen bleiben bei der Wahl der Blättchen im unteren Bereich. Sie kommen nicht sehr hoch hinauf. Aber auch der Jungwuchs, an dem sich die meisten befallenen Blätter in einer Höhe zwischen einem und etwa drei Metern feststellen lassen, wird nicht erkennbar geschädigt. Es macht dem Erlenspringrüssler auch nichts (mehr) aus, wenn die von seinen Larven minierten Blätter im Hochsommer vorzeitig abfallen. Da ist die Entwicklung längst abgeschlossen. Vielleicht kommt es aber doch irgendwann zu einer Massenvermehrung wie beim Erlenblattkäfer und man hat nur die ganze lange Vorgeschichte nicht mitbekommen.

Der Erlkönig und die Malaria

Es gehört zu den bekanntesten Gedichten und zu den am wenigsten verstandenen, der »Erlkönig« von Johann Wolfgang von Goethe. Der Vater reitet mit seinem Kind durch die Nacht, um einen Arzt aufzusuchen. Er trägt den Knaben im Arm und hält ihn warm. Das Kind zittert. Es fantasiert »siehst Vater du den Erlkönig nicht?« Der Knabe hat Malaria. Er stirbt noch in den Armen des Vaters. Malaria gab es in den erlenreichen norddeutschen Sumpfgebieten noch im 18. Jahrhundert. Sie kam an den Fränkischen Weihern bei Erlangen und Höchstadt bis Ende des 19. Jahrhunderts vor. Die letzten Reste hielten sich am Oberrhein in den Auen sogar noch bis Anfang des 20. Jahrhunderts. Früher war Malaria viel weiter verbreitet als heute. In den kalten Jahrhunderten der »Kleinen Eiszeit« holte sich Carl von Linné Malaria in den Niederlanden. Der in Norddeutschland so genannte Bruchwald bot den Fiebermücken gute Entwicklungsmöglichkeiten mit stehendem Flachwasser ohne Fische. Aus Erlenstämmen fertigte man die Knüppeldämme durchs Moor, weil das Erlenholz leicht zu schlagen war, aber im Sumpfwasser sehr beständig blieb. Sumpfgase, sie bestehen vornehmlich aus Methan, entzündeten sich immer wieder einmal und irrlichterten dabei an den Erlenstämmen entlang. Verständlicherweise machte das den Menschen Angst. Aber sie mussten ins Moor, weil der Torf, den sie dort stachen, für die arme Bevölkerung das einzige erschwingliche Heizmaterial war. Im Dänischen verbindet die Bezeichnung »Eller« die Erle mit den Elfen; der Erlkönig ist also der Elfenkönig (gewesen). Die Malaria gibt es nördlich der Alpen nicht mehr, wohl aber Anopheles, die Fiebermücke. Ob sie wieder kommt und sich bei uns ausbreitet, wird nicht von der Klimaerwärmung abhängen, sondern davon, ob alle Malariafälle, die ausnahmslos Menschen einschleppen, sogleich erkannt und entsprechend behandelt werden. Zur Bekämpfung von Malaria ist es auch nicht mehr nötig, Erlensümpfe trockenzulegen. Wir haben Medikamente. Die Nachbarn der Erlen, die Weiden, waren früher die Quellen eines wenngleich nur schwach wirksamen Gegenmittels. Ein Absud aus Weidenrinde sollte das Fieber senken, wenn es wieder einmal aus dem Erlensumpf gekommen war.

Weit wirkungsvoller und geschichtsträchtiger wurde aber eine Pflanze, die sich der Erlen als Stütze bedient, an ihnen empor rankt und dennoch in freier Natur der Erlenaue als solche gar nicht erkannt wird, der Wilde Hopfen.

Wilder Hopfen – die Urform der Bierwürze

»Hopfen und Malz, Gott erhalt's«, so lautet jener fromme Wunsch, der sich in Bayern an »unser tägliches Brot gib uns heute« durchaus anschließen ließe, ohne gotteslästerlich zu klingen. Gilt doch das Bier als ein unverzichtbares bayerisches Volksnahrungsmittel. Es wird auch keineswegs nur als anregendes alkoholisches Getränk oder billiges Rauschmittel angesehen, sondern mitunter sogar in Krankenhäusern zur Genesung verabreicht. Und wenn gar auf Bayerisch klipp und klar festgestellt wird »Essen und Trinken hält Leib und Seele zusammen«, gibt es keinen Zweifel, was wohin gehört. Doch nicht um Alkohol geht es hier, sondern um jenen »Edelstoff«, dem zu verdanken ist, dass »Bier den Durst erst schön macht«: den Hopfen. In seiner immer seltener werdenden Wildform ist er eine Schlingerpflanze der Flussauen – mit dubioser Verwandtschaft und Herkunft.

Wildwuchs im Auwald

Das Vorkommen des Wilden Hopfens *Humulus lupulus* in den Auen am unteren Inn gehört zu den bedeutendsten im ganzen Alpenraum, vielleicht sogar in ganz Europa. Um jeden Stamm rankten sich einst im Sommer die Sprosse hoch bis in die Krone und verliehen damit den Erlenauen ein besonderes Gepräge. Man hätte diese Hopfenauen, die sich südlich von Passau über rund 100 Kilometer flussaufwärts erstreckten, für einen gezielten Anbau halten können. 40 Quadratkilometer dürften es in den 1960er-Jahren (noch) gewesen sein; in früheren Jahrhunderten wahrscheinlich noch erheblich mehr. Bis heute sind sie weiter geschrumpft, weil die Erlenauen, wo es sie noch gibt, von der Forstwirtschaft auf »Edellaubholz« umgestellt worden sind. Dennoch gibt es sie noch, die Wildform des Kulturhopfens, und zwar durchaus reichlich.

Der Wilde Hopfen wächst bevorzugt dort, wo es Bestände an Grauerlen gibt. Er findet sich in den Auen im gesamten oberen Stromgebiet der Donau und in den meisten mittel- und osteuropäischen Flussauen an feuchten Waldrändern und Gehölzsäumen. Auch im übrigen Deutschland ist er verbreitet, aber nirgends so häufig. Weltweit reicht seine Verbreitung von Westeuropa bis weit nach Asien. Im Fernen Osten ersetzt ihn eine ähnliche, nahe verwandte Hopfenart, der Japanische Hopfen *Humulus scandens*, auch unter *H. japonicus* bekannt. In Nordamerika wächst der eurasiatische Wilde Hopfen, aber dort wird er mitunter als eigene Art (*Humulus americanus*) betrachtet.

Doch die weite Verbreitung täuscht über die besonderen Ansprüche hinweg. Die wenigen Regionen mit wirtschaftlich ertragreichem Anbau von Kulturhopfen bestätigen die hohen Ansprüche der Pflanze an Boden und Klima. Deutschland stellt mit 35 bis 40 Tausend Tonnen Kulturhopfen pro Jahr aus gutem Grund rund ein Drittel der Weltproduktion. Die Verbreitung des mit Hopfen gewürzten Bieres dehnt sich ungleich weiter aus als die Anbaugebiete des Kulturhopfens!

Raffinierte Klettertechnik

Der Hopfen gehört in die artenarme Familie der Hanfgewächse *Cannabaceae*. Mit diesen ist er ziemlich nahe mit den Brennnesseln *Urticaceae* verbunden. Ein ganz »unbotanischer« Eindruck bestätigt dies: Hopfenblätter fühlen sich nesselartig-rau an. Die Sprosse tragen Haare, die wie Kletterhaken wirken. Damit »greift« die aufwachsende Ranke nach einer Stütze – sie kann sich, wie die Pflanzungen von Kulturhopfen zeigen, sogar an Drähten hocharbeiten. Der Hopfen dreht sich dabei im Gegensatz zu fast allen anderen sich windenden Kletterpflanzen rechts herum. Vom Austreiben im späten Frühling bis zum Blühen und Fruchten im Hoch- und Spätsommer erreichen seine Ranken etwa sechs Meter Höhe. Kultursorten übertreffen, wie bei vielen Kulturpflanzen üblich, die Wildform in solchen Leistungen um rund das Doppelte. Während der unterirdische Wurzelstock jedes Jahr neu austreibt, sterben die Ranken im Spätherbst ab. Sie verbleiben wie lockere, aber schön regelmäßig gewundene und braun gefärbte Kabeldrähte mehrjährig an den Stämmen, bis sie zu zerfallen beginnen oder vom an Dicke zunehmenden Stamm gesprengt werden. Für die neuen Triebe im nächsten Jahr sind sie eine ideale Kletterhilfe.

Der Hopfen ist zweihäusig, das heißt, er kommt in männlichen und weiblichen Pflanzen vor. In Kultur genommen wird nur weiblicher Hopfen. Männliche Pflanzen entfernt man aus der näheren Umgebung nach Möglichkeit, um eine Befruchtung der Blüten zu verhindern. Das würde Qualität und Ertrag schmälern. Der Hopfen blüht im Hochsommer. Die männlichen Blüten kommen aus Blattachseln in fünf bis zehn Zentimeter langen, lockeren Trauben hervor, während die weiblichen dichter in Ähren (»Zapfen«) von zwei bis drei Zentimeter Länge und eineinhalb bis zweieinhalb Zentimeter Stärke stehen. Sie werden mithilfe des Windes bestäubt. Zur Reife wachsen die Hochblätter schuppenartig heran. Die verblühten weiblichen Blüten sehen dann sehr charakteristisch wie lockere Zapfen aus. Die Samen stecken als kleine Nüsschen an der Basis der vertrocknenden Hochblätter, die als »Flugorgan« wirken, wenn sie im Winter abfallen. Also bewirkt der Wind nicht nur die Bestäubung, sondern auch die Samenverbreitung. Beide so wichtigen Vorgänge im Leben der Hopfenpflanze weisen auf die Bedeutung von freien, dem Wind zugänglichen Wuchsorten hin. Im engen Bestand eines dicht wuchernden Auwaldes würden sie nicht recht funktionieren. Das gilt vor allem für die Bestäubung der Blüten, weil die männlichen und die weiblichen auf verschiedenen Pflanzen gebildet werden. Zum Keimen brauchen die Samen offenen Boden. Den gibt es in geschlossenen Waldbeständen normalerweise auch nicht. Anspruchsvoll ist der Hopfen also zweifellos auch in seiner Wildform. Aber wie kam er ins Bier?

Hopfen verleiht Geschmack

Die Bitterstoffe Humulon und Lupulon sind es hauptsächlich, die dem Bier die Würze verleihen. Als harzartige Ausscheidungen werden sie in gelblichen, gestielten Drüsen an den Samenschuppen des Hopfens gebildet. Wozu oder wogegen diese Harzbildung in der Natur gut ist, weiß man nicht. Zu Hopfenmehl verarbeitet, bilden sie jedenfalls das Ausgangsmaterial für die Zubereitung der Würze. Dafür müssen die Harzdrüsen von den Schuppen abgelöst werden. Bei der Lagerung verändern sie sich und wirken einschläfernd. Zu stark gehopftes Bier macht daher müde. Die richtige »Stammwürze« bestimmt nicht nur den Geschmack der Biere, sondern sie fördert auch die Schaumbildung und die Stabilität des Schaums. Bitteres, stärker gehopftes Pils trägt seine »Krone« länger als mildes Dunkles. All das erklärt aber nicht, warum der Hopfen überhaupt ins Bier kam.

Das geschah recht spät, nämlich erst im Frühmittelalter. Bis dahin war gut 5.000 Jahre lang die Bierherstellung ohne Hopfenzusatz praktiziert worden. Zwischen 736 und 768 unserer Zeitrechnung entstanden in der Hallertau und der Umgebung von Freising die ersten Hopfengärten. Das erste »Münchner Bier« wurde etwa 815 gebraut. Die Kloster-Brauerei Weihenstephan bei Freising von 1143 gilt als älteste noch heute tätige Brauerei der Welt. Dennoch dauerte es nochmals mehr als ein halbes Jahrtausend, bis Wilder Hopfen richtig in Kultur genommen und im späten 13. und im 14. Jahrhundert in Deutschland und Flandern in größeren Hopfengärten angebaut wurde. England folgte im 15. Jahrhundert. Weitere

Jahrhunderte vergingen, bis sich im 17. Jahrhundert gehopftes Bier vollends durchsetzte. Denn es hatte einen entscheidenden Vorteil: Der Hopfenzusatz machte das Bier, das in Bayern längst zum Nationalgetränk geworden war, lagerfähig – weil seine Bitterstoffe eine konservierende Wirkung haben.

Anscheinend war es zunächst gar nicht so leicht, die richtige Mischung zu finden. Das Bier sollte nicht zu bitter werden, damit es nicht zu müde macht, musste aber stabil genug sein, um ohne künstliche Kühlung längere Zeit gelagert werden zu können. Vielleicht trugen klimatische Veränderungen dazu entscheidend bei. Denn es fallen sowohl der Beginn der Verwendung von Hopfen als auch die spätere Entwicklung von Hopfengärten und schließlich die umfassende Nutzung der stabilisierenden Wirkung des Hopfenzusatzes jeweils in den Beginn ausgeprägter geschichtlicher Warmzeiten: erster Hopfenzusatz am Anfang des mittelalterlichen Klima-Optimums gegen Ende der Völkerwanderungszeit um 750, Errichtung von Hopfengärten beim erneuten Wärmeschub im 15. Jahrhundert, dem ein Jahrhundert starker Abkühlung mit einem Hochstand der Alpengletscher vorausgegangen war, und schließlich die Perfektionierung des Hopfenzusatzes zur Steigerung der Haltbarkeit am Ende der »Kleinen Eiszeit« im 18. und frühen 19. Jahrhundert. Im sehr warmen Hochmittelalter hatte der Wein das Bier weithin zurückgedrängt; Bayern wurde »Bierland« erst während der »Kleinen Eiszeit«. In die lehmigen Hänge des bayerischen Hügellandes hineingetriebene »Eiskeller« zeugen heute noch da und dort von jener Zeit, in der man auch unter den Braugasthöfen das Bier mit Hilfe dicker Eisblöcke vom vorausgegangenen Winter bis weit in den Sommer hinein kühl und frisch zu halten versuchte. Das ginge gegenwärtig – wie schon im Hochmittelalter – mangels entsprechend kalter Winter kaum noch!

All das erklärt noch nicht, wie der Hopfen überhaupt ins Bier gekommen ist. Tatsächlich verlieren sich die Anfänge im Dunkel der Geschichte. Aber vielleicht verrät der Name des Hopfens dazu mehr.

Ein Name stiftet Verwirrung

Die Bezeichnung »Hopfen« (englisch »hop«, französisch »houblon«) hängt mit lateinisch *Humulus* zusammen, hat aber nichts mit Humus (Erdboden) zu tun. Der Name wurde vielmehr aus dem altnordischen »humle« (angelsächsisch »hymele«) lateinisiert. Beide stammen vom »qumlix« aus dem fernen Wogulischen ab. Der Name des Hopfens kommt also aus Zentralasien, denn Wogulisch ist eine ural-altaiische Sprache. Diese sprachliche Herkunft deckt sich mit der Herkunft der Hopfenpflanze selbst, für die Zentralasien als Ursprungsgebiet angenommen wird.

Nun besteht aber der botanisch-wissenschaftliche Name nicht nur aus der Gattungsbezeichnung *Humulus*, sondern der Hopfen wird mit dem Artnamen *lupulus* gekennzeichnet. Auch das ist Lateinisch und bedeutet in diesem Fall die Verkleinerungsform von Wolf (*Lupus*). Was aber sollte der Hopfen mit dem Wolf zu tun (gehabt) haben? Im Italienischen heißt der Hopfen sogar direkt »Luppolo« und das, so meint der Botaniker Helmut Genaust, sei darauf zurückführen, dass sich der Hopfen um andere Pflanzen schlingt und sie dadurch schädigt. Doch das trifft nicht zu. Die Hopfenranken sterben im Spätherbst ab und der Stamm sprengt sie ohne Beeinträchtigungen seines eigenen Wachstums ab. Von Würgen kann keine Rede sein. Der Wolf ist auch kein langsamer Würger; schon gar nicht nach Art von Würgeschlangen. Er kann daher sicherlich nicht Pate für die italienische und lateinische Namensgebung gestanden haben.

Für diese gibt es ein anderes, heute weithin in Vergessenheit geratenes Vorbild, das zudem botanisch und kulturhistorisch weit besser passt! Es ist dies die alte medizinische Bezeichnung »Lupus« für die Hauttuberkulose. Diese tritt in Form gelbbrauner Knötchen(!) auf, die sich bei Fortschreiten der Erkrankung geschwürartig zersetzen. Die Ähnlichkeit mit den gelbbraunen Drüsenknötchen der Hopfenfrüchte ist frappierend, auch wenn diese deutlich kleiner als das humanmedizinische Vorbild sind: Darauf passen die lateinische und italienische Verkleinerungsform von »Lupus«, nämlich lupulus oder luppolo, bestens.

Diese Befunde zum »Namen des Hopfens« bringen nun das Bier und den Hopfen ein gutes Stück näher zusammen. Denn nach der

»Signaturlehre« der mittelalterlichen Ärzte, die auf den altgriechisch-römischen Kenntnissen von Heilpflanzen aufbaute, sollten sich Pflanzen mit ähnlichen Bildungen, die als »Zeichen«, als Signatur gedeutet wurden, zur Behandlung der entsprechenden Organe oder Erkrankungen am besten eignen. Die großen, dreilappigen Blätter des Hopfens spielten in der Signatur-Deutung allerdings, anders als die dreilappigen des Leberblümchens *Hepatica nobilis*, offensichtlich keine Rolle für Leberbehandlungen. Anscheinend wusste man längst um eine andere Wirkung. Das alte Wort für Hauttuberkulose weist darauf hin, und so ist anzunehmen, dass die gelbbraunen Drüsen auf den Zapfenschuppen als Medizin genutzt wurden. Ob sie gegen die Hauttuberkulose halfen, muss offen bleiben, auch wenn den Bitterstoffen des Hopfens eine antibakterielle Wirkung bescheinigt wird. Aber sicherlich hatte man ihre schmerzlindernden und »sedierenden« Qualitäten« erkannt, zumal diese Stoffe schläfrig machen und Schlaf allemal ein guter Unterstützer der körpereigenen Heilkräfte ist. In stärkerer Konzentration schmeckt so ein Absud, sollte er getrunken werden, aber viel zu bitter – vor allem bei längerer Anwendung. Süßes, kräftigendes Bier mildert die Bitternis und verstärkt über den Alkohol die Schlaf fördernde Wirkung. So kann solcherart gehopftes Bier in großen Mengen getrunken werden und ist in Maßen (sic!) auch für gesunde Menschen geeignet.

Also haben die Bayern den Zusatz von Hopfen im Bier wohl nicht erfunden. Vorstellbar wäre, dass die Kenntnis davon im Zuge der Völkerwanderung aus Zentralasien nach Westeuropa gelangte oder schon früher mit den zugewanderten Ackerbauern gekommen war. Hopfenpollen aus See-Sedimenten der Zeit der Pfahlbaudörfer machen diese Möglichkeit recht wahrscheinlich. Mithilfe von Hefepilzen vergorenes Getreide wurde rund 4.000 Jahre vor der ersten bayerischen Bierbrauerei bereits mit Wasser versetzt als Bier genossen. Der Ursprung des Bieres dürfte in der Heimat der Gerste, im kleinasiatischen Hochland oder im Vorfeld des Kaukasus gelegen haben, in jenem Großraum also, aus dem auch der Hopfen und die Kenntnisse seiner Nutzbarkeit stammen. Dennoch musste man auch dort irgendwie »auf den Hopfen gekommen sein«. Seine den

Schlaf fördernde Wirkung kannte man sicherlich schon längst, bevor die »Signaturlehre« seine Harzdrüsen mit der Hauttuberkulose in Verbindung gebracht haben.

Woher man ihn möglicherweise kannte, legt die Verwandtschaft des Hopfens offen: Am nächsten steht ihm der Hanf *Cannabis sativa* oder *indica*, von dem die altassyrische Bezeichnung »qunuba« oder »qunnabu« noch erhalten ist. Sie weist im ersten Teil des Wortes eine bemerkenswerte Ähnlichkeit mit dem ural-altaiischen »qumlix« für Hopfen auf. Wie dieser stammt der Hanf wohl auch aus dem pontisch-kaspischen Raum, von wo aus er schon um 500 vor unserer Zeitrechnung über Zentralasien nach China verbreitet wurde. Ähnliche Bezeichnungen deuten sprachgeschichtlich eher auf ähnliche Nutzungen als auf botanische Verwandtschaft hin, auch wenn beide Pflanzen zur selben Familie gehören. War der Hopfen vielleicht ursprünglich geraucht worden? Als »Glimmstängel« verwendeten ihn sogar noch in den 1950er-Jahren manche Dorfjungen im niederbayerischen Inntal – wo es in den Auen so große Vorkommen des Wilden Hopfens gab! Vielleicht steckt in »qum« der uralte Ausdruck für langsam aufsteigenden Rauch: »Qualm(en)«. Die Signaturlehre von Paracelsus, gestützt auf die Heilkunde des griechischen Arztes Dioskurides, hätte somit seine Anwendung eingeengt auf die konzentrierte Nutzung als Medizin. Seinen Bittergeschmack ausgleichen konnte süßes Bier! Der Zusatz von Hopfen verbesserte seinen Geschmack und die Haltbarkeit. Wann und wo man diese Kombination entdeckt hat, ist unbekannt, auch wenn indirekte Hinweise darauf hindeuten, dass es eine schon lange geübte Praxis war. Deshalb ist es nicht allzu erstaunlich, dass es gegenwärtig recht unterschiedliche Auffassungen zur Natur und Natürlichkeit der Verbreitung des Hopfens in Europa gibt. Die heutigen Vorkommen könnten Ergebnis einer eigenen nacheiszeitlichen Ausbreitung aus dem südöstlichen Refugium im pontisch-kaspischen Raum sein, in dem der Hopfen die Eiszeit überlebte. Oder die Pflanze wurde in geschichtlicher Zeit, als die Pfahlbauer nach Europa kamen und an den Seeufern siedelten, von Menschen eingeführt. Dann wären die heutigen Vorkommen Verwilderungen – wofür die erstaunliche Einheitlichkeit des Namens für den Hopfen über so weite und unterschiedliche Sprachbereiche in Europa und Westasien spricht. Sollte der Hopfen tatsächlich verwildert sein, darf man annehmen, dass er sich auch wie ein »Kulturfolger« verhält. Daher lohnt es sich, die Kulturen und die großen natürlichen Vorkommen von Hopfen etwas näher zu betrachten.

Kultivierung schafft Raum für Wildnis

Bis etwa 1980 wand sich der Wilde Hopfen in den Auen am unteren Inn an nahezu jeder Grauerle hoch. Es können, dem damaligen Bestand an Auwäldern zufolge, an die 5.000 Hektar insgesamt gewesen sein, die wie Hopfenpflanzungen bewachsen waren. Die Bindung an die Grauerle ist dort so ausgeprägt, dass junge Bestände sogar an den Dämmen vom Hopfen besiedelt werden, während er in anderen Teilen des Auwaldes weit seltener und meist nur vereinzelt vorkommt. Sicherlich war das auch vor 1960 bereits so. Die wildwüchsigen Hopfenbestände am unteren Inn beliefen sich damals auf rund ein Drittel der Anbaufläche von Kulturhopfen in der Hallertau (15.000 Hektar sind für 1999 ausgewiesen). Nach etwa 1980 nahm der Hopfenbestand aber in den Inn-Auen sehr stark ab!

Mit diesem Befund sind zwei Merkwürdigkeiten verbunden. Erstens wurde der Wilde Hopfen in pflanzensoziologischen Standardwerken um die Mitte des 20. Jahrhunderts keineswegs als kennzeichnend für den Grauerlen-Auwald aufgeführt. Zweitens herrschen im Auwald ganz andere Bodenbedingungen als in den Hopfenkulturen. Dort gedeiht die Hopfenpflanze am besten auf tiefgründigen, lehmigen Böden mit guter Wasserführung. Während der Wachstumszeit braucht der Hopfen viel Wärme und Feuchtigkeit. Diese Charakterisierung passt natürlich für die Hopfengärten der Hallertau und andere Hopfenkulturen, da man sie von den dortigen Bedingungen abgeleitet hat. Die Böden bilden tertiäre Lehme, die mehr oder minder stark mit Löß überlagert und somit recht fruchtbar sind. Sie stammen aus der späten Eiszeit und kennzeichnen das unterbayerische Hügelland. In Flussauen hingegen gibt es ganz andere Böden. Die fast artreinen Bestände von Grauerlen wachsen auf lockeren Sandböden. Die starke Bindung des Wildhopfens an diesen Auwaldbaum hängt nicht mit dem Boden zusammen. Vielmehr kommt sie über eine biologische Eigenart der Erlen zustande. Es ist dies ihre Symbiose mit Strahlenpilzen *Actinomyces alni*, die in kugeligen Wurzelknöllchen nahe der Bodenoberfläche wachsen und in der Lage sind, Luftstickstoff zu binden. Von diesem natürlichen Stickstoffdünger profitiert der unterirdische Wurzelstock des Hopfens, der sich um die Erlenwurzeln ausbildet. Solcherart gut mit Stickstoff versorgt, wachsen die Ranken in der Kürze der sommerlichen Vegetationszeit sechs Meter oder höher bis unter die Kronen der Erlen empor. Kulturhopfen bringt es zwar auf rund die doppelte Wuchsleistung, braucht dazu aber sehr viel Dünger und duldet keine Wurzelkonkurrenz mit anderen größeren Pflanzen. Tiefgründige, lehmige Böden halten Nährstoffe auf Vorrat und sichern gute Wasserversorgung an warmen, lichtvollen Standorten. Dementsprechend lohnt der Hopfenanbau nur unter diesen besonderen Bedingungen, auch wenn die Wildpflanze vereinzelt oder in kleinen Gruppen so weithin verbreitet vorkommt.

Die Befunde zu Vorkommen in den (Inn-)Auen und aus den Kulturhopfen-Gärten widersprechen einander also nicht. Sie verdeutlichen vielmehr die wirklichen Ansprüche dieses rasch wüchsigen, lianenartigen Schlingers. Sie machen auch verständlich, warum der Hopfen in dichten Baumbeständen kaum oder gar nicht vorkommt. Um so erstaunlicher ist es, dass die großen Hopfenvorkommen in den Grauerlen-Auen am Inn und an den kontinentalen Flüssen des Ostens in der botanischen Fachliteratur nicht angeführt werden, wo sie doch so typisch sind. Nirgends erscheint der Hopfen als kennzeichnende Art oder gar als Leitart. Handelt es sich also doch um eine aus der Kultur »entwichene« Art, die nirgends richtig integriert ist?

Der starke Rückgang des Wilden Hopfens in den Inn-Auen legt eine solche Deutung seines Vorkommens nahe. Denn die genauere Betrachtung der Erlenauen, die er in so großen Beständen besiedelt hatte, beweist, dass es tatsächlich mehr auf Struktur ankommt als auf die Grauerle selbst. Die Erlenauen waren nämlich am unteren Inn jahrhundertelang als Niederwald bewirtschaftet worden. Immer wieder, in Abständen von etwa 20 Jahren, wurden sie »auf Stock« gesetzt. Die Stockausschläge brauchen zwei Jahrzehnte, um auf eine

Höhe von fünf bis acht Metern heranzuwachsen. Bis zu diesen Höhen sind die Erlenstämme etwa armdick, ziemlich gerade, glatt und noch nicht allzu sehr beastet. In handliche Stücke zersägt, ließen sie sich leicht zu passenden Scheiten zur Herdfeuerung spalten. Im Sommer lassen sie viel Licht bis zum Boden durch; ein Umstand, der besonders im Spätfrühling, wenn der Hopfen aus seinem Wurzelstock treibt, von größter Bedeutung ist. Gleichzeitig verhindert der dichte Jungwuchs aber Spätfröste, wie sie an Bestandsrändern oder auf großflächigen Schlägen insbesondere Anfang Mai zur Zeit der »Eisheiligen« noch auftreten können. Wachsen nun aber die Erlen, weil sie nicht wieder zurückgeschlagen werden, über diese Höhe des Niederwaldes »durch«, so beschatten sie zunehmend den Hopfen. Genau das geschah, als die Niederwaldbewirtschaftung in den 1970er-Jahren aufgegeben wurde. Die Auen wurden dichter und dichter, höher und höher. Selbst dort, wo es noch vergleichsweise junge Bestände von Grauerlen gibt, fällt es dem Hopfen immer schwerer, erfolgreich hochzukommen. Denn inzwischen wird im Winter und Vorfrühling auch keine Streu mehr aus den Auen entfernt. Anders als früher deckt sie nun die Bodenoberfläche mattenartig ab, hemmt die Entwicklung des austreibenden Hopfens und erstickt die einst so üppig blühenden Frühlingsblumen, wie Schneeglöckchen, Schlüsselblumen, Veilchen und andere.

Die Massenvorkommen des Wilden Hopfens waren also Kulturmaßnahmen im Auwald zu verdanken. Die Bewirtschaftung als Niederwald schuf die ideale Kombination: Bäume mit um die zehn Meter Höhe, viel Licht und Wärme sowie an Stickstoffverbindungen reiche Böden, die im Auwald auch gut bewässert waren. Von Natur aus hatten in früheren Zeiten vor der Regulierung der Flüsse winterliche Eisstöße und Frühjahrshochwässer immer wieder ihre ausräumende Wirkung entfaltet und die Bildung offener, lichter Grauerlenauen entlang der östlichen Kontinentalflüsse begünstigt. Im kontinental-stabilen Klima folgte im Frühsommer mit größerer Zuverlässigkeit als im wechselhaft atlantischen Bereich die Wärme. Die erhöhte Wasserführung der Flüsse im Frühsommer garantierte gute Bewässerung während der Hauptwachstumszeit. Der Hopfen passt in diese Umwelt einer wilden Flussauen-Dynamik. Die harzigen Drüsen, die das Humulin und das Lupulin enthalten, passen ihrerseits zur Sommerhitze. Die Bitterstoffe wirken vielleicht als »Repellents«, die den Tierfraß gering halten, denn am Hopfen leben überraschend wenige spezialisierte Tierarten. Das hatte vor über 100 Jahren schon Zirngibel (1902) bemerkt. Zur Zeit der Samenreife des Hopfens im Spätherbst und Winter begünstigen niedrige Wasserstände der unregulierten Flüsse eine erfolgreiche Ausbreitung der vom Wind verdrifteten Samen. Mit ihrem »Flügelchen« fliegen und landen sie auf offenen Schwemmböden, die von den vorausgegangenen Sommerhochwässern hinterlassen worden sind. Die ungestörte, wilde Flussdynamik gibt solche meistens in dieser Jahreszeit frei. All das spricht dafür, dass der Hopfen nicht ursprünglich in West- und Mitteleuropa vorkam und hier noch nicht allzu lange heimisch ist. Die vom Menschen noch nicht veränderte Natur entsprach seinen Lebensansprüchen nicht so richtig.

Erst die Kulturtätigkeit der Menschen erzeugte oder verstärkte hier eine ähnliche Umwelt wie in der ursprünglichen vorderasiatischen Heimat des Hopfens. Somit spricht vieles dafür, dass die ausgedehnten Vorkommen von Wildem Hopfen aus Verwilderungen stammen. Ungewöhnlich ist auch, dass es im riesigen Verbreitungsgebiet des Wildhopfens anscheinend nicht zur Ausbildung von Kleinarten (Unterarten, geografischen Rassen) gekommen ist. Bei langer Anwesenheit hätten sich regionale Anpassungen ausbilden können. Anscheinend gibt es sie nicht. Nicht einmal zwischen dem amerikanischen und dem nordasiatischen Hopfen ist der Unterschied so groß, dass eine Trennung in zwei Arten offensichtlich und unstrittig ist.

Die Niederwaldbewirtschaftung der Inn-Auen hatte bis vor etwa zwei Jahrzehnten große Naturvorkommen von Wildem Hopfen erhalten. Sie ist ein Beispiel für die große Rolle, die menschliche Tätigkeiten für Verbreitung und Häufigkeit von Pflanzen spielen. Sollte diese Nutzung nicht wenigstens teilweise wieder aufgenommen werden, um eines der größten Vorkommen von Wildhopfen in Mitteleuropa zu erhalten? Welche Eigenschaften in ihm stecken, die für die verschiedenen Sorten von Kulturhopfen bedeutungsvoll sein können, ist unzureichend bekannt. Das wäre eine Verbindung von

Naturschutz mit Erhaltung des kulturellen Erbes. Ausgedeichte Weichholzauen lassen sich kaum in halbwegs natürlicher Form erhalten. Innerhalb der Stauseen wachsen aber auf den Inseln neue heran. Es wäre auf jeden Fall aufschlussreich festzustellen, wie vielfältig die Wildhopfenvorkommen der bayerischen Flussauen in genetischer Hinsicht sind und ob es nähere verwandtschaftliche Beziehungen zum Kulturhopfen in den südbayerischen Zentren des Hopfenanbaus gibt. Dafür würde sich nicht nur die Botanik, sondern auch die bayerische Bierkultur interessieren.

Traubenkirsche – ein Gespinst in Silberglanz

Bäume, ganze Wälder atmen. Sie atmen wirklich, denn die vielfältigen Vorgänge, bei denen organische Stoffe abgebaut werden, setzen Gase frei. Der Menge nach das bedeutendste ist das Kohlendioxid. Auch wir Menschen geben es, wie andere Lebewesen auch, bei unserer Atmung ab. Kohlendioxid ist, das wissen wir, die Grundnahrung der Pflanzen. Denn mit dem Gegenteil der Atmung, der Fotosynthese, bauen sie aus dem Gas Kohlendioxid und Wasser mithilfe des Sonnenlichts Zucker auf. Sauerstoff wird dabei in der gleichen Menge abgegeben, wie Kohlendioxid aufgenommen wird. Das Erstprodukt Zucker wandeln die Pflanzen in eine Vielzahl von Folgeprodukten um. Manche sind für uns Menschen essbar, dann nennen wir solche Pflanzen Nahrungspflanzen, andere nicht und in größerer Menge sogar schädlich, dann halten wir sie für ungenießbar oder giftig. Wenn das so bei uns Menschen ist, muss das jedoch nicht bei anderen Tieren der Fall sein. Für die giftigsten Pflanzen gibt es Spezialisten, die aus dem Gift sogar Vorteile für sich herausschlagen können. Zum Beispiel, dass sie selbst ungenießbar werden, wenn sie von den Giftpflanzen gefressen haben. Ein für uns harmloses, aber recht aufschlussreiches Beispiel dafür ist die Traubenkirsche.

Traubenkirschen – verschmäht und schwer zu finden

Prunus padus, die Traubenkirsche, ist keineswegs selten. Man übersieht sie in der Regel nur. Nicht etwa weil sie zu klein geraten wäre. Sie verbirgt sich mit ihrem Aussehen auch nicht hinter einer bekannteren Baumart. Man nimmt sie einfach nicht zur Kenntnis. Kirschen, die kennt jeder, aber Traubenkirschen? Sie macht es uns auch nicht leicht mit ihren kleinen schwarzen Kirschen, die meistens schon vor der Reife so aussehen, als hätte man sie nicht gemocht und daher zurückgelassen. Und von wegen Traube! Ein paar Kirschchen sitzen wie verloren und viel zu klein geraten auf den Stängeln, die zur Blütezeit ganze Trauben kleiner weißer Blüten tragen. Übervolle, hängende Blütentrauben. Davon bleibt in so manchem Jahr wenig oder gar nichts. Nur selten fruchten die Traubenkirschen so, dass die glänzend schwarzen Kirschfrüchte überhaupt gesehen werden – von uns Menschen. Vogelaugen nehmen sie eher wahr, denn sie sehen auch das Ultraviolett, das die kleinen Kirschen reflektieren. Wir sehen es nicht.

Der Duft der Traubenkirsche

Dafür riechen wir die Traubenkirsche umso deutlicher, wenn sie blüht. Je nach Verlauf der Frühlingswitterung ist es Mitte April bis Anfang Mai so weit. Dann durchzieht die Auwälder ein ganz besonderer Duft. Man wird ihn mit keinem anderen verwechseln. Schlehenblüten duften anders; der Weißdorn auch. Dieser stinkt für so manche Nase angeblich nach Mäuse-Urin. Manche Insekten empfinden das anders und werden von der Traubenkirsche angezogen, aber gar nicht so sehr vom Duft, sondern mehr von den Inhaltsstoffen der Blätter und Rinde, die dieser Wildkirschenart ihren bezeichnenden Geruch geben. Schneidet man sich wie bei Fliederblüten einen schönen Strauß und stellt ihn ins Wohnzimmer, bekommen manche Menschen davon Kopfschmerzen. Die Traubenkirschblüten riechen auch anders als Flieder, eher unangenehm. Doch draußen in der Au sind sie »der« Frühlingsduft. Für mich zumindest. Denn wenn die Au nach Traubenkirsche roch, war es an der Zeit, dass der Kuckuck zurückkam und mit ihm zahlreiche andere Vogelarten auch, die im Auwald das einzigartige Vogelkonzert gaben, das im Mai dann seinen Höhepunkt erreichte. Für die schnabelgerecht kleinen Kirschen der Traubenkirschen, die dann reiften, interessierten sich die Vögel aber nicht sonderlich. Schmeckten sie ihnen zu bitter? Ist ihnen das dünne durchaus schmackhafte Fruchtfleisch über dem runzeligen Kern zu wenig? Nur wenn das Wetter ganz untypisch für den Mai sehr regnerisch und kalt wurde, konnte ich Mönchsgrasmücken dabei beobachten, wie sie die Kirschen der Traubenkirschbäume abzupften. »Bird Cherry«, Vogelkirsche, heißt der Baum trotzdem auf Englisch. Vielleicht eine Verlegenheitsbezeichnung, weil die Traubenkirsche auf den Britischen Inseln nicht sehr verbreitet ist und offenbar auch erst vor ein paar tausend Jahren dorthin kam. Vogelkirsche nannten wir hingegen die Kirschen, die an den Wilden Kirschbäumen heranwuchsen. Sie schmecken nicht schlecht; eine Spur zu sauer vielleicht und etwas bitter. Aber ihr Fruchtfleisch ist zu dünn. Nicht ganz so dünn wie bei der Traubenkirsche, aber eben zu dünn.

Den Frühlingsduft der Au kann man nicht einfach ins Wohnzimmer transportieren. Er entfaltet sich am schönsten draußen, wenn es Abend wird und der Tag feuchtwarm war. Dann verströmen die Traubenkirschen ihre Essenz in reinster Form. Beschreiben lässt sich ihr Duft nicht wirklich. Süßlich, schwer, blumig, sind Hilfswörter für Gerüche, die wir nicht benennen können, weil sie kein Bild abgeben. Sie sind Eindrücke im Riechhirn, die dieses identifiziert, aber uns nichts weiter dazu verrät. Maiglöckchen riechen anders; selbstverständlich. Der Flieder auch. Oder manche Rosen. Es hilft nichts. Die einzige Lösung bringt der Gang in die Aue zur richtigen Zeit, wenn die Traubenkirschen blühen. Dann können wir sie nicht mehr übersehen, auch mit geschlossenen Augen nicht.

Warum so viel Aufhebens um einen Duft? Eine zweite Riechprobe verrät ein wenig mehr. Zerreiben wir ein Blatt der Traubenkirsche zwischen Daumen und Zeigefinger und riechen daran. Was nun die Nase aufnimmt, wird kaum jemand als angenehm einstufen. Das ist abstoßender Gestank. Ein Kontrast zum Blütenduft, wie er kaum größer sein könnte. Wir können nun vermuten, warum der Blütenstrauß im Zimmer den Duft des Auwaldes nicht hereingetragen hat. Er mischt sich mit dem Geruch der Blätter, der Rinde und der angeschnittenen Zweige der Traubenkirschen, und diese Mischung steigt unangenehm zu Kopf. Immer wieder machte ich die Reibeprobe mit Blättern der Bäume aus dem Auwald. Bei keiner anderen Baumart, ob Weide oder Pappel, Esche oder Linde, Ahorn oder Eiche, auch bei keiner der seltenen Baumarten im Auwald, wie den Ulmen oder den Wildkirschen, entstand ein so widerlicher Geruch. Vielleicht übertreibt meine Nase. Das lässt sich leicht ausprobieren. Jedes Mal, wenn ich bei Exkursionen in den Auwald diesen Vorschlag machte, fiel das Ergebnis eindeutig aus. Alle fanden den Geruch der Traubenkirschen am unangenehmsten. Natürlich gibt es Schlimmeres – aber nicht im Blattwerk des mitteleuropäischen Auwaldes. Warum das so ist, wird nun die unvermeidliche Frage. Warum der wunderbare Duft der Blüten und der so unangenehme der Blätter? Was ist das für ein Baum, die Traubenkirsche?

Ein Baum in zweiter Reihe

Von England und Frankreich im Westen bis weit nach Asien hinein ist die Traubenkirsche verbreitet. Südlich der Alpen kommt sie aber nur spärlich vor oder fehlt ganz. Sie ist ein Baum des »gemäßigten Klimas« der Laubwaldzone. Diese erreicht in Westeuropa die größte Flächenausdehnung dank der feuchten Wärme, die vom Atlantik, vom Golfstrom, mit den Westströmungen nach Europa fließt. Wo die Sommerhitze zu groß wird und Wochen oder gar Monate andauert, überlebt die Traubenkirsche mit ihren dünnen, zart gebauten Blättern nicht. Derbes Blattwerk, wie das der Eichen, oder wenigstens ein guter Schutz vor zu starker Wasserverdunstung, wie die silberweiße Haarschicht auf der Unterseite der Blätter von Silberweiden und Silberpappeln, sind vonnöten, wenn die Luft trocken-heiß wird. Die Oberseite hält mehr aus, weil sie keine Spaltöffnungen trägt, durch die das Blatt Gase aufnimmt und Wasser abgibt. Den Blättern der Traubenkirschen fehlt ein guter Verdunstungsschutz. Feuchte Auwälder und Niederungen eignen sich für diesen Baum deshalb am besten. Doch auch die Blätter der anderen Baumarten, mit denen zusammen die Traubenkirsche im Auwald vorkommt, sind deutlich »härter«. Das Kronendach ist auch in den

Flussauen dem austrocknenden Wind und der starken Sonneneinstrahlung ausgesetzt. Die Blätter müssen diesen Anforderungen genügen. Bei zahlreichen Baumarten ändern sie die Form, je höher der Baum wird. Die unteren Blätter bleiben verhältnismäßig groß und dünn, während die oberen immer dicker und fester werden. Xeromorph, der Trockenheit angepasst, so nennt sie der Fachausdruck. Xeromorph sind die schlanken Blätter der Silberweiden sowie die im oberen Kronenbereich kleineren und festeren Blätter der Silberpappeln. Zu starke Sonneneinstrahlung vermeiden sie durch dünne, biegsame Blattstiele. Dadurch können sie, wie auch die Blätter der Birken, fast senkrecht hängen. In dieser Position bekommen sie weniger Strahlung ab als bei flach seitlicher Ausbreitung. Der Wasserhaushalt ist für die Bäume in jedem Lebensraum lebenswichtig. Blattformen und Blattpositionen lassen sich am besten aus der Wechselwirkung zwischen Wasserhaushalt und Lichtaufnahme verstehen. Das Blatt der Traubenkirsche ist einfach gebaut, es hat sozusagen eine Standardform. Es nimmt viel Licht auf. Daher wächst der Baum schnell, erheblich schneller als die Grauerlen, mit denen vergesellschaftet die Traubenkirschen im Auwald vorkommen. Beide Baumarten vertragen es, immer wieder »auf Stock« gesetzt zu werden. Sie kommen mit der Niederwaldbewirtschaftung sehr gut zurecht. Doch wenn zehn bis 15 Jahre nach einem Neubeginn des Wachstums vergangen sind, haben die Erlen die Oberhand gewonnen, obwohl ihnen in den ersten Jahren die Traubenkirschen davongewachsen sind. Nach schnellem Start und rascher Höhenzunahme in den ersten zehn Jahren verlangsamt sich ihr Wachstum so sehr, dass sich schließlich die Kronen der Erlen über ihnen schließen. Dank ihrer sehr dichten Belaubung vertragen das die Traubenkirschen. Aber sie bleiben jetzt ein Baum der zweiten Schicht. Dabei sollten sie bis 18 Meter hoch werden können. So jedenfalls der Befund für einzeln wachsende Traubenkirschen in Parkanlagen oder großen Gärten. Für die Grauerlen werden zwar bis zu 25 Meter Höhe angegeben, aber in der Regel wird ein Grauerlenwald nur zehn bis 15 Meter hoch. Warum gibt der Stärkere vorzeitig auf und lässt sich übertrumpfen?

Jeder Baum hat seine Motte

Als Halbschattenholzart kennzeichnet das Lexikon der Forstbotanik die Traubenkirsche. So richtig diese Einstufung auch ist, so wenig verrät sie über die Gründe. Ein Baum bleibt oder wird nicht einfach ein Halbschattenbaum, wenn es nicht zwingende Gründe dafür gibt. Im Blattwerk haben wir einen davon kennen gelernt. Es wird nicht robust genug für ein dauerhaftes, langes Leben in sommerlichen Höhen von 25 Metern über dem Wald. Dazu bedürfte es harter Blätter wie bei den Schwarzpappeln. Dieser Baum entwickelt sie ohne Weiteres zum »Überhälter«, wenn man ihn wachsen lässt. Die Traubenkirsche nicht.

An der Gattung kann es nicht liegen. Sie, die Gattung *Prunus*, enthält nicht nur die hinsichtlich ihrer Blätter erheblich robustere Wildkirsche, sondern auch solche Arten, die wirklich hart im Nehmen sind, wie die Schlehe *Prunus spinosa*. Vielleicht ist der Hauptgrund ein Kleinschmetterling. Denn auf die Traubenkirsche ganz allein hat sich eine Art der schon bei den Silberweiden behandelten Gespinstmotten spezialisiert, die Traubenkirschen-Gespinstmotte. Ihren unpassenden wissenschaftlichen Namen *Yponomeuta evonymellus* verdankt sie einer Verwechslung und den starren Regeln der botanischen Namensgebung. Denn auch an Pfaffenhütchen *Euonymus europaeus* kommt eine recht ähnliche Art von Gespinstmotten vor, die es aber nicht so genau nimmt wie ihr Zwilling an der Traubenkirsche. Linné verwechselte die beiden und mehrere weitere Gespinstmottenarten, die an Schneeball *Viburnum opulus*, an Apfelbäumen und Weißdorn-Arten vorkommen. Das Durcheinander war perfekt und ist es bis heute geblieben. Die Gespinstmotten selbst vertun sich nicht bei der Wahl der für ihre Raupen geeigneten Futterpflanze. Die Traubenkirschen-Gespinstmotte hat es am leichtesten. Kein anderer Baum riecht so. Sie findet jeden Busch davon, auch wenn dieser noch so isoliert irgendwo im Auwald wächst, wenn sich die Traubenkirschen-Gespinstmotten in Massen vermehrt haben.

Bizarre Welt der Silberbäume

Das geschieht in manchen Jahren. Mitte Mai schon macht sich starker Befall der Traubenkirschen bemerkbar. Überall an den Zweigen sitzen faustgroße Raupennester in dichten, silbrig glänzenden Gespinsten. Rasch werden die Bäume lichter, weil das junge Blattwerk aufgefressen ist. Je knapper die Nahrung wird, desto wanderlustiger werden die Raupen. Sie verlassen ihre alten Nester, spinnen sich neue, wandern von den Ästen zu den Stämmen und fangen an, diese vollständig mit Spinnseide zu überziehen. Ende Mai oder Anfang Juni sind die Traubenkirschen gänzlich kahl gefressen und völlig eingesponnen. Da die Gespinste nur direkt auf Zweige, Äste und Stämme angebracht werden, sehen sie wie Skelette aus, die in Silber gegossen worden sind. Man kann nicht umhin, das Werk dieser Raupen irgendwie auch als schön zu empfinden, zumal wenn die Traubenkirschen in Gruppen im Auwald wachsen. Denn nichts geschieht den Erlen oder dem Rohrglanzgras unter den Bäumen. Saftig grün, wie es sich für den Auwald gehört, ist die gesamte übrige Vegetation. Nur die Traubenkirschen heben sich wie moderne Kunst von diesem Hintergrund ab. Kein Blatt ist an ihnen mehr übrig geblieben. Keine nicht kahl gefressene Traubenkirsche wird man nun weit und breit mehr finden. Die Gespinstmotten haben ganze Arbeit geleistet. Die Bäume müssen zugrunde gehen.

Wer das annimmt, liegt aber ganz falsch. Kaum sind zwei Wochen vergangen, brechen durch das weiße Gespinst zarte grüne Blättchen. Die Traubenkirschen treiben wieder aus. Recht schnell sogar. Bald sind sie wieder saftig grün. Nur die Stämme glänzen noch silberweiß im Morgen- oder Abendlicht, wenn sie von der schräg stehenden Sonne erreicht werden. Es kommt noch besser. An dieser neuen Blattgeneration wird man bis zum Spätsommer, zum Beginn des Laubfalls, so gut wie keine Schäden mehr feststellen. Keine anderen Raupen oder Käfer fressen daran. Es gibt nicht einmal mehr die schlank keulenartigen, im oberen Bereich rötlichen Gallen auf den Blättern, die sonst im Frühsommer zahlreich zu finden sind. Den Blättern fehlt nichts. Nur deutlich kleiner bleiben sie als die im April getriebenen. An glatt durchgesägten Stämmen tut man sich schwer, in der Jahresringbreite Änderungen zu erkennen. Juli und August haben offenbar weitestgehend aufgeholt, was im Mai und Juni ausgefallen ist. Die Traubenkirschen-Gespinstmotten werden auch im nächsten Jahr »ihre Bäume« wieder haben. Der Kahlfraß schädigt diese nicht nachhaltig. Er kommt auch nicht alljährlich vor. Zwar gibt es manchmal mehrere Jahre hintereinander starken Befall mit weitgehendem oder vollständigem Kahlfraß, aber dann kommen wieder welche mit nur geringem Befall und einer üppigen Traubenkirschen-Blüte. Manchmal reicht es sogar zu einigen reifen Kirschen. Bei starkem Befall fällt das Blühen aus. Die Knospen sind bereits von den Raupen zerstört worden. Denn diese entwickeln sich zusammen mit den austreibenden Knospen. Die Weibchen hatten die Eier daran im Hochsommer des Vorjahres abgelegt. Die Räupchen entwickeln sich darin, bleiben aber in den Eihüllen den ganzen Winter über. Wärme und Sonne, die Ende März bis Mitte April den Austrieb der Traubenkirschen auslösen, geben auch den Räupchen das Signal. Mit den sich öffnenden Knospen an den Trieben beginnen sie mit ihrer Tätigkeit. Diese besteht aus ununterbrochener Nahrungsaufnahme, so lange es warm genug dafür ist, und der ebenso unablässigen Produktion von Spinnseide.

Schützende Gespinste

Das Gespinst bietet den Räupchen Schutz. Brauchen sie diesen? Offenbar ja, sonst würden sie die aufwendige Spinnerei lassen. Aber wogegen sind die Gespinste gut? Gegen Vögel wohl kaum. Diese hätten nicht nur keine Mühe, die nicht besonders klebrigen und auch nicht sehr festen Gespinste zu öffnen und die Raupen herauszupicken. Im Gegenteil. Die Gespinste machen es leicht, die Raupen zu finden. Die Vögel mögen sie nicht. Der Gestank der Inhaltsstoffe der Traubenkirsche hält sie davon ab. Sie ekeln sich davor. Das probierte ich mit einer zahmen Rabenkrähe aus, die alles annahm, was ich ihr anbot. Als sie die Gespinstmottenraupen in den Schnabel bekam, schleuderte sie diese mit einem Ausdruck von Ekel weg. Keine einzige probierte sie näher. Also könnten höchstens die seltenen Pirole und der Kuckuck als Fressfeinde der Gespinstmottenraupen infrage kommen. Wenn überhaupt, bleibt ihre Wirkung aber so gering, dass man kaum jemals ein zerrupftes, ausgefressenes Gespinstmottennest findet. Die Traubenkirsche zeitigt eine sehr nachhaltige Wirkung.

Das Gespinst hat zwei andere Funktionen. Die eine zeigt sich bei Schlechtwetter, das es im Mai durchaus nicht selten gibt. Ungefähr zur Zeit der Eisheiligen kommt es zu Spätfrösten. Bis Anfang Mai ist auch mit gelegentlichem Schneefall zu rechnen. Die Gespinste halten die kalte Nässe von den Raupen ab und dem Schneefall stand, wenn er nicht zu heftig ausfällt. Innen bleibt es durchaus ein paar Grad Celsius wärmer als außerhalb. Ein paar Grad können überlebensentscheidend sein. Am besten schützt das Gespinst vor späten Nachtfrösten und vor den bedeutendsten Feinden aller Schmetterlinge, den parasitischen Insekten. Überall, wo es Raupenmassen gibt, rücken Schlupfwespen, Raupenfliegen und die winzigen Brackwespen an, um die lebende Beute mit ihren Eiern zu parasitieren. Häufig sind es die Parasiten, die eine Massenvermehrung beenden und zum Zusammenbruch bringen.

Die Traubenkirschen-Gespinstmotten reagieren auf diese Bedrohung mit einer bewundernswerten Gegenmaßnahme. Die Raupen, für die nach dem Kahlfraß zu wenig zur Verpuppung übrig geblieben ist, spinnen mit ihren letzten Kräften und Vorräten die schnelleren Artgenossen dicht mit Seide ein, sodass faust- bis kopfgroße Gespinstklumpen entstehen. Sie selbst schaffen die Verpuppung nicht mehr. Aber sie geben alles, was noch in ihnen steckt, um die Artgenossen zu schützen. Von Tausenden der solcherart Eingesponnenen überleben auf diese Weise fast alle erfolgreich. Die Parasitierung verursacht nur wenige Prozent Verluste. Bei den kleinen, lockeren und leicht zugänglichen Gespinsten fällt sie viel höher aus. Da können 30 bis 70 Prozent der Puppen befallen sein und keine Schmetterlinge, sondern die kleinen Wespen liefern. Die kräftigen Maden der Raupenfliegen schaffen es gleichfalls nur bis an die äußerste Schicht der Puppen. Das große Zentrum bleibt verschont – auch vor den Frühsommergewittern mit heftigem Regen oder gar mit Hagelschlag.

Verluste inbegriffen

Diese Fähigkeiten sollten dazu führen, dass die Traubenkirschen jedes Jahr von den Gespinstmotten stark befallen werden. Dem ist aber nicht so. Zu Massenvermehrungen mit Kahlfraß und komplett eingesponnenen Bäumen kommt es unregelmäßig, meist im Abstand von etwa einem Jahrzehnt. Das liegt an der Frühjahrswitterung und ihrem Verlauf. Bewirkt ein warmes, sonniges letztes Märzdrittel einen frühen Laubaustrieb bei den Traubenkirschen, gibt es oft Kälterückschläge. Ein spätes Frühjahr beschleunigt die Entwicklung der Vegetation. Was sich bei einem frühen über Wochen erstreckt, drängt sich dann auf eine viel kürzere Zeitspanne zusammen. Günstig ist, wie für fast alles in der Natur, ein sonniger, warmer, aber nicht zu trockener Mai. Zum Rosenmonat wird der Juni dann, wenn es wenig regnet, was jedoch eher selten der Fall ist. Kurz: Die Frühjahrswitterung ist alles andere als beständig. Ihren Kapriolen fällt vieles zum Opfer, von Häschen in den Wiesen und Singvogeljungen in den Nestern bis zu den Raupen von Schmetterlingen und auch so manchen Blumen, die Sonne und hinreichend trockenes Wetter brauchen. Den idealen Verlauf der Witterung könnte man für die Traubenkirschen-Gespinstmotte durchaus skizzieren. Die Natur hält sich nicht daran. Sie verursacht so riesige Verluste, dass nur noch größere Produktion von Nachwuchs Ausgleich schafft. Ein hoher Einsatz und ein hoher Preis für die Lebewesen. Der ideale Verlauf mit warmem Beginn zur Zeit des Laubaustriebs, mäßig warmer Witterung ohne Frost und Schnee im April, warmem Mai mit häufigen, aber kurzen Schauern und Hochsommerwetter von Ende Mai bis Mitte Juni wird höchst selten einmal, und das auch nur annähernd erreicht. Geht alles einigermaßen gut, so überleben viele Raupen und Puppen. In der ersten Juliwoche schlüpfen die kleinen, silberweißen Falter dann in großen Mengen. Möglicherweise. Denn obwohl die Hauptflugzeit der Traubenkirschen-Gespinstmotten in elf von 27 Jahren (von 1969 bis 1995) in den Auen am unteren Inn in die Zeit zwischen 7. und 20. Juli fiel, gab es nur in sechs davon Massenflug und nur in zweien das ganz große Flugjahr. Am schwächsten waren stark verspätete Flugjahre bis über die 30. Jahreswoche hinaus. Auch sehr frühe

Jahre brachten keine großen Flüge. Vieles muss also passen. Die Temperatur allein sagt so gut wie gar nichts über den möglichen Erfolg der Gespinstmotten aus. Ein ungefähr elfjähriger Rhythmus weist auf die zwischendurch stärkeren Verluste durch Parasiten hin. Vielleicht würden wir nach zehn oder 20 solcher Zyklen das Auf und Ab der Gespinstmotten im Auwald besser verstehen. Dafür fehlen aber noch rund 150 Jahre. Sicher ist nur, dass eine Bekämpfung der Traubenkirschen-Gespinstmotte nicht notwendig ist, auch nicht die vermeintlich naturverträgliche Vernichtung mittels eines Bakteriums, das die Larvenentwicklung schädigt und so die Weitervermehrung unterbricht. *Bacillus thuringiensis* ist keine Wunderwaffe. Getroffen werden keineswegs nur die Raupen einer bestimmten Schmetterlingsart, sondern viele andere Insekten im Gebiet, in dem gesprüht wird. Das mag bei Massenvermehrungen von Schädlingen, die erhebliche wirtschaftliche Verluste verursachen oder die Gesundheit der Menschen schädigen können, angebracht sein. Nicht aber zur Bekämpfung der Gespinstmotten; auch nicht in öffentlichen Parkanlagen, wie im Englischen Garten in München. Die Gespinstmotten würden an so viel besuchten Stellen eher ein Lehrstück dafür abgeben, wie es in der Natur zugeht und wie wenig wir bisher vorhersagen können – vom »im Griff behalten« ganz zu schweigen.

Die Traubenkirsche hat sich als Betroffene offenbar ganz gut auf die Gespinstmotte eingestellt. Sie speichert Nährstoffe für den zweiten Schub von Blättern. Für eine zweite Generation von Gespinstmotten kommt dieser viel zu früh, für die Gallmilben und Blattläuse aber zu spät, die sich Jahre ohne starken Gespinstmottenbefall zunutze machen. Eigentlich sind es nur diese drei Insektenarten, die von der Traubenkirsche leben und auf sie angewiesen sind: Die Traubenkirschen-Gespinstmotte, die Gallmilbe *Eriophyges padi* und die Mehlige Traubenkirschen-Hafer-Blattlaus *Rhopalosiphium padi*, deren blaugraue, »mehlige« Kolonien die Blätter und ganze Triebe verkümmern lassen. Sie wechselt den unfreiwilligen »Wirt« vom Baum zum Hafer. Keine Baumart Europas hat so wenige auf sie spezialisierte Insekten wie die Traubenkirsche. Ihre chemische Abwehr funktioniert im Großen und Ganzen. Die Weiden haben mit 150 Arten das 50-Fache und die Eichen mit 600 oder 800 Insektenarten nochmals viel mehr. Immerhin lockt die Traubenkirsche Ameisen mit einem Paar Nektardrüsen am oberen Blattstielende. Den Befall durch die Blattläuse halten die Ameisen allerdings nicht ab. Diese verstehen es anscheinend, nur solche Leitungsbahnen im Blatt und Stiel anzuzapfen, die das chemische Abwehrmittel nicht führen. Die Raupen der Gespinstmotten machen es hingegen unschädlich. Vielleicht entsorgen sie es mit der Produktion von Gespinstfäden. Vieles ist noch recht geheimnisvoll im Leben der Gespinstmotten und ihrem Wirken auf die Traubenkirsche. Manches, was man weiß, fand ich vielleicht auch nicht, weil es viel zu viel Wissenswertes darüber gibt. Die Chemische Ökologie hat sich verselbstständigt, wie andere moderne Zweige der Naturwissenschaften auch. Sie sagt uns, dass die Traubenkirsche hoch giftige Blausäure-Glykoside, das Amygdalin und Isoamygdalin, enthält. Dass man im 19. Jahrhundert versucht hat, die Spinnseide der Gespinstmotten für den Menschen nutzbar zu machen, ist Geschichte. Niemand kann vorhersagen, ob die Ansätze von damals mit neuen Methoden von heute oder morgen nicht doch wieder aufgegriffen werden. Längst nicht alles alte Wissen ist veraltet, so wenig wie alles »Neue« auch wirklich neu ist.

Die Traubenkirsche – unbeachtet, doch nicht ungeliebt

Nun passt alles ganz gut zusammen. Das Blattwerk der Traubenkirsche ist nicht so gut auf den Freistand über den Kronen anderer Bäume eingerichtet. Einen deutlichen Druck, hier Verbesserungen zu schaffen, gibt es nicht. Zu oft werden die Traubenkirschen von den Gespinstmotten kahl gefressen. Die wenigen auf sie spezialisierten Tierarten, die beiden Arten von Insekten und die Gallmilbe, reichen aus, ihr Wachstum zu bremsen. Als Baum des »Untergeschosses« im Auwald, wie der englische Fachausdruck »understory tree« direkt übersetzt lautet, genießt sie Schutz vor den starken Schwankungen der Witterung und vielleicht auch vor allzu ausgedehnten Massenvermehrungen der Gespinstmotten. Diese müssen Baum für Baum suchen, weil die Traubenkirschen nicht in großen Beständen, sondern stark verteilt im Wald wachsen. Seltenheit kann schützend wirken. Nur zu große Seltenheit gefährdet. Offenbar reichen die wenigen Früchte, die an ihr reifen, dafür aus, dass die Traubenkirsche doch auf die neuen Lichtungen kommt, die zum Keimen der Kerne geeignet sind. Zur Zeit ihrer Fruchtreife im Hochsommer sind noch wenige Vögel an Früchten interessiert. Die besten Kandidaten wären Stare, aber die leben nicht im dichten Auwald. Drosseln suchen bevorzugt nach Würmern, Insekten und anderem Weichfutter. Am ehesten animieren die kleinen dunklen Kirschen die Mönchsgrasmücken. Sie könnten die Hauptverbreiter sein.

Für die Traubenkirsche interessiert man sich nicht mehr. Wirtschaftlich hat sie kaum Zukunft. Würde sie aus den Auwäldern verschwinden, fehlte diesen allerdings der Duft des Frühlings. Das wäre ein Verlust für viele Menschen. Wenn ich einen Traubenkirschenbusch sehe, schaue ich unwillkürlich nach, ob es unter den zahlreichen Stämmen, die ihn bilden, auch jene kerzengeraden, astlos empor gewachsenen gibt, aus denen ich mir in der frühen Jugendzeit Pfeilbögen gemacht hatte. Das biegsame, nicht schon nach einem Tag erschlaffende Holz der Traubenkirschen eignete sich am besten für einen gespannten Bogen. 80 bis 100 Zentimeter lange Pfeile aus vorjährigen Schilfstängeln, die an der Spitze eine kurze Kappe aus einem Stück Holunderzweig bekamen, ließen sich damit über 50 Meter weit schießen. Sie flogen schöne Bögen. Beim Wettschießen draußen auf den Wiesen zählte ein »neutraler« Junge die Schritte bis zum Pfeil. Am weitesten kam nicht etwa der Junge mit der größten Kraft. Bögen aus frischem Holz konnten leicht überspannt werden. Die größten Schussweiten waren zu erzielen, wenn das Gewicht des Holunderstücks an der Spitze mit der Pfeillänge am besten harmonierte. Die Hälfte des Pfeils, die die Spitze trug, sollte sich nur wenig neigen, wenn dieser genau in der Mitte auf einem Finger balanciert wurde. Wichtig war natürlich auch die Spannung des Bogens. Wer diese nicht richtig einschätzte, bekam schmerzhafte Schläge von der Sehne auf den Unterarm. Manchmal sahen die roten Streifen, die dabei entstanden, so aus als, ob eine Blutvergiftung in Gang gekommen wäre.

In die dichten Büsche der Traubenkirschen, die aus den Stockausschlägen aufgewachsen waren, bauten die Kinder mit Schilfrohr ihre Verstecke. Überall riefen Kuckucke. Lockte man sie mit ihrem Ruf, flog manchmal einer direkt in den Traubenkirschenbusch, in dem man saß, und suchte heftig erregt nach dem vermeintlichen Nebenbuhler. Ein hässliches, heiseres Lachen stieß er im Davonfliegen aus, wenn er entdeckt hatte, dass wir ihn mit dem aus hohlen Händen und abwechselnd angehobenen kleinen Finger erzeugten Kuckucksruf genarrt hatten. In ihren Verstecken hockten die Kinder zusammen, schmiedeten Pläne, dachten sich Geheimsprachen aus oder bastelten an »Indianerschmuck« herum. Indianer spielen in der Au gehörte zu den schönsten Vergnügungen. Voller gespannter Aufmerksamkeit und so leise wie nur möglich schlichen die Kinder von Deckung zu Deckung, von einem Traubenkirschenbusch zum nächsten. Noch durften sie das, ohne mit dem Naturschutz in Konflikt zu kommen. Die Auen waren zugänglich, voller Vögel und Blumen und keineswegs durch die Kinder bedroht. Nur die Jäger sahen es nicht gern, wenn die Kinder bis in die Abendstunden hinein im Auwald spielten, denn sie waren zu dieser Zeit bereits hinter den Rehböcken her. An dieser Grundhaltung hat sich bis heute nicht viel geändert, auch wenn der Bevölkerung das freie Betretungsrecht des Waldes gewährt ist. Er wird immer noch wie Privatbesitz in Feudalzeiten betrachtet, in dem nichts zu suchen hat, wer nicht das Besitz- oder Jagdrecht innehat.

Schneeglöckchen – die ersten Frühlingsboten

Der erste Eindruck war überwältigend. Schneeglöckchen, überall blühten Schneeglöckchen. Es gab kaum einen freien Platz zwischen den grauen Stämmchen der Erlen, den nicht ihre saftig grünen, in dichten Büscheln stehenden Blätter und die sich darüber hinaushebenden weißen Blüten bedeckten. Hunderttausende, Millionen. Es war ein Tag Anfang März in den 1960er-Jahren, als ich die Schneeglöckchenblüte in der Haiminger Au an der Mündung der Salzach in den Inn zum ersten Mal erlebte. Ein kurzer Besuch im Vorbeigehen war es nur auf dem Weg zum Zusammenfluss von Salzach und Inn, wo es viele Wasservögel gab. Wir, eine Gruppe Studenten, waren auf einer vogelkundlichen Exkursion unterwegs. Im Zählen von Enten durchs 40-fach vergrößernde Fernrohr waren wir geübt. Die Schneeglöckchen überforderten unser Vorstellungsvermögen. Es waren einfach viele, sehr viele!

»Große« und »Kleine«

Ein paar Jahre später kam ich wieder in den Auwald der Schneeglöckchen. Das war Mitte März, und da mischten sich auch die größeren, noch eindrucksvolleren Frühlingsknotenblumen *Leucojum vernum* ins Blütenmeer, das den Boden bedeckte. Großes Schneeglöckchen oder Märzenbecher wurden sie in der Gegend genannt und vom Kleinen oder Echten Schneeglöckchen *Galanthus nivalis* unterschieden. Dass die Knotenblumen auch noch Platz fanden, wo doch der Bestand an Schneeglöckchen schon so dicht schien, mochte man kaum glauben. Die Frühlingsknotenblumen erreichen ihre Vollblüte eine Woche bis zehn Tage nach den Schneeglöckchen, wenn der Winter früh genug endet. Dauert er aber mit Kälte und Schnee bis in den März hinein, erblühen beide Arten gleichzeitig. Märzenschnee kann ihre Vollblüte sogar bis Anfang April hinauszögern. Die Frühlingsblüher sind flexibel, weil sie die Unregelmäßigkeit der Witterung dazu zwingt. Der Kalender nützt ihnen nichts. Fällt der Winter aus, wie 1989/90, blühen die Schneeglöckchen schon Ende Dezember. Weiter westlich, im atlantischen Klimabereich, ist das für sie genauso normal wie ein Erblühen im März weiter im kontinentalen Osten. Davon wusste ich noch nichts, als ich die »Blumenaue«, als solche war sie weithin bekannt, zum zweiten Mal besuchte. Mit mehr Zeit und allein. Das Wintersemester war zu Ende und ich hatte Semesterferien.

Auf die neue Begeisterung, die das Meer der Schneeglöckchen auslöste, folgte ein Schock. Von überall her kamen Kinder und Erwachsene aus der Au. Die meisten trugen dicke Sträuße gepflückter Blumen, vornehmlich Frühlingsknotenblumen, aber auch Schneeglöckchen oder beide gemischt. Tausende, so die grobe Kalkulation, Tausende Blüten hatten die Menschen allein an diesem Tag gepflückt. Vielleicht waren noch mehr zertrampelt worden. Diesen Eindruck gewann ich, weil das vom Weg aus zu sehen war. Sogar ausgegraben wurden die Blumen und in Plastiksäckchen mitgenommen. Zwar hielt ich die Schneeglöckchen für geschützt, aber ob sie zu den »streng geschützten Pflanzen« zählten, von denen nicht einmal ein Handsträußchen mitgenommen werden durfte, dessen war ich mir nicht sicher. Jedenfalls würde so mancher in der Kinderfaust heimgetragene Strauß in der Blumenvase kaum mehr als einen Tag halten, so sehr drückten die kleinen Hände die Blütenstiele zusammen. Nach diesen Eindrücken konnte ich mich am Blütenwunder nicht mehr erfreuen. Sein Ende schien mir nahe. Spontan beschloss ich, die Auswirkung des Pflückens genauer zu untersuchen, um mich an die Naturschutzbehörde mit konkreten Befunden wenden zu können.

Blumenpflücken verboten?

Dieses Vorhaben im Blick, schaute ich mir die Aue nun genauer an. Am Straßenrand war offensichtlich am meisten gepflückt worden. Fünf bis zehn Meter weiter in den Wald hinein wurden die Spuren der Menschen schon spärlicher. In abgelegenen, nur noch über schwer zugängliche Pfade zu erreichenden Teilen des Auwaldes fand ich keine Anzeichen, dass jemand gepflückt hatte. In der aktuellen Situation war es leicht, sich ein Bild von der Lage zu machen. Bei einer Inaugenscheinnahme mit Vertretern der Naturschutzbehörde hätte es keines weiteren Beweises mehr bedurft, dass das Pflücken und Ausgraben Folgen auf die Bestände hat. Doch mir war klar, dass Eindrücke, und seien sie noch so stark und überzeugend, als Beweis nicht ausreichen. Ich musste eine Methode finden, die Auswirkung des Pflückens möglichst eindrucksvoll und nachvollziehbar darzustellen. Die in der Ökologie vielfach angewandte Methode eines Transekts vom Straßenrand bis zu den unzugänglichen, abgelegenen Teilen des Waldes scheiterte an den Gegebenheiten im Auwald. Das war mir sofort klar. Es gab keinen einfachen Schnitt vom straßennahen zum weiter entfernten Bereich. Altwässer lagen dazwischen, feuchte, verschilfte Senken, in denen keine Schneeglöckchen oder Frühlingsknotenblumen wuchsen; Altholz wechselte mit Jungwuchs, gemäß der kleinflächigen Bewirtschaftung des Auwaldes. Auch ließ sich nicht übersehen, dass es drei Grundtypen von Beständen der Frühlingsblumen gab, nämlich artreine, die nur von Schneeglöckchen oder von Frühlingsknotenblumen gebildet wurden, und Mischbestände beider Arten. Daraus ergab sich eine Matrix aus folgenden Möglichkeiten: Schneeglöckchen, Mischbestände und Frühlingsknotenblumen jeweils nah am Weg, in mittlerer Entfernung und an abgelegenen Orten. Den Nahbereich unterteilte ich noch genauer vom Wegrand bis zu zwei Meter Entfernung, dann von zwei bis fünf Meter, was dem Randbereich der Baumbestände entsprach, und fünf bis 20 Meter, für die schon erheblich mehr Aufwand nötig war, wenn man dort pflücken wollte. Der Fernbereich von 50 Metern und mehr sollte sodann die vom Pflücken gänzlich unbeeinflussten Vergleichszahlen liefern.

Zu jeder dieser Zonen gab es mehrere bis zahlreiche Stellen in der ganzen Aue, und nicht nur eine repräsentative. Also galt es, durch eine entsprechende Anzahl von Probeflächen die Mittelwerte mit ihrer Streuung zu ermitteln. Ein erster Test zeigte, dass ich mindestens zehn Einzelproben zu jeder Kategorie benötigte, damit sich brauchbare Mittelwerte errechnen ließen. Aber wie groß sollte die einzelne Probefläche sein? Keinesfalls zu klein, weil das die Zahl der Probeflächen ganz enorm gesteigert hätte, und auch nicht zu groß, damit die Blütenzahlen nicht in die Hunderte oder gar Tausende gingen. Der Quadratmeter erwies sich zwar als passend, aber im dichteren Baumbestand als zu schwierig festzulegen. Die mit Abstand beste Lösung bot eine Streifenzählung. Sie ist einfach zu handhaben. Ein fünf Meter langes Bandmaß oder eine feste, gut sichtbare Schnur dieser Länge wird ausgelegt. Entlang dieser Fünf-Meter-Strecke zählte ich sodann in der Breite meiner Handspanne zwischen ausgestrecktem Daumen und Zeigefinger; also über einen Streifen von 20 Zentimetern. Das ergibt dann insgesamt eine Fläche von genau einem Quadratmeter. Er ist nicht mehr beeinflusst von Stellen mit besonders großer oder geringer Häufigkeit der Frühlingsblumen. Die »Fleckigkeit« (englisch: patchyness) der Probeflächen wird so ausgeglichen. Der Gradient vom stark bepflückten Randbereich der Wege bis zu den abgelegenen, von den Menschen unbeeinflussten Beständen fügte sich auf diese Weise fast wie von selbst zusammen.

Die nicht bepflückten Bereiche wiesen Bestandsdichten von deutlich über 100 Blüten pro Quadratmeter in Mischbeständen und zwischen 150 und 200 in den Reinbeständen beider Arten auf. Die letzten fünf Meter bis zum Straßenrand brachten es aber nur noch auf zehn bis 20 Blüten, also etwa ein Zehntel davon. Das Pflücken dezimierte sie gewaltig. Das war nun klar. Mehrere Jahre lang führte ich solche Zählungen durch, um auch Schwankungen, wie sie von Jahr zu Jahr oder witterungsbedingt auftreten können, auszuschließen. Der Befund blieb mit nur geringfügigen Schwankungen unverändert. Daraufhin reagierte der Naturschutz energisch. Wir befanden uns in der Mitte der 1970er-Jahre und der neue Naturschutz hatte gesellschaftlichen Einfluss gewonnen. Als Erstes wurde die Zufahrt zum Auwald für Kraftfahrzeuge gesperrt, sodass alle Personen, die aus der Aue kamen, auf mitgebrachte Pflanzen kontrolliert werden konnten. Naturschützer, Bergwacht und an besonders kritischen Wochenenden auch die Polizei postierten sich zum Kontrollieren. Hinweistafeln waren angebracht worden, die für den Schutz der Blumen warben und auf die geltenden Schutzparagrafen hinwiesen. Obwohl inzwischen Besucher mit Bussen von weit her kamen, hörte das Pflücken fast völlig auf. Im straßennahen Bereich nahmen die Bestände sichtlich zu. In wenigen Jahren erreichten sie fast dieselbe Blütendichte wie die abgelegenen Vorkommen. Am raschesten reagierten die Frühlingsknotenblumen. Sie waren auch am stärksten bepflückt worden. Der Einsatz hatte sich also gelohnt. Die Menschen gewöhnten sich an das Pflückverbot. Nur selten kam noch jemand aus dem Auwald mit einem Handstrauß oder gar mit ausgegrabenen Blumen.

Blumen auf Wanderschaft

Die Schneeglöckchen fingen sogar an zu »wandern«. Zuerst vereinzelt, dann immer mehr kamen auf die Landseite des Damms, der den Auwald gegen den Stausee abgrenzt. Sogar oben auf der Krone des Damms blühten in den frühen 1980er-Jahren Schneeglöckchen. Dann fand ich auch die ersten jenseits des Damms auf den Anlandungen, die sich gebildet und bewaldet hatten. In einer Front von rund einem halben Kilometer Breite waren die Schneeglöckchen vom Auwald her zum Damm vorgerückt, hatten diesen »erklettert«, wo Erlengebüsch wuchs, und ihn schließlich zur anderen Seite hinüber überquert. Unten im Auwald blühten sie in ähnlichen Mengen, wie ich sie 20 Jahre vorher zum ersten Mal gesehen hatte.

Natürlich liefen die Schneeglöckchen nicht selbst. Die Ausbreitung besorgten Ameisen. Sie tun dies, weil die Samen der Schneeglöckchen kleine Anhängsel ausbilden, die von Ameisen sehr begehrt sind. Elaiosomen, auch Ölkörperchen, nennt die Botanik diese Anhängsel. Namenspatin für diese Bezeichnung ist die Ölpalme, griechisch *Elaeïs*. Wenn die Samen der Schneeglöckchen reif geworden sind, fallen sie aus. Ameisen kommen, um sie zu sammeln, zum Bau zu tragen und die Anhängsel zu verzehren. Manch ein Same geht unterwegs verloren. Viele gelangen zu den Bauen der Ameisen, werden dort abgeknabbert und in die Umgebung befördert, weil der eigentliche Same nicht verzehrt wird. Da die Ameisen auf freiem Boden laufen und ihre Nester auch einigermaßen von dichterer Vegetation freihalten, gelangen manche Samen an Stellen, die zum Keimen günstig sind. Sie brauchen dazu Licht und nährstoffreichen Boden. Ein Frühjahrshochwasser würde zwar ähnliche Bedingungen, aber in gröberer und nicht alljährlich wiederkehrender Weise erzeugen, weil es frischen Sand und Schlick hinterlässt und die vorhandene Vegetation lichtet. Da können sogar mit dem Hochwasser eingeschwemmte Zwiebeln wieder Wurzeln fassen und einwachsen. Zur Natur der Vermehrung von Schneeglöckchen und Frühlingsknotenblumen gehören beide Vorgänge: der unregelmäßige des Hochwassers, das eine weite Ausbreitung ermöglichen kann, und das stete Wirken der kleinen Ameisen, die sich von Jahr zu Jahr um Meter voranarbeiten. Sie weichen zu feuchten Stellen aus und bevorzugen hinreichend trockene, genau gemäß den Bedürfnissen der Schneeglöckchen, deren Zwiebeln nicht zu nass werden dürfen. Die Elaiosomen bewirken, dass sich vorhandene Bestände in der Fläche ausbreiten, die Hochwässer aber, dass Neuland besiedelt wird.

Bunte Vielfalt der Frühlingsblumen

Es ging ihnen also gut, den Schneeglöckchen und den Frühlingsknotenblumen, in jenen Jahren. Und den anderen Frühlingsblumen auch. Gegen Ende der Blütezeit der Schneeglöckchen kommen die blauen Blüten der Blausterne *Scilla bifolia*, der Leberblümchen *Hepatica nobilis* und des Immergrüns *Vinca minor*. Nach der ersten, der »Weißen Phase« von Schneeglöckchen und Frühlingsknotenblumen bilden sie die zweite, die »Blaue Phase«, im Auwaldfrühling. Auf diese folgt die »Gelbe Phase« mit den gelben Windröschen *Anemone ranunculoides*, deren leuchtend gelbe Blüten an Hahnenfuß erinnern, und den Schlüsselblumen *Primula elatior*, zu denen sich an einigen Stellen auch der Goldstern *Gagea lutea* gesellt. Wenn die Gelbe Phase vorherrscht, beginnt sich das Blätterdach des jungen Grüns im Auwald bereits zu schließen. Wer jetzt noch nachkommt, braucht eine besondere Methode, bestäubende Insekten anzulocken. Auf Sicht geht das nicht mehr so gut. Auf eine ganz besondere Weise kommt der grüne Aronstab *Arum maculatum* zu seinen Bestäubern. Die von einem großen Hüllblatt, der Spatha, eingefassten Blüten würde kein Insekt direkt erreichen. Doch der spitz nach oben auslaufenden, unten am Stiel bauchig aufgetriebenen fahlgrünen Spatha entströmt ein aasartiger Geruch. Dieser und die Wärme, die der Blüte entsteigt, locken Fliegen an. Sie rutschen an den sehr glatten Wänden des Hüllblattes nach unten und geraten in die Falle. Ein Kranz reusenartiger Haare verhindert das Entkommen nach oben, bis die Bestäubung der weiblichen Blüten vollzogen ist. Weniger auffällig, geradezu unscheinbar locken die kleinen Blüten der Haselwurz *Asarum europaeum*. Auch sie blüht jetzt. Ihre nierenartig rundlichen, aber unterseits grünen Blätter erinnern an das Wilde Alpenveilchen. Im schattig gewordenen Frühlingswald wird es zunehmend schwieriger, bestäubende Insekten anzulocken. Das leuchtende Weiß der Schneeglöckchen und der Frühlingsknotenblumen war im Vorfrühling für Bienen gut sichtbar. Das kräftige Blau lockt mit Wärme zu einer Zeit, in der die Nächte noch recht kalt werden können. Glänzendes Gelb entfaltet die stärkste Wirkung. Darauf fliegen sehr viele Insekten.

An den Schlüsselblumen erkennen wir die Blütenbesucher leicht als Bienen. Honigbienen und Wildbienen suchen sie auf. Sie fliegen auch hinauf zu den Weidenkätzchen, die mit der großen Zahl ihrer Blüten Insekten von weither anlocken. Wenn aber Gelb im sich verdichtenden Grün keine Fernwirkung mehr erzeugt, liegen die Vorteile beim Duft. Duftblüten verlocken auch in der Dämmerung und nachts zum Blütenbesuch. Geht der Frühling in den Frühsommer über, beginnt die Zeit des nächtlichen Insektenlebens. Sträucher wie das Geißblatt oder die Heckenkirschen verströmen ihren Blütenduft, wenn kräftige Schmetterlinge, wie die Schwärmer und manche Eulenfalter, nachts fliegen. Kaum hat sich aber das Blattwerk geschlossen, geht das auffällige Blühen zu Ende. Frühsommer und Sommer sind die Zeiten des Wachsens.

Eisregen – ein Wald wird eingefroren

Der Schutz der Schneeglöckchen war ein großer Erfolg für den Naturschutz. Er hielt jedoch nicht so an, wie erhofft. Es war die Natur selbst, die der Zeit der Fülle plötzlich schwierige Jahre folgen ließ. Sie begannen mit dem Eisregen am 3. März 1987. Eine Warmfront hatte sich über Kaltluft geschoben, die noch über dem Tal des Inns und der unteren Salzach lag. Entlang einer 20 bis 25 Kilometer langen und wenige Kilometer breiten Front prallten die unterschiedlichen Luftmassen so aufeinander, dass starker Regen fiel, der sich sekundenschnell in Bodennähe in Eis verwandelte. In wenigen Minuten waren Bäume, Gebäude und Leitungen in bis zu fünf Zentimeter dickes, kristallklares Eis gehüllt. Die Eislast zerriss 150 Jahre alte Buchen so, als ob sich ein schwerer Orkan an ihnen ausgetobt hätte. Hochspannungsmasten knickten ein, ihre Leitungen hingen stellenweise bis zum Boden durch. Dicke Seitenäste brachen genauso wie dünne. Stehen blieb der Baum nur, wenn sein Hauptstamm senkrecht aufragte. Hatte sich der Baum zum Licht, zur Straße oder zum Wasser hin geneigt, drückte ihn die Last ganz um. Die alten Eichen hielten dem Eis dagegen Stand. An ihnen gab es nur geringfügige Astverluste. Auch die meisten Fichten überstanden, weil an ihren nach unten hängenden Ästen das Wasser auf der ersten Eisschicht abfloss, sodass Eis von den Bäumen tropfte. Manchen Fichten wurden aber doch die Wipfel einfach abgerissen. Wie zu groß geratene Christbäume lagen sie danach im Wald, bis das ganze Bruchholz aufgeräumt war. Dünne junge Bäume verbog das Eis in bizarrer Weise. Armstarke Grauerlen neigten sich so tief, dass ihre Kronen den Boden erreichten und Eisbögen bildeten. Da sie sich alle in die gleiche Richtung gekrümmt hatten, sahen sie wie Kunstwerke aus, die etwas Surrealistisches an sich hatten. Besonders gut bogen sich die Traubenkirschen. Auch unterschiedlich dicke Stämme einer Gruppe, die aus einem gemeinsamen Wurzelstock hervorgegangen war, krümmten sich zusammen so tief, bis die Kronen am Boden festfroren. Unwillkürlich musste ich bei diesem Anblick an die Pfeilbögen denken, die ich mir in der frühen Jugendzeit aus Traubenkirschenstämmchen gemacht hatte. Am wenigsten vertrugen die Pappeln das Eis. Viele wurden bis auf den zentralen Stamm rundherum »rasiert«. Merkwürdig sahen die Kiefern aus. Kleinere Äste hatten gläserne »Schwimmflossen« bekommen. In flächigem Eis von Handtellergröße steckten ihre Nadelbüschel, als ob sie in Kunstharz eingebettet wären. Viele Seitenäste wurden auch ihnen abgerissen.

Das Eis hielt vom Morgen bis zum Spätnachmittag. Dann setzte die Schmelze ein. Anderntags war es verschwunden. Die Wälder und Auen sahen nun ganz seltsam aus. Den meisten Bäumen waren alle Seitenäste abgerissen worden. Bäume, die von der Eislast ohne zu brechen umgebogen worden waren, blieben gebeugt. Erst im Laufe von Wochen und Monaten richteten sie sich allmählich wieder auf. Aus den Stämmen mancher Weiden wuchsen neue Triebe senkrecht in die Höhe. Sie drückten mit ihrer Last den vom Eis gebogenen Stamm weiter nach unten, sodass es zu keiner vollständigen Aufrichtung mehr kam. Eine solche schafften die Erlen und die Traubenkirschen am besten. Rund ein Jahrzehnt lang blieben die Folgen des Eisregens an den Bäumen des Auwaldes äußerlich sichtbar. Zu den stärksten Veränderungen kam es aber am Boden.

Die Au verfilzt ...

Nachdem die Bäume im April, rund einen Monat nach dem Eisregen, ausgetrieben hatten, entwickelte sich kein geschlossenes Blätterdach mehr. Es fehlten ja fast alle Seitenäste. Den ganzen Frühsommer und Sommer über gelangte so das volle Licht bis zum Boden. Rohrglanzgräser *Phalaris arundinacea* und andere Bodenpflanzen fingen an, in der ungewohnten Lichtfülle zu wuchern. In wenigen Jahren entstand daraus eine dicht verfilzte Schicht, die sich von unten her langsamer zersetzte, als von oben neues Material nachkam. Das hatte große Folgen für die Frühlingsblumen. Blausterne, Schneeglöckchen und Frühlingsknotenblumen taten sich immer schwerer, im Vorfrühling die dicke Schicht aus Streu zu durchbrechen. Im Verlauf der nächsten drei bis vier Jahre nahm ihre frühere Häufigkeit um durchschnittlich zwei Drittel, stellenweise um bis zu 80 Prozent ab. Wo es vorher 150 bis 200 Blüten pro Quadratmeter gegeben hatte, zählte ich nun nur noch etwa 50. Bei mittleren Häufigkeiten blieb nach der Schrumpfung um zwei Drittel kaum noch etwas von der Massenblüte der Frühlingsblumen übrig. Dass die Streubedeckung daran schuld war, bewies ein Experiment. Matthias Ruh entfernte die Streu auf Probeflächen im Rahmen seiner Diplomarbeit über die Frühlingsblumen im Auwald. Auf diesen freigehaltenen Flächen nahm die Blütenzahl schon in den nächsten Jahren wieder stark zu.

Ein einzelnes Naturereignis wirkte also in wenigen Stunden ungleich nachhaltiger als die Menschen, die früher Handsträußchen gepflückt hatten. Eineinhalb Jahrzehnte Schutzmaßnahmen waren zunichte gemacht. Auch wenn die meisten Bäume die Folgen des Eisregens überstanden und mit der Zeit neue Äste bildeten, kehrte der frühere Zustand nicht wieder. Die dichte Streu war da, und sie blieb. Es kam lediglich von Jahr zu Jahr weniger neues Material hinzu, weil die Baumkronen stärker beschatteten. Eine Streuentnahme, die sich auch der Waldbesitzer zugunsten des Gedeihens seiner Bäume gewünscht hätte, fand nicht mehr statt. Sie war zu teuer. Bei der Größe des Auwaldes und den Hektarkosten für schwere Handarbeit war es auch gänzlich unrealistisch, die

Pflegemaßnahme aus Naturschutzmitteln finanzieren zu wollen. Im dichten Jungwuchs hätte man nicht mehr mit kurzen Sensen wie in meiner Kindheit arbeiten können, sondern Sicheln verwenden müssen. Die Streuentnahme, das »Aumaissen«, gehörte der Vergangenheit an. Die neue Entwicklung lief weg vom Niederwald und bewegte sich hin zum Hochwald aus Edellaubhölzern. Die Schneeglöckchen und die Frühlingsknotenblumen werden überleben. Nur eben nicht mehr annähernd in der früheren, so großartigen Fülle.

... und wächst zu

Seit den 1970er-Jahren werden die Auen zudem, wie auch das ganze Land, intensiv gedüngt, nicht mit Kunstdünger, sondern mit Stickstoffverbindungen, die auf dem Luftweg verbreitet werden. Moderne Heizungsanlagen und schnell fahrende Autos verbrennen Jahr für Jahr große Mengen Luftstickstoff zu Stickoxiden. Die Niederschläge waschen sie aus. Auch der Tau fängt sie auf. Je nach Region entspricht diese Düngung aus der Luft 30 bis 60 Kilogramm Reinstickstoff pro Hektar und Jahr. Solche Mengen galten noch vor dem Zweiten Weltkrieg als Volldüngung in der deutschen Landwirtschaft. Seit nunmehr fast 40 Jahren werden sie »kostenlos«, aber nicht folgenlos Jahr für Jahr übers Land verteilt. Noch nie konnten die Pflanzen in Wald und Flur so stark wachsen wie in unserer Zeit.

Besonders betroffen machte mich in der Rückschau auf die Entwicklungen bei den Schneeglöckchen eine Rechnung. Die mehr oder weniger stark bepflückten Zonen im Auwald hatten weniger als zehn Prozent der Gesamtfläche des Vorkommens von Schneeglöckchen und Frühlingsknotenblumen eingenommen. Da in diesem Bereich das Pflücken die Häufigkeit zwar stark vermindert, aber die Blumen nicht ausgerottet hatte, betraf es weniger als fünf Prozent der Blütenzahl des Gesamtbestandes. Unsere Anstrengungen hatten diesen lediglich von rund 95 auf 100 Prozent angehoben. Die Folgen des Eisregens vernichteten aber über 60, stellenweise bis über 80 Prozent. War da die Verhältnismäßigkeit der Mittel im Einsatz noch gewahrt? Dieses Problem verunsicherte mich zutiefst. Mir wurde klar, dass der Naturschutz unbedingt Erfolgskontrollen braucht. Eine Schutzmaßnahme kann gut gemeint sein. Aber führt sie auch zum Ziel? Zu welchem Ziel? Ist sie für andere nachvollziehbar? War es richtig, den Zugang zur »Schneeglöckchenaue« so sehr zu erschweren, wenn davon doch nur ein paar Prozent mehr Blüten zu bekommen waren? Den Veränderungen über Jahrzehnte hinweg hielt die Schutzmaßnahme nicht stand. Was wäre aus den Schneeglöckchen ohne die intensiven Schutzbemühungen geworden? Die Antwort steckte in den Befunden, die ich einem anderen Vorkommen auf der österreichischen Seite entnehmen konnte. Dort, wenige Kilometer flussabwärts der Salzachmündung, wuchsen auch sehr große Bestände von Schneeglöckchen. Sie blieben sich selbst überlassen. In den letzten 30 Jahren dünnten auch sie aus, weil der Auwald dichter wurde und immer dickere Streuauflagen den Boden bedeckten. Ganz ohne Schutzmaßnahmen war das gleiche Ergebnis zustande gekommen: Bestandsrückgänge um gut 60 Prozent. Die schleichenden, kaum merklichen Veränderungen wirkten viel stärker als das direkt sichtbare Pflücken.

In meiner Kindheit gab es massenhaft Schlüsselblumen in der Au. Auch ich pflückte immer wieder einmal ein Sträußchen. Sie verströmten einen so feinen Duft. Am besten wuchsen sie auf den Wiesen an den Bächen vor dem Auwald. Dort weidete das Vieh der Bauern unseres Dorfes. Nachdem die Kühe in den 1970er-Jahren in die Ställe gesteckt worden waren, verschwanden nach und nach die Schlüsselblumen und die duftenden Veilchen. Die moderne Stallviehhaltung mit Schwemmentmistung war ihr Ende, nicht das Pflücken. Die Verdrängung besorgte zum größten Teil die Gülledüngung. Das Gras wuchs nun immer schneller und immer dichter. Anfang bis Mitte Mai gab es den ersten Schnitt und weitere folgten den Sommer über bis zum Herbst. Aus Viehweiden waren ertragsstarke Fettwiesen geworden. In den 1980er-Jahren verschwanden die Frühlingsblumen dann auch in den Auen. Der Boden war zugewachsen, der Wald zu dicht geworden. Die alte Nutzung hatte Vielfalt verursacht. Ihre Einstellung löste den Niedergang der Frühlingsblumen aus. Ich vermisse sie –

und freue mich über jedes Fleckchen, an dem es sie im Frühling noch gibt. Auch wenn es wenige geworden sind.

Kapitel II

Trockenregionen – wie der Mangel Vielfalt erzeugt

Ein Frühsommertag in der Heide

Warmer Sand rieselt mir bei jedem Schritt in die Sandalen. Immer wieder schüttle ich die Füße, um ihn von Zeit zu Zeit zu entfernen. Wo Baumwurzeln den Weg queren, wird der Boden fester. Da fliegt etwas Grüngoldenes auf. Eine Biene? Ein Käfer? Wohl ein Käfer, auch wenn mir der Flug bienenschnell vorkommt. Doch für eine Biene glänzt das Insekt zu sehr. Nach ein paar Metern Flug landet es mit einer flachen Kurve wieder auf dem Pfad. Büsche von Schneeheide, die sich auf den Wegrand vorwölben, nehmen mir die Sicht. Der Käfer, nun bin ich überzeugt, dass es einer ist, fliegt wieder ab, noch bevor ich ihn richtig sehen kann. Aber beim dritten oder vierten Versuch klappt es. Da steht er auf staksigen Beinen schräg hochgereckt und zum nächsten Blitzstart bereit. Kopf, Brust und die samtigen Flügeldecken schimmern grün. Zwei helle, dunkel umrahmte Punkte heben sich vom hinteren Drittel der Flügeldecken deutlich ab. Man könnte sie für ein Augenpaar halten. Plötzlich läuft der Käfer los. Und steht wieder. Er ist wohl knapp eineinhalb Zentimeter lang, also keiner der wenigen großen unter den mitteleuropäischen Käfern, aber doch so groß, dass man seine Gestalt betrachten und ihn ohne Lupe bewundern kann. Ein Feld-Sandläufer *Cicindela campestris*. Sandläufer sind besonders schnelle Käfer. Ihre Spezialität ist der zuvor beobachtete bienenartige Flug. Aber noch viel Faszinierenderes steckt in ihrer Lebensweise. Die Larven leben in Röhren im Boden, die sie als Fallgruben für Ameisen und andere kleine Beutetiere benutzen und bei Bedarf oben mit ihrem Kopf verschließen.

Während ich den Käfer betrachte, schiebt eine Zauneidechse den Kopf aus dem Heidekraut. Auch sie ist smaragdgrün, fast wie die Oberseite des Käfers. Doch was beim Käfer wahrscheinlich der Tarnung dient, drückt bei der Echse die Bereitschaft zur Paarung aus. Ausgewachsene Männchen signalisieren dies deutlich mit dem Grün an Kopf und Teilen des Vorderkörpers. Mit einem Ruck kommt der Minidrachen aus der Deckung und huscht auf die andere Seite des Pfades. Diese Bewegung veranlasst den Käfer erneut zum Auffliegen. Eine Hummel, samtschwarz mit rostrotem Körperende, nimmt von diesem Geschehen keinerlei Notiz. Sie fliegt die schwefelgelben Blüten der Spargelbohne an, die sich unter ihrem Gewicht nach unten neigen. Das ungewöhnliche Gelb lenkt meine Aufmerksamkeit auf eine Goldammer, die ganz in der Nähe ihr Lied singt; Strophe um Strophe und jedes Mal mit einem für viele schwermütig klingenden »Iizi« als Abschluss. Das Gelb der Goldammer ist satter als das der Spargelbohne, aber nicht so intensiv wie beim Gelbling, der nun vorbeigaukelt. Dabei stört dieser Schmetterling ein paar andere Falter mit Flügeln so blau, als ob sich in ihnen der Himmel zu spiegeln scheint. Kurz fliegen sie auf, tänzeln über der niedrigen, lückenhaft wachsenden Vegetation umher und lassen sich wieder nieder. Wenn sie nach der Landung die Flügel nach oben zusammenklappen, verschwindet das Blau wie ein Trugbild. Himmelblauer Bläuling heißt diese Art sehr treffend. Zu seiner Verwandtschaft gehören ähnliche Bläulingsarten, deren Raupen von Ameisen betreut werden. Die Raupen werden von Ameisen in den Bau getragen, nehmen den Nestgeruch an und ernähren sich so unbemerkt von Eiern und Larven. Im Gegenzug scheiden sie ein zuckerhaltiges Sekret aus, das die Ameisen schätzen. Nester von Ameisen bemerke ich nun alle paar Meter am Pfad. Eines hat offenbar vor Kurzem ein Specht durcheinander gebracht und Puppen herausgeholt, weil das Volk in scheinbar wildem Durcheinander die Schäden repariert. Wieder ein paar Schritte weiter fällt mir ein gut daumengroßes, sackähnliches Gebilde auf. Offenbar ist es innen hohl. Wie zufällig verteilt liegen die nadelartigen Blätter der Schneeheide und einige Erdkrümel auf der seidigen Hülle. Eine Sackspinne *Atypus affinis* hat diesen Fangschlauch gebaut, eine mit eineinhalb bis zwei Zentimeter Länge recht eindrucksvolle Spinne aus der weiteren Verwandtschaft der tropischen Vogelspinnen. Ihre mächtigen Kieferklauen sind parallel zueinander nach vorne gerichtet. Während ich den Fangsack betrachte, in dem die Spinne lauert, landet ein anderes Insekt auf meinem grünen Hemd. Gäbe es auf seinem flachen, ovalen Körper nicht am Hinterende eine von den Flügelspitzen gebildete, triangelförmige, glasige Stelle, ließe es sich mit dem Grün auf Grün kaum erkennen. Da hat es auch schon den Irrtum entdeckt und fliegt weiter – in den nächsten Wacholderbusch. Diese Wacholderwanze mit dem wissenschaftlichen Namen *Pitedia juniperina* ist darauf spezialisiert, an den Wacholderbeeren zu saugen. Gleich darauf ziehen kleine braune Schmetterlinge meine Aufmerksamkeit auf sich. Sie bewegen sich, als ob sie hüpfen würden. Die Unterseite der Hinterflügel trägt drei markante dunkle Ringe mit weißem Kern darin, an denen sie als Perlgrasfalter *Coenonympha arcania* zu erkennen sind. Perlgras und andere Gräser trockenwarmer Gebiete sind die Futterpflanzen ihrer Raupen.

Je wärmer es wird, desto mehr Insekten werden aktiv, während der Gesang der Vögel allmählich abnimmt. Inzwischen habe ich eine Stelle erreicht, an der ich weiß, dass ich genau hinsehen muss, um eine kleine Besonderheit aus der Welt der Orchideen zu finden, die Fliegenragwurz *Ophrys muscifera*. Sobald ich mich »eingeschaut« habe, übersehe ich sie auch nicht mehr; Dutzende stehen zwischen den Gräsern. Die kleinen Blüten fallen bei oberflächlicher Betrachtung nicht auf. Und wenn man sie sieht, könnte man sie für dunkle, längliche Insekten halten, die an einer zarten Pflanze sitzen. Das ist auch der »Trick« dieser Blüten. Sie wirken wie Insekten und locken damit die entsprechenden Artgenossen an. Bei der Landung, noch bevor sie bemerken, dass sie auf eine Attrappe hereingefallen sind, bekommen die Insekten die in Beuteln (Pollinarien) verpackten Pollen angeheftet, die sie, erneut getäuscht, zu einer anderen Blüte dieser kleinen Orchidee tragen. Die Spezialisierung geht sogar so weit, dass von der Orchidee Duftstoffe der betreffenden Insekten gebildet werden, welche die Lockwirkung verstärken und das Täuschungsmanöver noch wirkungsvoller machen. Die Ragwurz-Arten, wie sie so wenig schön genannt werden, treiben die Verbindung mit Insekten unter den Orchideen am weitesten. Der weitaus auffälligere Frauenschuh *Cypripedium calceolus*, der am Rand der Büsche blüht, fängt sich die zum Pollentransport benötigten kleinen Helfer in seinem gelben »Schuh«. Slipperartig sieht sie in der Tat aus, die Blüte, und »schlüpfrig« ist sie, wenn Insekten, angelockt vom strahlenden Gelb, an der Öffnung landen. Sie fallen hinein und erhalten darin die Pollensäckchen, die sie zur nächsten Frauenschuhblüte zu tragen haben. Wenige Schritte durch den Kiefernwald führen hinein in einen Kosmos von Leben, den man unter den einförmigen Kiefern und Wacholderbüschen zunächst gar nicht erwartet. Die Trockengebiete sind eine faszinierende Welt, in der sich das Leben der Insekten mehr als anderswo entfaltet. Sehen wir sie uns genauer an, die Kiefer als Baumart, den merkwürdigen Wacholderbusch, die Pilze und die Orchideen und das bunte Leben um sie herum.

Kiefern – die Nadeltragenden

Lichte, sandige Kiefernwälder sind die Heimat des Ziegenmelkers – ein Vogel, den kaum jemand gesehen hat, auch wenn sein Name nach wie vor ziemlich bekannt ist. *Caprimulgus* heißen diese Vögel wissenschaftlich und damit ist es gleichsam amtlich, dass sie Ziegen (lateinisch *caprae*) melken (*mulgere*). Das stimmt natürlich nicht. Griechische Ziegenhirten verbreiteten vor mehr als zweieinhalb Jahrtausenden die Mär von geheimnisvollen Vögeln mit riesigen Mäulern, die geisterhaft in der Dämmerung umherfliegen und den Ziegen die Milch nehmen. Eine gute Ausrede, wenn sie selbst die Übeltäter waren. So die Deutung des antiken Ursprungs eines klangvollen Namens. Und unter Pinien, den eindrucksvollen mediterranen Verwandten unserer Waldkiefern, gibt es auch heute noch die meisten Ziegenmelker. Die merkwürdige Verknüpfung einer Vogelart mit einem Baum eröffnet Einblicke in einen Typ von Wald, der früher viel verbreiteter war als gegenwärtig, einem Wald, in dem Licht und Sonne vorherrschen, nicht Schatten und Feuchte.

Hexenbesen – eine falsche Krone

Zwei frühe Eindrücke verbinde ich aus Kindertagen mit der Kiefer. In meiner niederbayerischen Heimat gab es nur wenige Kiefern im Wald, wohl weil der Boden dafür zu gut war. Die anspruchsvolleren Fichten gediehen dort besser. Eichen und Hainbuchen würden von Natur aus auf den eiszeitlichen Niederterrassen wachsen, die der Inn dort geformt hat. Eine hohe Kiefer ragte aus dem Fichtenwald heraus, durch den mein Schulweg führte. Sie dürfte wohl über 20 Meter hoch gewesen sein. Damit übertraf sie die Fichten, die sie umgaben, um wenigstens fünf Meter. Umso besser sichtbar war, was sie auszeichnete: Ihre gesamte Krone bestand aus einem kugelig-buschartigen Wuchs, der so dicht war, dass er wie eine kompakte Masse wirkte. Darunter gab es noch zwei oder drei schwache Seitenäste, an deren Enden die langen Kiefernnadeln in vielleicht faustgroßen, lockeren Büscheln wuchsen. Es sah so aus als ob diese kleinen Äste eine letzte Stütze für die große Knolle wären, falls diese dem Gipfel zu schwer würde. Als viele Jahre danach ein Sturm den Gipfel tatsächlich knickte, hielten die Äste darunter jedoch nicht stand. Der Stamm war nun wipfellos und wurde gefällt. Ich konnte mir keinen Reim darauf machen, was diese Gipfelbildung verursacht haben mochte. Eine Missbildung war es auf jeden Fall. Gebilde dieser Art nennt der Volksmund Hexenbesen. Ob jener Hexenbesen in der Kiefernkrone auch durch Befall mit einem Pilz der Gattung *Taphrina* ausgelöst worden war, wie bei Birken, an denen recht häufig solche »Besen« zu sehen sind, oder einfach eine Entwicklungsstörung, konnte ich nicht klären, weil die buschartige Wucherung einfach verheizt worden war.

Im Hexenbesen war die Wuchsform sehr stark verändert. Aber jeder Baum wandelt seine Gestalt während des Heranwachsens. Die jungen Kiefern lassen mit ihren langen, kerzengerade in die Höhe strebenden Mitteltrieben, von denen kranzartig die Seitentriebe abzweigen und sich wie Armleuchter nach oben biegen, nichts von der späteren Kronenbildung erahnen, die ihre Gestalt so bezeichnend macht. Die Nadeln tragenden Äste sitzen wie übereinander gestapelte Kissen obenauf, hoch emporgehoben von schlanken, häufig etwas schief gewachsenen Stämmen, deren Ausrichtung von Sonne oder Wind oder beiden Naturkräften bestimmt wird. Astlos bis zum Beginn der Krone ragen sie auf, auch dann, wenn sie in lockerem Bestand wachsen und genug Raum für Seitenäste gewesen wäre. Jede Kiefer wird dadurch zum unverwechselbaren Individuum und ist nicht einfach nur ein austauschbarer Teil eines Bestandes ihrer Art. Mit ihren Zapfen, die sie schon in viel jüngeren Jahren zu produzieren beginnt, verbindet sich die zweite lebhafte Erinnerung aus meiner Kindheit. Wir spielten Fußball mit den kleinen, länglich-kugeligen Dingern und übten damit eifrig das Zielen. Wer die Technik des zielgenauen Schusses mit der Schuhspitze beherrschte, hatte das Zeug zum Stürmer; jedenfalls zum Elfmeterschützen. Den Schuhen bekam das weniger gut, denn in den späten 1950er-Jahren waren viele Straßen noch Schotterpisten. Da war es besser, mit Kiefernzapfen als mit Steinen zu schießen.

Der Forst, den ich auf dem Schulweg täglich hin und zurück zu durchqueren hatte, war ein Fichtenforst und dementsprechend dunkel. Wie licht Kiefernwälder sind, lernte ich erst kennen, als ich in den 1960er-Jahren in die fränkischen Wälder kam. Sie sahen (und sehen) irgendwie merkwürdig aus: Gleichaltrige, in gleiche Wuchsform gezwungene und gleich hohe Kiefern stehen buchstäblich in Reih und Glied gerade so weit voneinander entfernt, dass sich die Kronen leicht berühren, aber Licht zum Boden durchdringt. Weit sieht man hinein in den Kiefernforst aus gelblich-hellbraunen Stämmen mit einer gut knöchelhohen, dichten Bodenschicht aus Heidelbeersträuchern. Wo Forstwege hineinführen, wird oft dumpf roter Sand sichtbar. »Steckerleswald« nennen die Franken diese Kiefernwälder. Ich empfand sie als Kontrast zum dunklen Fichtenforst und auch zum üppig wuchernden Auwald, den Wäldern, die mir von Kindesbeinen an vertraut waren. Dass es in diesem Steckerleswald einen geheimnisvollen Vogel geben sollte, der zu den ganz großen Raritäten zählt, konnte ich kaum glauben. Allein schon sein Name ist unglaubwürdig: Ziegenmelker.

Ziegenmelker – das Phantom der Dämmerung

Es war an einer Waldlichtung am Rand der Pockinger Heide im Sommer 1959. Der Jäger aus dem Nachbardorf, der mein Interesse an der Vogelwelt kannte, erzählte mir, dass er vor ein paar Tagen etwas für ihn Unerklärliches erlebt hatte: Er saß auf einem Hochsitz am Rand der Lichtung und wartete auf einen Rehbock. Vergeblich. Als es anfing, dunkel zu werden, wollte er sich aus der Lichtung zurückziehen. Da hörte er etwas, das ihn verwirrte. Es war ein trockenes Schnurren, das anschwoll, leiser wurde, sich wieder verstärkte und nicht aufhörte. Hölzern klang es, aber er sah niemanden. Noch war das Licht ausreichend, um mit dem Fernglas die Fläche gründlich absuchen zu können. Das Schnurren machte eine Pause, setzte wieder ein und schien lauter zu werden. Dann löste sich schattenartig ein Vogel aus der Lichtung, flog wie betrunken herum – und verschwand. Wohin, das konnte er nicht mehr sehen. »Wenn du magst«, meinte er, »gehe ich mit dir zum Hochsitz und lass' dir mein Fernglas da. Angst hast du ja keine!« Damals war ich zwar erst vierzehn, aber daran gewöhnt, in der Dunkelheit aus dem Auwald zurückzukommen. Und jetzt, im Juni, würde die Nacht besonders schön sein. Also machte ich mich am späten Nachmittag auf und genoss es, mit dem lichtstarken Fernglas des Jägers die Lichtung durchzumustern. Es gab Kaninchen und einen Fuchs, der sie blitzschnell zum Verschwinden in ihren Bauen veranlasste, einen vielstimmigen Vogelchor mit Beginn der Dämmerung und dann, tatsächlich, das merkwürdige Schnurren, als es dunkelte. Genau so, wie es mir der Jäger beschrieben hatte. Doch was kurz darauf am Hochsitz vorbeiflog, geräuschlos und schwebend, war eine Eule, eine Waldohreule, wie ich mit dem Fernglas noch erkennen konnte. Die, so meinte ich, hat der Jäger wohl auch gesehen. Aber kaum war die Eule auf die Lichtung hinausgeglitten, die sie in schaukelndem Flug dicht über dem lockeren Bewuchs absuchte, erhob sich ein anderer Vogel mit längeren, schmaleren Schwingen, gleichfalls schaukelnd und »geisterhaft«. Nach ein paar Augenblicken sackte er weg, landete offenbar am Boden und erhob sich nicht wieder. Gesehen hatte ich zwar fast nichts, aber das hölzerne Schnurren und das Flugbild konnten nur eines bedeuten, dass es ein Ziegenmelker gewesen war.

Zwölf Jahre später, als Student an der Universität München, erfuhr ich von den letzten Brutvorkommen des Ziegenmelkers in den Kiefernwäldern der Umgebung von Nürnberg. Ortskundige Ornithologen führten mich an die Stellen, an denen sie vorkommen, aber ich hatte kein Glück. Trotz meiner Bemühungen bekam ich den Vogel dort nicht zu Gesicht. Erst in den 1980er-Jahren glückte es mir dann in den Kiefernwäldern Südspaniens. Seine südamerikanische Verwandtschaft hatte ich 1970 in den Buschwäldern von Mato Grosso in Zentralbrasilien erlebt, und zwar gleich zu Hunderten. Was sie dort an bestimmten Stellen zu gewissen Zeiten in großer Zahl zusammenführte war das Schlüpfen von Termiten. Wenn gegen Ende der Trockenzeit die ersten warmen Schauer niedergingen, fingen die Termitenbaue in Mato Grosso zu rauchen an. So sah es zumindest aus, wenn die geflügelten Fortpflanzungsstadien der Termiten tatsächlich wie dicker Rauch daraus hervorquollen und in die Abendluft aufstiegen. Das bedeutete Schlaraffenzeit für die Nachtschwalben, wie die Ziegenmelker auch genannt werden. Mit weit aufgesperrten Mäulern flogen sie hinein in diese Schwärme ungiftiger Insekten und schlossen die Schnäbel nur, um von Zeit zu Zeit zu schlucken. Fledermäuse verschiedenster Arten umschwirrten sie dabei. Es gab mehr als genug für alle. Diese Erinnerungen wurden wach, als ich mit Freunden in den nordbayerischen Kiefernwäldern erneut nach Ziegenmelkern suchte. Und ich erinnerte mich auch an schwärmende Ameisen, die ich aus meiner Jugendzeit kannte. An den Rändern der Lichtung hatte es wie auch in einem nahen Waldstück viele Ameisenhaufen gegeben. Sie waren mir vertraut, weil ich dort am besten Schwarz- und Grünspechte beobachten konnte. Manchmal legten sich auch Eichelhäher mit ausgebreiteten Flügeln und gespreiztem Gefieder auf solche Ameisenhaufen und ließen sich, um Parasiten loszuwerden oder weil das für sie angenehm ist, mit Ameisensäure bespritzen. Dabei verdrehten sie die Augen und übersahen meine Annäherung, weil sie, wie ich durchs Fernglas erkannte, die Nickhaut geschlossen hatten, sodass ihre Augen milchig trüb aussahen. Die Ameisen sind aus jenem Wald »meiner Zeit« weitgehend verschwunden. Es gibt nur noch wenige große Haufen von Roten Waldameisen in unmittelbarer Nähe dichter Bestände junger Fichten. Dass die kleineren Rasenameisen dort früher schwärmten und wie Rauchsäulen aufstiegen lebt nur noch in der Erinnerung fort. Auch die Nachtschmetterlinge sind viel seltener geworden als früher.

Allmählich begann sich in meinem Kopf eine Vorstellung zu formen, warum es Ende der 1950er-Jahre noch Ziegenmelker im niederbayerischen Inntal gegeben hatte und weshalb sich die letzten Bestände ausgerechnet in den mageren, dürftigen Kiefernwäldern Frankens hatten halten können. Den Ameisen kommt dabei wahrscheinlich eine Schlüsselrolle zu. Sie kennzeichnen mit ihrem Vorkommen und ihrer Häufigkeit die kargen, mageren Lebensverhältnisse in der Natur. Über Wochen und Monate sammeln sie winzige Mengen verwertbarer Stoffe an, konzentrieren sie in ihren Nestern zu guter Nahrung und schwärmen im Frühsommer zu passender Zeit in großen Mengen. Die Ausfliegenden sind Geschlechtstiere, die neue Kolonien bilden können. Weltweit gesehen sind die Hauptlebensräume der artenreichen Familie der Ziegenmelker durch das Vorherrschen von Ameisen und Termiten gekennzeichnet. Aber bei uns würde das Schwärmen der Ameisen, so ergiebig es kurzfristig auch gewesen sein mag, nicht ausgereicht haben, um Ziegenmelkern ein erfolgreiches Brüten zu ermöglichen. Sie brauchen noch andere Insekten, und zwar solche, die sie in der Dämmerung im Flug fangen können. Das sind vor allem Schmetterlinge, deren Familien so bezeichnende Namen wie Eulen und Schwärmer tragen. Eulen(falter) sind Schmetterlinge der Kraut- und Wurzelschicht, weil ihre Raupen vornehmlich an niederen Pflanzen und Wurzeln leben. Sie fliegen in der Mehrzahl eher langsam, taumelnd, in der späten Dämmerung sowie in den frühen Nachtstunden. Das ist zwar auch die Zeit der Schwärmer, aber sie sind viel schneller, und gerade die großen, als Nahrung für Vögel ergiebigen Arten fliegen höher. Der lichte Kiefernwald »liefert« beide reichlich, die Eulen und die Schwärmer. Und weil die Stämme so weit auseinander, also »licht« stehen, bilden sie für die Nachtschwalbe kein Hindernis wie der an Artenzahl und Häufigkeit nachtaktiver Schmetterlinge ungleich ergiebigere Auwald, der aber weithin für einen Vogel von der Größe des Ziegenmelkers mit einer Spannweite von mehr als einem halben

Meter undurchdringlich ist. Also haben, so meine Schlussfolgerung, die Kiefernforste einst diesen mediterranen Vogel in die Regionen nördlich der Alpen gelockt, weil sie für die Dämmerungsjagd zwischen den Stämmen sowohl günstige Strukturen als auch durch den einheitlichen Bodenbewuchs hinreichend große Mengen von Eulenfaltern geboten haben. Die schwärmenden Ameisen mögen den Anreiz verstärkt haben und vielleicht sogar das Signal für die rechte Zeit zum Brüten gewesen sein. Denn die Insekten müssen besonders reichlich verfügbar sein, wenn die Jungen Futter brauchen. Das hölzerne Schnurren als Balzgesang des Ziegenmelkers hebt sich im Süden bestens ab vom Chor der Zikaden, die bis in die Nacht hinein schrillen. In unseren Wäldern ist ihr Getön nicht von Bedeutung; die Heuschrecken fiedeln viel später im Jahr und bei Weitem nicht so laut. Über den Vogel, um den sich seit alten Zeiten viele Mythen ranken, darunter auch jene vom Melken der Ziegen, bekam ich eine anfänglich noch vage, zunehmend aber bessere Vorstellung davon, was die Natur des Kiefernwaldes charakterisiert. Der Boden bleibt vielerorts sandig offen, sodass sich der rindenfarbene, extrem gut getarnte Vogel einfach auf sein Gelege niederlassen und brüten kann, ohne die Entdeckung durch Feinde befürchten zu müssen. Der sandig-trockene Boden bleibt warm bis tief in die Nacht hinein beziehungsweise erwärmt sich nach dem Abtrocknen rascher als ein lehmiger Untergrund nach einem Frühsommerregen. Zwergsträucher wie Heidelbeeren, Heidekraut und Schneeheide bilden die Vegetationsschicht am Boden, aus der die unverzweigten Stämme aufragen, bis sich oben die Kronen schirmartig entfalten und nicht wirklich schließen. Licht, Wärme, magere Böden und lockere Bodenvegetation bilden das, was das Leben im Kiefernwald ausmacht – und der Duft der Harze dazu. Ein Charakteristikum, auf deren Bedeutung ich später noch eingehen werde. Bleiben wir vorerst bei den dort lebenden Insekten. Allein von den Schmetterlingen, die wir doch meistens für zart und zerbrechlich halten, spezialisierten sich mehrere Arten auf die harten Nadeln von Kiefern. Mit Folgen!

Kiefernadeln – harte Kost für Spezialisten

Die Vorliebe vieler Menschen für Schmetterlinge teilen Förster und Waldbesitzer höchstens, wenn es sich um Tagfalter handelt. Bei den Nachtfaltern sind sie anderer Meinung. Sie halten diese für Schädlinge; nicht alle der mehr als 2.500 Arten, die es in Mitteleuropa gibt, aber alle, deren Raupen sich von Nadeln der Kiefern oder Fichten ernähren. So finden wir in Manfred Kochs Bestimmungsbuch der Großschmetterlinge Deutschlands bei der Forl- oder Kiefereule *Panolis flammea* die prägnant kurze Anmerkung: »Die Raupen treten in Kiefernwäldern auf Sandböden in mehr oder weniger langen zeitlichen Abständen verheerend auf.« Ähnliches ist zu lesen beim Kiefernspanner *Bupalus piniarius*: »… ist in den mittleren und nördlichen Gebietsteilen (Deutschlands!) ein gefürchteter Schädling, in mehr oder weniger langen Zeitabständen in Kiefernwäldern verheerende Raupen-Fraßschäden erzeugend.« Und für den Kiefernspinner *Dendrolimus pini* ist vermerkt: »in Kiefernwäldern in mehr oder weniger langen Abständen gefürchteter Schädling.« Der Kiefern-Prozessionsspinner *Thaumetopoea pinivora* trägt schon im wissenschaftlichen Artnamen die Bezeichnung »Kiefernverschlinger«. Sogar der große Kiefernschwärmer *Hyloicus pinastri* gilt als Kiefernschädling. Zu Recht: Bei einer Massenvermehrung 1991 im Hannoverschen Wendland fraßen seine Raupen die Wipfel von Kiefern kahl.

Bei der Länge und Härte der Kiefernnadeln verwundert es, dass Raupen von so unterschiedlich großen und untereinander gar nicht näher verwandten Schmetterlingen Kahlfraß verursachen und die Bäume zum Absterben bringen können. Der Kiefernspanner ist ein kleiner, zarter Schmetterling mit bräunlicher Flügelfärbung, schwachem Flug und schmalem Körper. Auch die Forleule gehört nicht gerade zu den großen unter den Eulenfaltern, ebenso wenig der Kiefern-Prozessionsspinner, der wegen seiner Raupenmassen und der Haare, die sie tragen und verlieren, besonders gefürchtet ist. Sie können heftige allergische Reaktionen auslösen. Prozessionsspinner heißen diese Schmetterlinge, weil ihre Raupen in größeren Gruppen zu vielen Hunderten oder Tausenden in Reih und Glied nebeneinander von Baum zu Baum wandern. Wer so eine »Prozession«

sieht, ahnt nichts Gutes für die Bäume. Weniger auffällig wird der größte unter den Kiefernspezialisten, der schwarzgraue Kiefernschwärmer, im Volksmund auch »Tannenpfeil« genannt, wohl wegen seines pfeilschnellen Fluges. Tannen bilden selten das Ziel seiner Raupen. Fichten schon eher, aber meistens findet man sie auf Kiefern, und zwar solchen, die als junge Bestände gleichen Alters in Schonungen wachsen. In meine Lichtfalle, mit der ich ein halbes Jahrhundert lang die Häufigkeit nachtaktiver Schmetterlinge und ihre Veränderungen mitverfolgte, flogen all diese Arten selten, weil es in der Nähe meiner Fangstellen nur sehr vereinzelt Kiefern gab. Als Lebendfang-Lichtfallen beschädigt der Fang die Schmetterlinge (und die anderen Insekten, die vom UV-Licht angelockt werden) nicht. Sie fliegen nach Auswertung des Nachtfangs am nächsten Morgen unversehrt wieder davon. Der Fichtenforst war also für die Kiefern-Arten offenbar doch keine Alternative, auch wenn die Raupen durchaus die Nadeln von Fichten und Tannen annehmen. Die langen harten Kiefernnadeln sind ihre bevorzugte Nahrung. In deren Verwertung sind sie so gut, dass diese Schmetterlinge immer wieder Massenvermehrungen zustande bringen, wenn die Witterung dazu passt – und noch einige weitere Umweltbedingungen stimmen. Denn das beste Wetter nützt nichts, wenn es nur wenige Gelege oder überwinternde Puppen vom Vorjahr gibt. Deshalb reicht das bloße Registrieren von Temperaturentwicklung, Niederschlagsmengen und -verteilung, Zahl der Frosttage oder besonders tiefer Temperaturen bei Weitem nicht aus, um die Bestandsentwicklung vorhersagen zu können. Die Vergangenheit wirkt stets mit. Dazu zählt die Häufigkeit dieser Schmetterlinge in den vorausgegangenen Jahren, die Kondition der Weibchen, die sich in Größe und Verteilung der Gelege äußert, und das Vorkommen von Parasiten und Krankheitserregern. Jahre mit sehr geringer Häufigkeit der Kiefernschmetterlinge sind auch schlecht für die entsprechenden Parasiten und so etwas wie eine Quarantänekur für Bakterien oder Viren, die Krankheiten bei den Raupen hervorrufen. Jahre mit mittlerer Häufigkeit bieten das Sprungbrett – oder auch den Schleudersitz – für Massenvermehrungen sowohl für die Schmetterlinge selbst als auch für ihre Gegenspieler aus der Welt der Mikroben.

Nur wenn alles zusammenpasst, kommt eine Massenvermehrung mit Kahlfraß zustande. Wer jetzt mit Gift eingreift, um seinen Kiefernwald zu retten, verschlimmert die Lage womöglich für das nächste Jahr, weil sich dann Parasiten und die Krankheitserreger nicht so stark ausbreiten können, dass die Raupenbestände zusammenbrechen. Wer aber nicht eingreift, riskiert den Kahlfraß und damit unter Umständen das Absterben der betroffenen Bäume. Welches Verhalten das bessere gewesen wäre, wird man erst danach wissen. Denn auch vom Wetter hängt sehr viel ab, doch das können die Supercomputer der Klimamodellierer ohnehin nicht vorhersagen. Den Waldbesitzern nützt es aber wenig, zu wissen (oder glauben zu müssen), dass sich die Mittelwerte des Klimas im Laufe der kommenden Jahrzehnte verschieben werden, wenn das Wetter von Saison zu Saison und von Jahr zu Jahr bestimmt, wie es mit dem Wald weitergeht. So hatte es im ersten Drittel des 20. Jahrhunderts mehrere Massenvermehrungen von Kiefern-Insekten in Nord- und Ostdeutschland gegeben. Sie waren genau studiert worden. Seit mehr als 100 Jahren ermitteln die Forstleute die Entwicklung der Bestände von Kiefernspanner, Forleule, Kiefernspinner und auch – anhand der in der Bodenstreu zu findenden recht großen Puppen – der Kiefernschwärmer. Doch zu verlässlichen Vorhersagen für die nächsten Jahre reichen alle gesammelten Erkenntnisse bisher nicht. Dabei möchte man meinen, solche Verhältnisse wären einfach: Eine Baumart, die Waldkiefer, eine Handvoll Schmetterlingsarten, allesamt Kiefernspezialisten, einige Parasiten, die von den Raupen und Puppen dieser Schmetterlinge leben – und die Witterung. Auf die Vögel als Helfer kann man leider kaum zählen. Sie sind viel zu langsam in ihrer Anpassungsleistung, insbesondere was die Geschwindigkeit der Vermehrung betrifft. Für verschiedene Vögel lohnt auch erst ein erhöhtes Vorkommen die Suche nach Raupen dieser Kiefern-Schmetterlinge. Reinbestände von Kiefern eignen sich außerdem nicht besonders für Vögel als Brutstätten. Es gibt zu wenig oder fast gar keine Bruthöhlen darin. Künstliche Nistkästen können zwar die Bestände von Meisen anheben, aber die so erzielbare Siedlungsdichte der nach Raupen von Kieferninsekten suchenden Kleinvögel bleibt dennoch zu gering für eine Kontrollwirkung. Denn es gibt noch weitere, den Forstleuten wohl bekannte Kiefernspezialisten aus der Insektenwelt. So zum Beispiel Kleinschmetterlinge, wie die Knospenwickler, oder die gefürchtete Kiefern-Buschhornblattwespe *Diprion pini*. Wer sich näher einzuarbeiten versucht in all die Insekten, die an Kiefern leben, gerät in eine verwirrende Vielfalt an Formen und Lebensstilen. Nachdem man eine erste Übersicht gewonnen hat, wundert man sich, dass Kiefernwälder überhaupt existieren, gibt es doch so gut wie nichts an diesem Baum, was nicht von Insekten verwertet wird. Auch von Pilzen, deren Tun im Verborgenen oft erst bemerkt wird, wenn es für den Baum schon zu spät ist. Und doch nimmt man so wenig von all den Tieren der Kiefern wahr, wenn nicht gerade einzelne von ihnen eine Massenvermehrung durchmachen und Kahlfraß verursachen. Die Gründe sind längst klar: Unsere Kiefernwälder sind in Reinbeständen gepflanzte Forste von Bäumen gleichen Alters und oftmals auch gleicher genetischer Herkunft (Klone). Das und nicht die Natur der Kiefer selbst macht sie so anfällig.

Vorsicht Schlangen

Nach frischer Nacht dauert es am Morgen einige Zeit, bis es wieder warm wird im Kiefernwald. Wo sich die Kronen der Bäume nicht zu einem schützenden Dach schließen, hält der Wald die Wärme des Tages weniger gut als in anderen Wäldern. Der Morgen ist daher die Zeit des Aufwärmens. Am besten geht das auf Pfaden, die von der Sonne direkt beschienen werden, denn dort verflüchtigt sich der Tau der Nacht am schnellsten. Eidechsen, Blindschleichen und Schlangen kennen dies. Sie machen sich auf den Pfaden so platt wie möglich bei ihrem frühen Sonnenbad. Früher schlugen die Menschen die Schlangen und alles Getier, was danach aussah, also auch die harmlosen Blindschleichen, aus einer dumpfen Angst tot, die aus Unkenntnis erwuchs. Immer noch können viele, wohl die meisten Menschen, die ungiftigen Schlingnattern nicht von den Kreuzottern unterscheiden. Aber man weiß wenigstens, dass heutzutage alle Schlangen geschützt sind. Sobald Menschen also eine Schlange auf dem Weg sehen, verlangsamen sie in der Regel ihren Schritt oder bleiben sofort stehen. Das reicht meist, dass die Schlange schnell das

Weite sucht. Blindschleichen tun sich schwerer und brauchen manchmal Hilfe. Diese beinlosen Eidechsen, die gar keine Schlangen sind, sind entweder kupferbraun oder blaugrau und an ihren »steifen« Bewegungen sogleich zu erkennen. Sie scheinen auch keinen Hals zu haben, denn ihr kleiner Kopf geht ansatzlos in den schlangenförmigen Körper über. Wenn man sie in die Hand nimmt, versuchen sie meistens erst gar nicht zu beißen. Ihr Maul öffnet sich dazu nicht weit genug und ihre Zähnchen sind zu klein. Sie benutzen eine andere, recht wirkungsvolle Verteidigung, und zwar den Inhalt ihres Enddarms. Wer diesen in die Hand oder auf die Kleidung gespritzt bekommt, riecht die Notwendigkeit zu intensiver Reinigung sofort. Packt man eine Blindschleiche am »falschen«, nämlich am hinteren Ende, bricht der Schwanzteil ihres Körpers unvermittelt ab. Wie ein dicker Wurm dreht und windet er sich lange weiter. Das lenkt die Aufmerksamkeit auf sich, während sich die stark verkürzte Blindschleiche davonzumachen versucht. Der Schwanz wächst ihr nach Eidechsenart wieder nach, wird aber als Ersatz (als Regenerat) später erkennbar bleiben. Am vernünftigsten ist es daher, die Blindschleiche nicht anzufassen, sondern umsichtig mit den Handflächen ins Dickicht zu lenken, weg von den gefährlichen Sonnenpfaden. Gefährlich sind sie tatsächlich geworden, auch für schnelle Ringelnattern oder für sensible Kreuzottern, die das Nahen von Menschen schon an den von Schritten verursachten Bodenerschütterungen spüren. Mit der neuen Gefahr tun sie sich schwerer – und sie ist meistens tödlich: Das Mountainbike ist der große Killer unserer Tage. Den Rädern fallen auf Waldpfaden mehr Kriechtiere und große Käfer zum Opfer als dem Autoverkehr auf den Straßen. Seit sich die Räder beim Überfahren von Baumwurzeln nicht mehr verbiegen und keinen »Achter mehr bekommen«, wie wir das früher nannten, gibt es kein Halten mehr. Vernunft und Umsicht fahren anscheinend nur ausnahmsweise mit, wenn Mountainbiker unterwegs sind. Die autolosen Pfade gehören ihnen, so sieht es aus. Nicht einmal Naturschutzgebiete bleiben von ihnen verschont. Ohne Kennzeichen kann man Radfahrer nicht ahnden, und wenn sie noch so rüpelhaft fahren. Manchen Bikern scheint es geradezu Spaß zu machen, Schlangen zu überfahren. Viele sehen zu spät, was auf den

Waldpfaden kriecht, weil ihre Blicke auf Hindernisse ausgerichtet sind. Radwege sind schmal und meist naturbelassen. Sie bilden keine Barrieren und laden Tiere zum Verweilen ein. Den Bau notwendiger Straßen verhindern Naturschützer oder zögern ihn auf viele Jahre hinaus. Gegen das Biker-Unwesen in der Natur unternehmen sie hingegen nichts. Denn Radfahren ist ja »umweltfreundlich«. Die tot gefahrenen »geschützten« Schlangen und all die anderen Tiere, die unter die Räder kommen, zählen nicht.

Das Sonnen nach kühler Nacht ist noch in weiterer Hinsicht wichtig für Blindschleichen, Waldeidechsen und Kreuzottern. Denn diese Kriechtiere legen keine Eier. Die schwangeren Weibchen halten die Jungen so lange in ihrem Körper zurück, bis sie sich fertig entwickelt haben. Dann werden sie geboren und die Eihäute ausgestoßen. Dieses Lebendgebären hat Vor- und Nachteile. Die Vorteile sind klar. Wer Eier legt, die von der Sonne »ausgebrütet« werden müssen, muss dafür geeignete Stellen suchen und finden. Der Boden darf nicht zu hart sein, da die Weibchen sonst keine Löcher graben können, aber auch nicht zu sandig-weich, weil es darin später für die Eier zu trocken wird. Zu starke Besonnung schadet ebenso sehr, wie zu viel Schatten die Entwicklung gefährdet. Mit den Eiern im Körper können die Weibchen ganz nach Bedarf sonnige Stellen aufsuchen, um sich und den Nachwuchs aufzuwärmen, oder an zu heißen Tagen in die angenehme Schattentemperatur ausweichen. Selbst für die Nacht ist es möglich, die günstigsten Orte zu wählen. Gäbe es nur Vorteile, sollten längst alle Kriechtiere bei uns zum Austragen der Eier im Körper übergegangen sein. Doch unsere häufigsten Arten, die Ringelnatter und die Zauneidechse, tun das nicht. Sie legen Eier und suchen nach den dafür geeigneten Ablageplätzen. Das ergibt sich aus den Nachteilen des Lebendgebärens. Die Eier belasten den mütterlichen Körper, und das umso stärker, je größer die Eizahl wird. Eine Ringelnatter kann Dutzende Eier in einen Haufen faulender Pflanzen legen, 20 bis 50 gelten als typische Menge, während es eine lebendgebärende Schlingnatter nur auf sechs bis 15 Junge, also kaum ein Drittel bringt. Das entspricht auch der Jungenzahl bei der gleichfalls lebendgebärenden Kreuzotter. Ähnlich verhält es sich zwischen der Eier legenden Zauneidechse und der lebendgebärenden

Waldeidechse. Die Zauneidechse legt zehn bis 14 Eier, die bei günstiger Temperatur von gut 20 Grad Celsius mehr als zwei Monate für die Entwicklung im Boden brauchen. Die Waldeidechse (auch Bergeidechse genannt, weil sie bis auf über 2.000 Meter Meereshöhe in Mitteleuropa und im Hohen Norden sogar bis an den Rand des Eismeeres vorkommt) bringt nur vier bis sechs, selten bis zu zehn Junge zur Welt. Verringerte Nachwuchszahl setzt höhere Überlebensraten der Jungen voraus, um in der Natur bestehen zu können.

Trächtigkeit macht langsam. Kreuzottern und Waldeidechsen mit »dickem Bauch« tun sich noch schwerer als unbelastete Männchen ihrer Art oder die Eier legenden Arten, beim Nahen von Gefahr rechtzeitig wegzukommen. Doch das Lebendgebären bringt den Vorteil, auch sonnenarme, nachtkalte Gebiete besiedeln zu können. Das Areal in Europa, in dem Bergeidechsen leben, ist viel ausgedehnter als das der Zauneidechsen. Zauneidechsen leben in wärmeren Gebieten, können dank größerer Eizahl Verluste schneller ausgleichen, Bergeidechsen profitieren in kälteren und feuchteren Regionen von ihrer Fähigkeit, mit dem Nachwuchs im Bauch die jeweils günstigsten Stellen aufsuchen zu können. Oft sortieren sich ihre Vorkommen schon auf engstem Raum. Die Zauneidechsen und Ringelnattern bewohnen die warmen Flusstäler mit lockeren Böden und vielen feuchtwarmen Plätzen, die Waldeidechsen und Kreuzottern die insgesamt kühleren Wälder, in denen sie sich, wie im Kiefernwald, aus der Mittagshitze zurückziehen. Wer sie beobachten möchte, sollte daher früh am Morgen anfangen, nach ihnen zu suchen, oder wolkige Tage mit mäßigen Lufttemperaturen dem »Schönwetter« vorziehen.

Dann gibt es mitunter höchst Eindrucksvolles zu erleben. So etwa, wenn nach der Überwinterung an gewitterschwülen Frühjahrstagen die Kreuzotter-Männchen ein Weibchen gefunden haben und um dieses miteinander kämpfen. Ihre Vorderkörper richten sie dabei schräg in die Höhe, umschlingen einander mit den hinteren Körperteilen und versuchen, den Gegner wie in einem Ringkampf niederzudrücken. Dabei kommt es zu Kopfstößen, aber nicht zu Bissen. Da sie immer wieder voneinander abgleiten, dauern solche Kämpfe mitunter stundenlang, bis der Unterlegene aufgibt und davonkriecht.

Kreuzottern kennzeichnet das braune bis schwärzliche, breite Zickzackband, das vom Kopf über den ganzen Rücken bis auf den Schwanz verläuft, oft aber, vor allem vor Häutungen, unscharf aussieht. Ihr Kopf, auf dem man ebenfalls so etwas wie eine Kreuzzeichnung erblicken könnte, setzt sich deutlicher und ausgeprägter dreieckig vom Körper ab. Klar erkennbar ist zudem der Übergang vom Körper in den Schwanzteil. Die Otter wirkt nicht annähernd so schlangengleich elegant wie eine Ringelnatter. Dennoch kommt es häufig zu Verwechslungen mit ihr und mit der dünneren Schlingnatter, zumal wenn die Menschen aus Schlangenfurcht nicht genau genug hinschauen oder von der flüchtenden Schlange nur das Schwanzende zu sehen bekommen. Am häufigsten wird die Schlingnatter mit der Kreuzotter verwechselt, weil sie tatsächlich ähnlich gezeichnet ist. Zudem droht diese Natter bei Gefahr mit aufgerissenem Maul oder mit Bissen, die jedoch harmlos sind, weil ihr Giftzähne fehlen. Die größten Schwierigkeiten bei ihrer Bestimmung machen aber die schwarzen Schlangen. Schwärzlinge gibt es bei den Ringelnattern und – noch viel häufiger – bei den Kreuzottern. Der Volksmund nennt sie »Höllenottern« und hält sie fälschlicherweise für noch giftiger als normal gefärbte. Schwarze Kreuzottern leben hauptsächlich in Hochmooren, wo auch einfarbig kupferbraune Formen vorkommen, und im Gebirge. Auch schwarze Ringelnattern findet man eher im Berg- als im Flachland. Die schwarze Färbung nimmt schneller Wärme an, wenn es morgens oder nach kalter Witterung darum geht, sich aufzuwärmen, und sie schützt gleichzeitig am besten vor gefährlicher UV-Strahlung. Diese nimmt mit der Höhenlage und in klarer, staub- und wasserdampfarmer Luft zu, weshalb auch wir Menschen bei Bergtouren viel schneller einen Sonnenbrand bekommen als im Tiefland.

Nun mag jemand einwenden, dass es Kreuzottern und Eidechsen auch in anderen Typen von Wäldern gibt. Das ist richtig. Aber Kiefernwälder bilden ihren wichtigsten Lebensraum, weil die Kiefern die Sonne bis ins Heidekraut durchdringen lassen. Sie schaffen das günstigste Kleinklima am Boden, wachsen oft auf Sand und bieten mit ihrem bodennahen Gestrüpp gute Deckung für die Kriechtiere. Gibt es aber auch genug Nahrung? Nicht immer, denn für Mäuse sind

Kiefernwälder nicht die besten Lebensräume, außer in Zeiten, in denen es viele Puppen von Kiefernschwärmern gibt. Nach diesen suchen die Mäuse gern, wie auch nach den Kiefernsamen, die aus den sich öffnenden Zapfen ausfallen. Kreuzottern jagen Mäuse, und zwar vornehmlich in der Dämmerung und nachts. Da kommt ihnen eine weitere Eigenschaft des Kiefernwaldes zugute. Der vom Tag erwärmte Boden hält die Wärme noch weit in die Nacht hinein. Die wechselwarme Schlange kann ihre Körpertemperatur, anders als die warmblütigen Mäuse, nicht selbst auf der optimalen Höhe halten und braucht die Wärme des vom Tage aufgeheizten Untergrunds. Wird es ihr zu kühl, wird sie träge und langsam. Zu langsam auch für ein blitzschnelles Zustoßen, mit dem sie der Maus das Gift einspritzt, das diese töten wird. Das bodennahe Kleinklima und die Struktur des Waldbodens bilden daher die Voraussetzung für das Überleben der Kreuzotter. Sogar die auf den ersten Blick ganz anders gearteten Hochmoore erfüllen die genannten Ansprüche. Sie wärmen sich zwar langsam auf, halten aber die Wärme, sodass sie im Spätsommer und Frühherbst, zu einer Zeit, in der die Jungen der Kreuzottern geboren werden, wärmer sind als die Fichtenwälder der Umgebung.

Doch nach und nach ändern sich die Verhältnisse, und das schon seit Jahrzehnten. Die Wälder, insbesondere die Kiefernwälder wachsen zu. Immer dichter wird die Bodenvegetation und immer feuchter und kühler wird es darin. Die wärmebedürftigen Arten verschwinden. Zwei Gründe sind für diese Entwicklung verantwortlich. Es gibt kaum noch, vielerorts überhaupt keine Beweidung der lichten Kiefernwälder mehr, die über Jahrhunderte die klaren Verhältnisse einer niederen, lückenhaften Bodenschicht aus Zwergsträuchern und den hochstämmigen Bäumen geschaffen hatten. Und die Wälder werden zunehmend gedüngt. Wind und Regen tragen Nährstoffe ein, die das Wachstum der Bodenvegetation begünstigen. Sie kommen oft nicht einmal aus der direkten Nachbarschaft, sondern von weit her, weil der Wind Pflanzennährstoffe einweht und der Regen diese wie Blumendünger als verdünnte Lösung niedergehen lässt. Und wie so oft sind die unsichtbaren Wirkungen die nachhaltigsten. Eine Lerche »beklagte« dies vor Jahrzehnten noch mit ihrem Lied. Sie ist inzwischen weithin verstummt.

Es war die Lerche – aber welche?

Waldlerche, »woodlark«, heißt sie im Englischen, Heidelerche ist ihr deutscher Name. Wald und Heide entsprachen einst einander; auf der Heide wurde das Vieh gehütet. Die Schafe weideten dort, wo der Wald schon stark aufgelichtet war, zusammen mit einer ganz anderen, über viele Jahrhunderte lang hoch geschätzten Art von »Vieh«, den Honigbienen, die Schweine und die Kühe hingegen in den noch stärker geschlossenen, gleichwohl aber lichten Baumbeständen. Die »Woad« und die »Hoad« klangen auch im bayerischen Heimatdialekt, mit dem ich aufwuchs, zum Verwechseln ähnlich; wie auch in der hochdeutschen Benennung die »Weidenröschen« und die »Heideröschen«. Die Weidenröschen *Epilobium* mit ihrer bekanntesten und (in Europa) am weitesten verbreiteten Art *Epilobium angustifolium*, dem Schmal- oder Weidenblättrigen Weidenröschen, erblühen jedoch nicht auf der (heutigen) Viehweide im offenen Grünland, sondern auf den Lichtungen im Wald, die Stürme gerissen oder die Menschen mit der Waldnutzung geschlagen haben. »Feuerkraut« ist eine andere, kaum noch gebräuchliche Bezeichnung dafür, weil die Weidenröschen bald nach Waldbränden und in der Nähe von Feuerstellen in dichten Stauden mit ihren purpurn getönten, roten Blüten »flammend« emporragen. Das Heideröschen *Daphne cneorum*, eine kleine, als Zwergstrauch wachsende Art aus der Verwandtschaft der Seidelbastgewächse, gedeiht am besten unter Kiefern und Wacholdern auf altem Weideland. Für Anfänger in der Botanik wie auch für Zoologen, die sich nachträglich mit der Pflanzenwelt näher vertraut machen möchten, wirken solche Namensgebungen konfus und eher verwirrend. Tatsächlich spiegeln sie aber frühere Verhältnisse, zu denen ihr heutiges Vorkommen nicht mehr passen will. Die Namen sind geblieben, wie oft die alten Hofnamen in den Dörfern auf dem Land, die sich als beständiger erweisen als die wechselnden, offiziellen Familiennamen der Besitzer. Heideröschen, Weidenröschen, Heidelerche, Heidekraut, Heidschnucken und Bienenweide, sie alle hängen zusammen. In ihren Namen liegt Vergangenheit. Ihre Zukunft ist günstigstenfalls unsicher, in unserer Gegenwart zumeist schon vorbei. Nur den Weidenröschen geht es besser, weil sie am wenigsten mit der Weide zu tun haben. Durch forstliche Nutzung der Wälder werden immer wieder Stellen geschaffen, an denen sie sich als Lichtkeimer rasch ansiedeln können. Sie werden ihre Samen ausstreuen für neu geschaffene Lichtungen, denn sie sind die Nutznießer dessen, was allzu behutsam eingestellte Naturschützer »Störstellen« nennen. Stellvertretend erblühen sie für viele andere Pflanzen, deren Namen weniger klangvoll sind und die wie sie auf die »Störungen« angewiesen sind. Wo aber die (vom Menschen vorgenommenen oder von ihm verhinderten) Eingriffe zu sanft werden, verschwinden sie.

Wie die Heidelerche. Inzwischen bedarf es besonderer Kenntnisse, um ihr Lied, ihr an das »Schluchzen« der Nachtigall erinnerndes »Lü-lü-lü-lü …«, noch zu Gehör zu bekommen. Kiefernaufforstungen und Kahlschläge in Kiefernwäldern waren bis vor wenigen Jahrzehnten ihr Reich. Dort schwang sie sich auf die Spitze kleiner Kiefern, fing zu singen an, wenn der Morgen graute, und stieg zu einem kurzen, aber sehr eleganten Singflug auf, wenn das Tageslicht die »Lichtung« (!) zu fluten begann. Sie trippelte mit ihrer lerchenhaften Eleganz über den sandigen Boden, folgte den offenen Wagenspuren und Forstwegen und fing gegen Abend erneut zu singen an, wenn die Schatten lang genug geworden waren. Sie war »die Lerche« nördlich der Alpen, bevor die Ackerbauern die Wälder rodeten und die offene Flur schufen. Danach erst kam ihre Verwandte, die Feldlerche aus den Steppen und Halbwüsten des Südostens nach. Die Erste war sie dennoch nicht, die jetzt so rar gewordene Heidelerche. Lange schon vor ihr lebte und sang die Ohrenlerche, so genannt wegen der schwarzen Spitzen, die sich den Oberkopf entlang über die Augen nach hinten ziehen und wie kleine Ohren abstehen. Sie war »die Lerche« der Eiszeit in unserem Land. Heute lebt sie in der baumarmen bis baumlosen Tundra mit ihrem schwingenden Boden aus Moos und Flechten im Hohen Norden. Sie wich zurück als nacheiszeitlich zuerst die Wälder und dann die Menschen vorrückten, die mit dem Weidevieh den Heidelerchen und mit dem Ackerbau den Feldlerchen das Land gestalteten. Ganz zuletzt, erst vor rund zwei Jahrhunderten, rückte die vierte Lerchenart nach Norden und Westen vor, die inzwischen wieder fast völlig verschwunden ist, die Haubenlerche. Stärker noch als die Feldlerche war sie mit dem Vieh verbunden, mit der Wanderschäferei und mit den Arbeits-pferden. Sie siedelte vornehmlich in den Dörfern, wo die Straßen staubig waren und graue Lerchen nicht auffallen. Sie hätte sich mit der Heidelerche gut vertragen, denn diese kommt dort vor, wo die Pflanzendecke am Boden dichter ist und Singwarten in Form ver-einzelt stehender Jungbäume vorhanden sind. Wie einst »auf der Heide«. Die Heidelerche hatte William Shakespeare wohl im Sinn, als er jenen weltbekannten Dialog in »Romeo und Julia« schrieb: »Es war die Nachtigall und nicht die Lerche, die Künderin des Morgens …«. Mit der Nachtigall hätten die beiden Verliebten das Lied der Heidelerche verwechseln können, nicht aber mit dem »unserer« Feldlerche. Sie singt so anders, dass der Vergleich keinen Sinn ergäbe. Und wo die Feldlerchen am frühen Morgen zum Sing-flug in die Höhe steigen, wird man kaum in nächster Nähe eine Nachtigall singen hören.

Als besserwisserische Anmerkung ist das nicht gemeint, zumal Shakespeare nicht überliefert hat, welche Lerche er wirklich im Sinn hatte, sondern als Hinweis darauf, dass wir die heutigen Verhältnisse nicht einfach zugrunde legen sollten, wenn es um das Verständnis von Schilderungen geht, die nur ein paar Jahrhunderte zurücklie-gen. Alles ist im Fluss. Zu viel kann sich verändert haben. Den Wald von früher gibt es nicht mehr und auch die Heide nicht, auch wenn man verschiedentlich versucht, den alten Zustand zu bewahren.

Es waren die Mäuler von Schafen und Ziegen, die aus der Wald-weide »Wald & Heide« gemacht haben. Es lag an alten bäuerlichen Nutzungsformen, dass uns gegenwärtig manche Landschaften so ur-tümlich und erhaltenswert schön vorkommen. Bei manchen Wald-bildern handelt es sich um Gebilde, die durchaus Bauwerken ent-sprechen, nur dass diese nicht aus Stein, sondern aus lebendiger Natur bestehen. Bauwerke lassen sich in ihrem ursprünglichen Zu-stand erhalten oder wieder zu diesem hin restaurieren. Die Natur lebt. Ihr Gestern ist vorbei, ihr Heute mögen wir als gut und richtig oder unschön und verbesserungswürdig einstufen, und ihr Morgen kann uns als Leitbild für ein Entwicklungsziel vorschweben. Die jungen lichten Kiefernforste, die Heidelerchen mit ihren Liedern erfüllten, waren aus forstlichen Maßnahmen hervorgegangen und nicht von Natur aus so. Die Lüneburger Heide war Laubwaldgebiet, bevor der hohe Holzbedarf die Wälder vernichtete und die Weidewirtschaft das Heideland schuf. Dazu passte die Kiefer besser als andere Waldbäume – und die stacheligen Wacholder, die den Mäulern der Schafe trotzten, noch viel besser. Davon mehr im nächsten Hauptabschnitt dieses Kapitels. Blenden wir zunächst noch einmal zurück zur Kiefer selbst.

Kiefernduft und Zwergenwuchs

Kiefernharz stellte in früheren Jahrhunderten einen wichtigen Naturstoff dar. Man gewann es dadurch, dass an den Stämmen der Kiefern in Brusthöhe mehrere schräge Schnitte gemacht wurden, die sich in der Mitte zu einem Harzgang vereinigten und in eine darunter hängend angebrachte Schale mündeten, in der sich das ausfließende Harz sammelte. Die Methode wurde noch zu Zeiten der Deutschen Demokratischen Republik in den Kiefernforsten Ostdeutschlands praktiziert. Neben anderen Produkten wurde aus dem Harz vor allem Terpentin gewonnen; ein Lösungsmittel, das zwar aus der Natur stammt, nichtsdestotrotz aber gesundheitsschädlich ist. Und umweltgefährdend dazu. Die farblose bis leicht gelbliche Flüssigkeit enthält Harzsäuren und sogenannte monozyklische Monoterpene. Aus Terpentinöl wird Kolophonium gewonnen. Der harzige Geruch des Kiefernwaldes, der sich in der Sommerhitze verstärkt und von vielen als Duft des Waldes hoch geschätzt wird, stammt nicht allein vom Harz, mit dem er bei Verletzungen freigesetzt wird, sondern auch direkt aus den Nadeln. Erzeugt wird er durch Fotosynthese, und zwar ursprünglich wohl durch das Überangebot an Lichtenergie. Diese muss die Kiefer irgendwie »abbauen«, um keine Schäden davonzutragen. Sie steckt die Energie in die chemisch aufwendige Bildung der Harze, die mehrfachen Nutzen haben: Sie bewirken sowohl einen Fraßschutz als auch eine Art Reparaturmechanismus, mit dem Schäden an Rinde und Nadeln wieder in Ordnung gebracht werden. Mit Harz können wir oberflächliche Wunden vor dem Eindringen von Bakterien schützen – auf dieselbe Art und Weise schützt sich auch die Kiefer vor zerstörerischen Pilzen und Bakterien. Das Harz der Kiefern entspricht daher auf pflanzliche Weise unserem Immunsystem zur Abwehr von Mikroben und dem Wundverschluss mit Blut durch seine Gerinnungsfähigkeit. Zudem stellt der hohe Harzgehalt auch ein Mittel dar, den Frostschutz zu verstärken. Waldkiefern halten Fröste bis unter minus 40 Grad Celsius aus, bei denen es Laubbäume wie Buchen zerreißen würde.

Überhaupt ist die Kiefer frostunempfindlich und hitzetolerant zugleich. Das hängt auch mit dem Aufbau ihrer Nadeln zusammen. Sie schränken den Verlust von Wasser sowohl bei Frosttrocknis als auch bei Hitze gleichermaßen wirkungsvoll ein. Sie könnte daher so etwas wie der Superbaum der Wälder der klimatisch warmen, gemäßigten und kalten Regionen sein. Dass Kiefern in verschiedenen Arten tatsächlich von der Tropenzone bis an den Rand der Kältesteppe vorkommen, bestätigt diese Einschätzung. Eine einzelne Art allein schafft das nicht alles. Die Karibenkiefer *Pinus caribaea* in den Tropen und die nordische Waldkiefer *Pinus sylvestris* winterkalter Regionen, die Zirbelkiefer *Pinus cembra* der alpinen Hochlagen und die als kriechendes Gestrüpp am oberen Ende der Waldregion oder als normaler Baum in Hochmooren wachsende Latsche *Pinus mugo* sind wie die Pinien *Pinus pinea* rund ums Mittelmeer Repräsentanten der noch weit vielfältigeren Gattung *Pinus*. Dass nicht sie, sondern die Fichte *Picea abies* die größten zusammenhängenden nordischen Waldflächen bildet, liegt an Unterschieden im Wachstum.

Kulturgeschichtlich wirkte die Kiefer über ganz Nordeurasien vom europäischen Westen bis zum Fernen Osten. Unzählige Rollbilder aus dem Alten China und aus Japan sind den Kiefern gewidmet. Man hat diesen Baum auf eigenwillige Weise insbesondere in Japan in Kultur genommen und so zurechtgeschnitten, dass sie alterte, ohne zu wachsen. Solche Bonsai-Kiefern entstanden jedoch auf ganz natürliche Weise im Wald an der Isar südlich von München, einem großen Naturschutzgebiet, das sich auf verschiedene Flächen erstreckt. Die anfänglich normal entwickelten, drei bis fünf Meter hohen Kiefern hörten ziemlich plötzlich auf zu wachsen. Sie veränderten ihre Wuchsform zwar in der typischen Weise vom jugendlichen »Armleuchtertyp« hin zum gealterten »Schirmtyp«, wurden aber nicht mehr höher und dicker. Sie sehen aus, als ob sie ihr Wachstum einfach eingestellt hätten, um so zu bleiben, wie sie sind. Seit Jahrzehnten verharren sie in diesem Zustand. In geringen Entfernungen von hundert Metern oder weniger stehen normale Kiefern als mächtige Bäume von eindrucksvoller Größe. Wo diese wachsen, gibt es zwischen den Stämmen zumeist hohes Gras, aber keine oder nur vereinzelt stehende Wacholderbüsche. Der verzwergte Kiefernwald hingegen ist ein Mischwald mit Wacholder, der Boden bedeckt von sehr viel Schneeheide *Erica carnea*. Auch der Wacholder wächst kaum weiter. Es muss also mit diesen Flächen etwas geschehen sein, das sich hemmend auf das Wachstum auswirkt. Stammquerschnitte an den Kiefern geben über den Zeitpunkt Aufschluss. Denn auf anfänglich normal breite Zuwächse der innen angelegten Jahresringe folgen nach kurzer Übergangszeit von wenigen Jahren nach außen sehr schmale Ringe, die schließlich auch mit der Lupe als solche kaum noch zu erkennen sind. Sie repräsentieren die letzten Jahrzehnte ohne Zuwachs. Verursacht wurden sie durch eine Maßnahme des Wasserbaus zum Schutz der Millionenstadt München vor Isar-Hochwässern.

Am Alpenrand, kurz vor Austritt der Isar aus den Bergen, war 1959 der große Sylvenstein-Speichersee fertiggestellt worden, der nicht nur rund 125 Millionen Kubikmeter Wasser aufnimmt, sondern auch das Geschiebe des Flusses, den Kies, zurückhält. Ohne diesen beständigen Nachschub arbeitete sich die Isar flussabwärts vom Sylvenstein immer tiefer in den Untergrund des Flussbettes ein. Als Folge davon sank auch der Grundwasserspiegel unter den angrenzenden Flächen. Wo die Kiefern ihr Wachstum einstellten, erreichen ihre Wurzeln das Grundwasser nicht mehr. Der Wald war zu trocken geworden; so trocken, dass die Kiefern heute gerade noch am Leben bleiben, der Wacholder gedeiht und die schon im Spätwinter rosafarben erblühende Schneeheide den Bodenbewuchs bestimmt. Die Eintiefung der Isar stabilisierte den Wald in seiner Struktur und konservierte Verhältnisse, wie sie vor rund einem halben Jahrhundert geherrscht hatten. Wo der Kiefernwald weiter wuchs, weil die Bäume von den Talhängen her genügend Wasser bekamen, sieht er völlig anders aus und zeigt damit im räumlichen Nebeneinander die Auswirkungen besonders deutlich. Ganz verhindern kann aber auch die Grundwasserabsenkung nicht, dass der Strom der Zeit weiterfließt. Wer diesen Trockenwald lange genug kennt, bemerkt die Veränderungen. Sie sind subtil, aber bedeutsam, vor allem für die Kleinen und Feinen der Pflanzenwelt. Davon gleich mehr. Vorher ist ein kurzer Blick auf den Wacholder angebracht, weil er zusammen mit den Kiefern das Waldbild prägt und ein wichtiger Zeitzeuge der Geschichte früherer Nutzung ist. Ohne diese gäbe es all die Raritäten nicht, die dort zu finden sind, die großen Enziane und die vielen Orchideen.

Wacholder – der Methusalem unter den Bäumen

Wacholder sind zum Anschauen, aber nicht zum Anfassen. Ihre spitzen Nadeln durchdringen die Kleidung mühelos, wenn sie nicht gerade aus Leder gefertigt ist. Lederne Handschuhe sind zum Pflücken der geschätzten Wacholderbeeren empfehlenswert. Das Weidevieh hält sich fern; es weidet um die Wacholderbüsche herum und schafft ihnen damit Licht und Raum. Wo Wacholder wächst, gibt es Weidewirtschaft – oder es gab sie in früherer Zeit. Denn ohne das Vieh, das alles übrige Buschwerk kurz hält und junge Bäume am Aufwachsen hindert, kann sich der Wacholder nicht behaupten. Die pflanzliche Konkurrenz lässt sich nicht ausstechen. Sie überwuchert ihn, nimmt ihm das Licht und im Wurzelraum die Nährstoffe. Wacholder wachsen langsam. Das ist der Tribut an die Sicherheitsvorkehrungen gegen das Gefressenwerden – eine Sicherheit, die weiche Nadeln nicht bieten könnten. Tatsächlich sind es auch die jungen Triebe, deren Nadeln noch nicht hart und stechend genug sind, die Ziegen abbeißen. Mancher Wacholderbusch bekam seine bizarre Form auf diese Weise.

Im Schwemmland zu Hause

Erste Eindrücke von diesem merkwürdigen Baum bekam ich in der frühen Jugendzeit beim Umherstreifen in den Auen des Inn. Dort würde man den Wacholder am wenigsten erwarten, gibt es doch Wasser in Hülle und Fülle. Au-Wald bedeutet dem Namen nach bereits Wasser-Wald. Und doch wuchsen einzelne Wacholder oder kleine Gruppen davon an bestimmten Stellen. Sie sahen alt und schäbig aus. Jahre später fand ich sie nicht mehr. Der Auwald hatte sie überwuchert. Da waren auch die Zeiten längst vorbei, in denen das Hochwasser ungehindert den Wald überflutet und sich nach Abfluss des Wassers Sand abgelagert hatte. An manchen Orten, wo die Seitenarme scharfe Kurven machten, wuchsen Sandbänke einst zwei bis drei Meter empor wie der Schnee in Wehen nach Winterstürmen. So waren entlang des Flusses immer wieder sandig-trockene Flächen entstanden, auf denen es im Sommer sehr heiß wurde. »Brennen« hießen sie in meiner Heimat, »Heißländs« weiter flussabwärts an der Donau im Österreichischen. Dorthin zogen früher die Schäfer mit ihren Schafherden, wenn sie das Flusstal entlang wanderten. Jahrhundertelang ging das so. Wahrscheinlich verfrachteten anfänglich Vögel keimfähige Wacholdersamen. Auch Schafkot mag seinen Teil dazu beigetragen haben, dass sie erfolgreich keimten und den benötigten Wurzelpilz fanden, mit dessen Hilfe sie sich hauptsächlich ernähren. Jedenfalls drängte die starke Beweidung mit Schafen und Ziegen den Jungwuchs beständig zurück, der auf den »Brennen« aufkam, weil der Auwald von den Rändern her unablässig vorrückte und ein feuchteres Kleinklima geschaffen hätte. Die großen Wacholderheiden auf der Schwäbischen und Fränkischen Alb und an zahlreichen weiteren Orten im sommerfeuchten Mitteleuropa kamen durch die Beweidung zustande. Ist es nicht erstaunlich, dass Schafe, deren Wildform, das Mufflon, im Mittelmeerraum vorkommt, mit ihrem Wirken in der Region des ursprünglich geschlossenen mitteleuropäischen Laubwaldgebietes hier neue Lebensräume schufen, die in ihrer Tier- und Pflanzenwelt nun wie Ableger der Mediterraneis wirken?! »Unser« Wacholder, *Juniperus communis*, wird dort zwar von anderen, nahe damit verwandten und noch hitzebeständigeren Wacholderarten vertreten, aber das sind Feinheiten. Für die Eidechsen und die Orchideen spielt das keine Rolle. Für sie zählen das Klima der Heide und ob die Böden sandig-sauer oder kalkhaltig-basisch sind. Unser Wacholder erreicht mit seiner sehr langen Pfahlwurzel auch tief liegendes Grundwasser. Er ist sehr beständig in der Trockenheit. Und er wird sehr alt. Bei verschiedenen Wacholderbäumchen wird ein Alter bis zu 2.000 Jahre angenommen. In Mitteleuropa könnte also manch knorriges Exemplar aus der Römerzeit stammen und die ältesten Eichen beträchtlich an Alter übertreffen. Den Wacholder »geschichtsträchtig« zu nennen, ist also keinesfalls übertrieben. Aus wahrscheinlich genau diesem Grund fällt es auch recht schwer, seinen Namen zu deuten. Wachholder, Wach(e)-Halter, hieß er auch und Machandelbaum. Mit den Kranichen brachte man ihn in Zusammenhang und mit Menschen, die schemenhaft herumstehen. Vor gut 100 Jahren erklärte Franz Söhns den Wacholder aus dem althochdeutschen *wehal*, das kräftig, lebensfrisch und immergrün bedeutete und im mittelhochdeutschen *wechalter* noch deutlich zu erkennen ist. Der Wacholder wurde daher als Lebensbaum angesehen, bevor die amerikanischen Thujen eingeführt wurden und an seine Stelle traten. Ihre weichen Nadelblätter sind viel angenehmer, wenn sie auf Friedhöfen oder als Heckenbäume gepflanzt werden. Dass der Wacholder im Österreichischen Kranawutstaude hieß, passt allerdings nicht zu der Deutung, dass Kran(e)wit, die andere Bezeichnung für den Wacholder, »Kranichholz« bedeutet haben soll, weil, wie Söhns schrieb (und leicht bezweifelte), »die Kraniche besonders die Beere desselben bevorzugen« oder doch »seiner kranichschnabelartigen Nadeln halber«? Im 14. Jahrhundert schrieb Konrad von Megenberg in seinem »Buch der Natur« sinngemäß, dass sich müde Wanderer beim Schlaf im Schatten des Wacholders wieder erholen. Wie sie das bewerkstelligt haben könnten, im winzigen Schatten eines schlanken, männchenartigen Wacholders zu schlafen, ist allerdings ebenso rätselhaft wie die anregende Wirkung der Wacholderbeeren (insbesondere im Gin, dem Wacholderschnaps) klar ist. Ob die fleischigen Beerenzapfen, die erst im dritten Jahr vollends reifen und dann weicher werden, jemals von Kranichen verzehrt wurden, ist zu bezweifeln. Das sehr gründlich recherchierte »Handbuch der Vögel Mitteleuropas« führt sie nicht als Kranichnahrung auf, wohl aber Heidel-, Moos- und Krähenbeeren sowie alle Sorten von Getreidekörnern. Wacholderbeeren wirken giftig, wenn sie in größeren Mengen genossen werden, und nur dann wären sie für Kraniche als Energiequelle sinnvoll. Das allmähliche Reifen vom harten grünen Kügelchen im ersten Jahr bis zu den wachsig blau bereiften, mit Fruchtfleisch umgebenen Zäpfchen im zweiten oder dritten Jahr entspricht ganz der Langsamkeit des Wacholders. Dass die nahe Verwandtschaft im Mittelmeerraum mehr Gift entwickelt, drückt sich vielleicht im römisch-lateinischen Namen *Juniperus* aus, der mit Fehlgeburt in Verbindung gebracht wird, obgleich auch der Ursprung dieser Bezeichnung im Dunkeln der Geschichte liegt. Wie immer macht erst die Menge das Gift. Was in geringen Dosen heilsam sein kann, wird in hohen Gaben tödlich. Der dem Wacholder verwandte, weniger stachelige Sadebaum *Juniperus sabina* diente früher regional als Mittel zur Auslösung einer Fehlgeburt – was nicht ohne Risiko für die Mutter war, wenn die Dosierung nicht genauestens passte. Der Aberglaube bemächtigt sich solcher Unwägbarkeiten. So hielt man in Altbayern früher die Wacholderbeeren und auch das Wacholderholz für besonders hilfreich gegen Zauberei. Man verwendete beides zum Ausräuchern von Zimmern und Häusern. Stecken aus Wacholderholz sollten die Milch, die zu Butter gerührt wurde, vor den verderblichen Einflüssen der bösen Nachbarin in der Zeit des Hexen-Unwesens schützen. Dass starker Wacholderschnaps gegen Cholera half, lässt sich besser nachvollziehen.

Wacholderbeeren – die verschmähte Frucht?

Dem Wacholder zugeordnet ist eine Vogelart, die Wacholderdrossel *Turdus pilaris*. Was hat sie damit zu tun? Wenig, was den Wacholder unmittelbar betrifft. Die Drosseln landen nicht gern auf seinen so stachelbewehrten Zweigen, haben von den Beeren nichts, weil diese zu einer Zeit reifen, wenn sie entweder noch nicht da sind oder frisch gemähtes Grasland zur Verfügung haben, auf dem sie viel besser nach Nahrung suchen können. In den 20 Jahren, in denen ich die Wacholderwälder an der Isar südlich von München aufsuchte, sah ich keine einzige Wacholderdrossel an reifen Beeren. Amseln gab es auch nur wenige, viel weniger als in der Stadt. Die großen Misteldrosseln zogen den Hochwald vor, was nicht ausschließt, dass sie, wie auch die Amseln, gelegentlich Wacholderbeeren verzehren. Nutzer muss es geben, sonst wären die »Beeren« nicht fleischig geworden. Für Nadelgehölze ist das untypisch. Hierzulande entwickeln nur die Eiben *Taxus baccata* fleischige Hüllen für ihre Samen, und diese werden tatsächlich sehr gerne von Amseln, Drosseln und anderen Vögeln verzehrt. Mit ihrem hellen Karminrot fallen sie viel stärker auf als die schwärzlichen Wacholderbeeren. Für diese kommen eher Finkenvögel mit kräftigem Schnabel, wie die Gimpel *Pyrrhula pyrrhula*, infrage. Aber hier gibt uns die Natur noch Rätsel auf. Außer Menschen, die die reifen Wacholderbeeren sammelten, schien sich kein anderes Lebewesen dafür zu interessieren. Die zu alt gewordenen Beeren schrumpften. Irgendwann fielen sie ab. Jungwuchs ging daraus nicht hervor. Die Samen brauchen wahrscheinlich die sogenannte Darmpassage, um keimfähig zu werden, wie viele andere Beeren tragende Sträucher und Bäume auch. Vermutlich waren Hühnervögel wie die Birkhühner die eigentlichen Nutzer der gereiften Wacholderbeeren. Das moderne Kulturland lässt diesen Raufußhühnern keinen Raum mehr im Flachland. Die Wacholderheiden, die es noch gibt, sind als Lebensraum zu klein für sie.

Zurück zu den Wacholderdrosseln. Krammetsvögel hießen sie im Volksmund; ein Name, der wie viele unter dem Einfluss der Vereinheitlichung verschwindet. Für den Vogel dürfte er treffender gewählt gewesen sein als die Verbindung mit dem Wacholder. Denn wenn das Krammet oder Grummet, die »Grün-Mahd«, im Herbst von den Wiesen geholt wird, ist die Zeit dieser Grünmahd-Vögel. In Schwärmen ziehen sie umher, suchen die frisch gemähten Flächen ab und halten nichts von Wacholdern. Sie landen lieber auf nicht stacheligen Eschen, Heckenbäumen oder in Obstgärten, wo hängen gebliebene Äpfel Nahrung bieten. Einzelne Vögel überwintern sogar, wenn viel Obst an den Bäumen geblieben ist, in den Dörfern und Stadtgärten. Im Wacholderwald traf ich sie auch im Winter nicht an. *Turdus pilaris* nannte sie der Vater der wissenschaftlichen Namensgebung, der Schwede Carl von Linné. Da heißt sie Drossel (*Turdus*) mit den Kügelchen (lat. *pila*; unser Wort Pille kommt davon). Das kann sich auf die Flecken an der Brust beziehen oder auf den bei östlichen Wacholderdrosseln beliebten Verzehr von rotbeerigen Misteln. In Mitteleuropa brüten die Wacholderdrosseln erst seit gut einem halben Jahrhundert. Vorher waren sie Durchzügler, vornehmlich im Herbst, aber auch im Frühjahr, wenn die Weiden schneefrei wurden. Im Englischen heißen sie »fieldfare«, die »Feld-Fahrenden«. Das passt ungleich besser zu ihrem mobilen Verhalten. Namen ändern sich, vor allem auch die darin mitschwingenden Bedeutungen.

Ein Pilz zieht um

Manchmal erschwert die Natur selbst die eindeutige Benennung. So treten im Frühjahr bei feuchter Witterung an manchen Ästen von Wacholderbüschen auffällige orangegelbe oder bräunliche Gebilde auf. Sie quellen aus dem dort deutlich verdickten Holz hervor. Aus der gallertigen Masse, die an einen Schwamm aus dem Korallenmeer erinnert, strecken sich zahlreiche »Hörner« empor, die gegabelt sein können. Bis zu zehn Zentimeter lang und zwei bis drei Zentimeter dick umgeben sie den Spross wie eine Manschette. Nach ein paar Tagen schrumpfen sie und verschwinden wieder. Später sieht man, so man das Phänomen kennt, nur an den Verdickungen und den feinen Löchern, die bei genauer Betrachtung zu sehen sind, dass hier der Pilz wohnt, der im April oder Mai, je nach Witterung, daraus hervorkommt. *Gymnosporangium* lautet sein wissenschaftlicher Gattungsname. Klingt fremdartig, hat aber mit Gymnasium zu tun. Denn *gymn(os)* bedeutet Griechisch »nackt« und das Gymnasium war im Klassischen Griechenland das Gebäude, in dem nackt geturnt wurde. Hier bei diesem Pilz bezeichnet der Gattungsname die Eigenschaft, dass die Träger der Sporen (Sporangium) offen, nackt, hervorkommen. Doch nicht mit dem wissenschaftlichen Namen verbindet sich das Besondere dieser Wacholder-Pilze, sondern mit ihrem weiteren Leben.

Was passiert, nachdem der Pilz verschwunden ist? Man könnte meinen, der Pilz ruht einfach bis zum nächsten Frühjahr. Aber so ist es nicht. Er hat andere Bäume infiziert, und zwar solche, die zu den Rosengewächsen gehören. Am auffälligsten wird der Befall, den die bräunliche, in ihren Auswüchsen stumpfere Art *Gymnosporangium sabinae* am Birnbaum verursacht. Auf der Oberseite der Blätter entstehen rötliche Flecken, die den Sommer über bis zu einem Zentimeter groß werden. Man könnte sie für erste Anzeichen beginnender Laubverfärbung halten, die zu früh einsetzt. Verfrüht fallen solche Blätter auch ab. Dann sieht man, dass auf ihrer Unterseite, genau unter den rötlichen Flecken, zahlreiche, zunächst warzenartige, dann kegelförmige Gebilde entstanden sind, deren Seiten sich streifenartig auflösen, an der Spitze aber geschlossen bleiben. Bei schwacher Lupenvergrößerung sieht das Gebilde eigentlich faszinierend aus, obgleich man das Gefühl hat, dass es »nicht gut sein kann« und es sich beim Verursacher um einen parasitischen Pilz handeln muss. Die Wahrnehmung wird durch diesen Eindruck beeinflusst. Wir empfinden die Gebilde als Wucherungen und mögliche Gefahr. Tatsächlich sind sie meistens harmlos. Sie schädigen nicht einmal den Baum oder den Fruchtansatz, es sei denn, der Befall wird extrem stark oder trifft schwache junge Birnbäume. Die kegelförmigen Auswüchse sind die »Gehäuse« der zweiten Form des Pilzes, der am Wacholder die bräunlichen, gallertartigen Auswüchse verursacht hat. Sie erzeugen »Sommersporen«, die neue Infektionen an Wacholder verursachen können und wahrscheinlich von Fliegen übertragen werden. Denn die Gebilde sondern zuckrige Substanzen ab, die Fliegen anlocken. Am Birnbaum trägt der Pilz nun die Bezeichnung Birnen-Gitterrost. Er wechselt gleichsam von seinem Winterlager im Wacholder zur Sommerform am Birnbaum und wieder zurück. Zweifellos ist es höchst erstaunlich, dass so ein Wirtswechsel zustande gekommen ist. Birnbaum und Wacholder scheinen nicht zusammenzupassen. Wenn wir aber die ursprünglichen Verhältnisse betrachten, die geherrscht haben, bevor die Menschen Wildbirnen zu Kulturformen züchteten, rücken beide Bäume einander nahe. Die Wildbirne *Pyrus pyraster* ist eine europäisch-südwestasiatische Baumart, die ursprünglich in klimatisch sommerwarmen, ziemlich trockenen Gebieten vorkam. Ihre Kurztriebe sind zu Dornen umgewandelt. Das zeigt die Anpassung an zeitweise heißes, trockenes Gelände ebenso an wie die Fähigkeit, damit zu starker Beweidung durch Tiere zu entgehen. Bevorzugt wuchs sie auf kalkhaltigem Untergrund in lichten Eichenmischwäldern und im Buschwerk auf felsigem Terrain. Mit dieser Charakterisierung rückt sie dem Lebensraum des Wacholders sehr nahe, dessen bevorzugtes Terrain – zumal im mediterranen Bereich – mit »Buschwerk auf felsigem Terrain« ziemlich treffend umschrieben wird. Im Unterschied zum Wacholder »arbeitet« der Birnbaum im Sommer intensiv, das heißt, die Fotosynthese läuft auf Hochtouren. Denn es werden Früchte, die Birnen, gebildet. Die Blätter sind dank des tiefreichenden Wurzelwerks des Birnbaums auch bei Sommerhitze gut genug mit Wasser versorgt. Das sind zweifellos günstigere Bedingungen für den Pilz zur Entwicklung der Sommersporen, als sie zur selben Zeit im Wacholder gegeben wären. Dieser bleibt dank seiner Nadeln auch im Winter »aktiv«, wenngleich schwächer als die Wildbirnbäume, und heizt sich im Sommer viel stärker auf. Das beeinträchtigt die Wasserversorgung im Wacholder im Sommer ähnlich stark wie die im Birnbaum im Winter, wenn er keine Blätter mehr trägt. Die heutigen Kulturbirnen unterscheiden sich längst stark von der Wildbirne. Ihre Blätter werden größer und bleiben weicher als die der Wildform. Angepflanzt in Kulturen oder bis vor wenigen Jahrzehnten noch als »Mostbirnen« in Alleen entlang der Straßen, waren sie von den Pilzsporen der Frühjahrsform, die vom Wacholder ausgehen, ungleich leichter erreichbar als unter natürlichen Bedingungen. Deshalb sind viele Wacholderbüsche in der Stadt ebenso vom Wacholderpilz infiziert wie die Birnbäume vom Gitterrost.

Enzian und Orchideen –
die Juwelen der Pflanzenwelt

Enzian und Edelweiß symbolisieren die imposante Bergwelt und Orchideen die Wunderwelt der Tropen. Beim Erwachen des Interesses an der Natur kommen sie uns zunächst unerreichbar vor wie Kostbarkeiten, die unter Verschluss gehalten werden. Ein Kriegsfoto meines Vaters, aufgenommen wenige Monate vor seinem Tod, zierte ein gepresstes Edelweiß, das er meiner Mutter nach Hause geschickt hatte. Er saß, das Fernglas in der Hand, auf einem Fels in einer Hochgebirgslandschaft. In einer solchen sah ich zweieinhalb Jahrzehnte später erstmals selbst Edelweiß. Und die großen blauen Kelche von Enzianen dazu. Ein Steinbock fraß mit sichtlichem Genuss Edelweiß im Gran Paradiso Nationalpark in Italien, dass Fetzen der weißfilzigen Blütenblätter aus seinem Maul fielen. Die Enziane rührte er nicht an. Sorgfältig vermied er sie, graste um jede Blüte herum, als wäre er sich ihres Sonderstatus als geschützte Art bewusst. Doch anders als das Edelweiß, das den hungrigen Mäulern von Gämsen und Steinböcken nur auf unzugänglichen Felsbändern entgehen kann, schützen sich die Enziane selbst. Sie sind giftig. Daher profitieren sie von der Beweidung, die andere Pflanzen trifft und ihnen damit Raum und Licht bringt. Ganz ähnlich verhält es sich mit den Orchideen. Auch sie enthalten Giftstoffe, die sie vor dem Verzehr durch andere bewahren, nicht aber vor den Mähmessern der Landwirtschaft oder der Überwucherung durch benachbarte Pflanzen, wenn Beweidung oder Mahd eingestellt werden. Wer so leben muss, bleibt selten. Aber wer so schön blüht, hat gute Aussichten, beachtet und geschützt zu werden.

In Berg und Tal zu Hause

Nicht nur die Existenz eines höchst ungewöhnlichen Pilzes ist mit dem Kiefern-Wacholder-Wald im bayerischen Alpenvorland verbunden, sondern es gibt darin auch die für viele Naturliebhaber schönsten Blumen. Ende April öffnen sich die großen blauen Blütenkelche der Stängellosen Enziane. Um die Wende zum Mai, bei kalter Frühjahrswitterung auch erst gegen Mitte Mai, blühen sie im Naturschutzgebiet Isarauen südlich von München zu Zehntausenden. Wer von diesem Vorkommen noch nie gehört hat, hält Enzian für eine typische Alpenblume, die lediglich auf Almwiesen blüht. »Edelweiß & Enzian« gelten gemeinhin als typische Alpenflora. Doch der Stängellose Enzian ist ein Artenzwilling. Bei der einen Art handelt es sich um den Clusius-Enzian *Gentiana clusii*, bei der anderen um den Koch-Enzian *Gentiana kochiana*, der recht ähnlich aussieht, aber mehr grünliche Beimischungen auf dem Blütenkelch hat. Während der Koch-Enzian nur auf Silikatgestein vorkommt, womit offenbar seine Ausbreitung ins Vorland eingeschränkt ist, gedeiht der Clusius-Enzian auf Kalkboden. Die Kalkschotter führenden Alpenflüsse wie Isar und Lech ermöglichen sein Vorkommen so auch außerhalb der Berge auf den spät- und nacheiszeitlichen Schotterebenen. Das Verbreitungsgebiet der großen blauen Enziane reicht daher am Lech entlang fast bis zur Donau und an der Isar über München bis Freising. München, früher als die Schotterebene noch großflächig Weideland, war geradezu von Enzianen umgeben. Heute existieren nur noch Restvorkommen. Die Bezeichnung »Garchinger Heide« weist darauf hin, dass dort früher Heide-, also Weideland war, wie auch südlich von München, wo die Enziane heute im Kiefern-Wacholder-Wald blühen. Es gibt sie nicht nur auf sehr trockenen, auch heute noch heideartigen Flächen, sondern ebenso auf Feuchtwiesen. Die großen Enziane sind nämlich gar nicht so anspruchsvoll, wie man meinen könnte, nur weil sie außerhalb der Berge eine solche Rarität sind. Der Boden sollte hinreichend kalkhaltig sein. Darum kommen sie auf feuchtem und vor allem kurzrasigem Untergrund auch in den sogenannten Kalk-Flachmooren vor. Sie brauchen Licht, damit sich ihre Blätter als kleine Rosette direkt auf der Bodenoberfläche ausbreiten können.

Gras und Buschwerk würden sie erdrücken. Wo dieses durch Beweidung entsprechend kurz gehalten wird, können sie überleben. Den Berg brauchen sie dazu eigentlich nicht, wie ihre Vorkommen im Alpenvorland beweisen. In den Alpen wären sie auch viel seltener, als sie es tatsächlich sind, hätte es nicht die schon seit Jahrtausenden anhaltende Weidewirtschaft gegeben. Sie schuf die Almen. Nach ihnen sind die Alpen benannt. Ihr Name bedeutet Hochweiden oder hoch gelegenes Weideland. Ohne das vom Menschen auf die Berge gebrachte Vieh gäbe es die Almwiesen nicht. Der Wald würde sie längst überwuchert haben. Das geschieht auch in unserer Gegenwart, wo die Almwirtschaft aufgegeben wird. Sie drückt die Waldgrenze je nach Lage um bis zu mehrere Hundert Meter tiefer, als sie von Natur aus wäre. Daher bedrohen Änderungen in der Bewirtschaftung, insbesondere die Aufgabe der Weidewirtschaft, die Alpenflora ungleich stärker als der Klimawandel, dessen Temperaturanstieg den Wald nur unwesentlich höher rücken lässt, weil die Mitteltemperatur pro hundert Höhenmeter Anstieg um rund ein Grad Celsius fällt. Selbst eine Drei-Grad-Erwärmung würde die Waldgrenze nicht nennenswert in die Höhe treiben, wenn die Almwirtschaft weiter betrieben werden würde. Mit welch unterschiedlichen Temperaturverhältnissen viele Alpenpflanzen bestens zurechtkommen, zeigen die Enziane und viele andere alpine Arten im Alpenvorland. Der Unterschied in den Mitteltemperaturen beträgt im Vergleich zu Alpenmatten auf 2.000 Meter Höhe mehr als zehn Grad. Die Erwärmung um ein Grad Celsius würde kaum Veränderungen mit sich bringen und den meisten Alpenpflanzen wenig nützen, aber sie auch nicht sonderlich in ihrem Bestand gefährden, weil die Tagesschwankungen der Umgebungstemperatur unvergleichlich größer sind. Die Spanne reicht von brennend heißen 40 Grad Celsius an wolkenlosen Sommertagen bis zu Nachttemperaturen unter dem Gefrierpunkt nach einem Temperatursturz. Die Jahresschwankungen fallen noch größer aus. Verglichen damit leben die Enziane im Wacholder-Kiefernwald draußen im Alpenvorland unter geradezu moderaten Bedingungen. Doch da diese Verhältnisse viele andere, wuchskräftigere Pflanzen entsprechend begünstigen, sind es die Konkurrenten, die Enzian & Co in die schwierigeren alpinen Hochlagen abdrängen, nicht die Möglichkeiten, die diese Pflanzen selbst hätten. Das ist keine graue Theorie. Jedes Alpinum in Botanischen Gärten ebenso wie die Erfahrungen bei der Anlage eines Steingartens im eigenen Hausgarten bestätigen dies. Die allermeisten Alpenpflanzen gedeihen und blühen, wenn man ihnen die Konkurrenz fernhält. Es kann allerdings vorkommen, dass ihre Farben nicht so intensiv werden wie im Hochgebirge. Das ist keine Täuschung, sondern die Reaktion der Pflanzen auf die schwächere UV-Strahlung im Tiefland.

Alpenblumen – Sinn von Form und Farbe

Die Farben der Blüten entstanden ja nicht, um sogleich Bienen oder andere Insekten anzulocken. Sattes, dunkles Blau oder kräftiges Rot sehen viele Insekten ohnehin nicht. Gelb und Ultraviolett, das wir nicht sehen, aber mit technischen Mitteln sichtbar machen können, sind – vereinfacht ausgedrückt – die Blütenfarben, nach denen sich die Insekten am besten richten können. Viele Blumen sind daher leuchtend gelb oder strahlend weiß. In diesem verbirgt sich für unsere Augen unsichtbar das UV-Licht, das Gelb bildet den besten Kontrast zum Grün für unsere wie auch für Insektenaugen. Rot und Grün können viele Lebewesen nicht unterscheiden – auch einige Prozent der Menschen, vor allem der Männer, weil ihnen ein besonderes Sehpigment fehlt, das Rot erkennt und von Grün abhebt. Das intensive Blau des Enzians sieht für Bienen, Hummeln und andere Insekten eher grau aus, aber es hebt sich deutlich vom Grün des Untergrundes ab.

Wozu ist es dann da? Wir sehen doch, dass die Enziankelche von kleinen Hummeln und auch von Bienen besucht werden. Sie bewirken die Pollenübertragung, wenn sie von Blüte zu Blüte fliegen. Mit etwas Mühe und Ausdauer gibt uns die Beobachtung der Enzianblüten die Antwort. Sie sind noch geschlossen, wenn frühmorgens die Hummeln auf Blütensuche ausfliegen. Erst im Lauf des Vormittags, je nach Bewölkung und Kraft der Sonne, öffnen sie sich. Da haben die pelzigen Hummeln schon viele Blütenbesuche hinter sich. Am Nachmittag beginnen sie bereits wieder sich zu schließen. So sind sie anders als die meisten anderen Insektenblüten nicht einmal die Hälfte der Zeit am Tag offen. Ihr Aufgehen hängt mit der Erwärmung zusammen. Das kräftige Blau nimmt viel Sonnenlicht auf. Nur die Strahlung im blauen Bereich wird reflektiert. Die langwelligen Strahlen, vor allem das Rot, wandelt die Blütenfarbe in Wärme, in das uns auch wohl bekannte Infrarot um. In der Enzianblüte wird es aufgrund dieser von den Farbstoffen bewirkten Umwandlung von sichtbarem Licht zu Wärme um mehrere Grad wärmer als in der Umgebung. Das kommt der Blüte selbst, der Pollenreifung und ihrer Entwicklung zugute, aber auch Insekten, die beim Aufzug von Wolken plötzlichem Schatten und starker Abkühlung ausgesetzt sind. Nektar bieten die Enzianblüten nicht viel, aber guten Unterschlupf, auch bei den häufigen Regen- oder Schneeschauern während des Bergfrühlings. Vielfach sah ich nach Abzug einer Gewitterwolke zahlreiche Hummeln und Wildbienen aus den Enzianblüten hervorkommen, als die Sonne wieder schien. Unten im Tiefland ist dieser Wärmeeffekt weit weniger bedeutsam als oben auf den Berghöhen. Die Insekten machten sich gewiss schon vor Jahrmillionen diese notwendige Wärmereaktion der Blüten zunutze. Vielleicht stand sie am Anfang der Entstehung von glockigen Blüten. Denn diese schützen auch die empfindlichen Blütenteile, den Fruchtknoten am Blütenboden, den Griffel, die Narbe und die Staubgefäße, vor den plötzlichen Unbilden der Witterung. Die Glockenblumen, die nach dem glockigen Bau ihrer Blüten ihre Familienbezeichnung erhielten, die Küchenschellen, die Enziane und andere Blüten gehören zu diesem Typ, während die freien, offenen Blütenscheiben, die sich zur Sonne hin öffnen, am besten zum beständigeren Klima im Innern der Kontinente passen. Sie brauchen länger, um sich zu schließen, und trockenes Wetter für das Reifen der Samen. Unser großer Enzian macht das auf seine Weise, wenn die Blütezeit vorüber ist. Dann schließen sich die Kelche, wachsen an den Stängeln noch ein Stück empor und verbräunen, sodass sie bald wie eine schlecht gedrehte, primitive Zigarette aussehen. Diese »Tüten« lassen keine Feuchtigkeit eindringen, halten das Innere warm, in dem sich die Samenreife vollzieht, und streuen dann bei trockenwarmem Wetter ihre vielen kleinen Samen aus. Das Wasser sommerlicher Starkregen schwemmt sie davon, Hochwässer von Bächen und Flüssen verteilen sie zusätzlich, und sicherlich waren auch die wandernden Schafe früher sehr wichtig für ihre Verbreitung.

In unserer Zeit befinden sich die außeralpinen Enzianvorkommen in einer besonderen, vielerorts kritischen Lage. Die Flächen wachsen immer mehr zu, weil sie nicht mehr beweidet werden. Sie vergrasen, weil auf dem Luftweg zu viele Nährstoffe in die mageren Böden gelangen, die früher der Schafbeweidung dienten, weil andere Nutzungen nicht produktiv genug waren. Durch Pflegemaßnahmen muss der Naturschutz die Beweidung ersetzen. Am besten gedeihen die großen Enziane aber, wo ein dichtes Netzwerk von Trampelpfaden den lichten Wacholder-Kiefernwald durchzieht. Trampelpfade von Menschen als Ersatz für solche, die über Jahrhunderte hinweg die Hufe von Schafen getreten und deren hungrige Mäuler die Vegetation daneben kurzgehalten hatten. Wo sich die Schneeheide zu stark ausbreitet, tun sich die Enziane schon schwer. Wo aber Gräser in dichten Beständen aufwachsen, haben sie keine Chance mehr. Und mit ihnen verschwinden die mit ihren klebrigen Blättern kleine Insekten fangenden Alpen-Fettkräuter *Pinguicula alpina*, der Blaugrüne Steinbrech *Saxifraga caesia*, der Kies-Steinbrech *Saxifraga mutata*, das Heideröschen *Daphne cneorum* und andere »alpine Pflanzen« der randalpinen Wacholderwälder – und besondere Orchideen.

Orchideen – filigrane Schönheiten

Noch mehr als die großen Enziane sind zahlreiche Orchideen auf offene, sonnige und vor allem nährstoffarme Stellen angewiesen. Auf solchen Wuchsorten bringt ihnen ihr Zusammenleben mit Wurzelpilzen die entscheidenden Vorteile gegenüber den »normalen« Pflanzen. Ohne die passenden Pilze könnten ihre staubfeinen Samen nicht einmal erfolgreich keimen. Vielleicht förderte der Dung der Schafe, den sie auf der Heide zwischen den Kiefern und Wacholderbüschen hinterließen, die Orchideen-Pilze stärker, als wir es gegenwärtig wissen. Denn Schafland ist Orchideenland. Auf diesen Satz können wir den Befund verdichten. Wo der Boden von Natur aus mager ist, wie auf den Schotterablagerungen der Alpenflüsse, auf denen sich noch fast kein Humus gebildet hat und wo die Schafbeweidung die Vegetation stark zurückdrängt, breiten sich die Orchideen aus. Auf erst wenige Jahre alten Kiesflächen am Inn zählte ich bis zu 30 blühende Breitblättrige Knabenkräuter *Dactylorhiza majalis* pro Quadratmeter, an den Inndämmen auf 200 Meter Dammseite über 1.000 Helmknabenkräuter *Orchis militaris*. Doch die besonders interessanten Arten der Gattung Ragwurz (*Ophrys*) gibt es in den lichten, mageren Kiefernwäldern. Sie imitieren mit dem Bau ihrer Blüten und dem Duft, den sie verströmen, bestimmte Insekten. Diese fliegen die Blüten an, um sich mit den vermeintlichen Artgenossinnen zu paaren, und bekommen dabei die Pakete von Pollen mit. So kommt eine gezielte Übertragung von Pflanze zu Pflanze zustande, auch wenn diese recht verstreut wachsen und schwer zu sehen sind. Besser als bei den kleinen Fliegen-*Ophrys muscifera* und Hummel-Ragwurzblüten *Ophrys fuciflora* lässt sich die Übertragung der Pollensäckchen bei den ebenfalls im Wacholder-Kiefernwald wachsenden, erheblich häufigeren und auffälligeren Sumpfwurzarten (*Epipactis*) beobachten. Wespen fliegen an die offenen, nur leicht helmartig ausgebildeten Blüten. Sie lösen bei der Landung den Klappmechanismus aus, der ihnen das gestielte Doppelpaket von Pollen hinter dem Kopf auf den Rücken drückt, und zwar so präzise, dass die Flügelansätze nicht getroffen und der Flug nicht behindert wird. Mit dieser, sogar mit bloßem Auge als hellgelbe Päckchen sichtbaren Fracht fliegen sie zur nächsten Sumpfwurz-Blüte. Verständlicherweise kann es dabei zu Fehllandungen kommen, wenn neben der weiß (und innen gelb) blühenden Sumpfwurz *Epipactis palustris* auch die dunkelrot-purpurn blühende *Epipactis atrorubens* oder die als »Grüner Sitter« bezeichnete, grüne *Epipactis helleborine* in der Nähe sind. Hybriden kommen vor allem zwischen der Braunroten Stendelwurz *E. atrorubens* und der Breitblättrigen Stendelwurz *E. helleborine* vor. Solche Mischlinge lassen sich dann nicht mehr eindeutig bestimmen. Viele Orchideen, insbesondere in den Tropen, gingen aus Kreuzungen hervor. Unsere drei heimischen Sumpfwurz- oder Ständelwurz-Arten weichen der Hybridisierung durch unterschiedliche Blütezeiten aus. Den Beginn macht im frühen Hochsommer die Gewöhnliche Sumpfwurz *E. palustris*, gefolgt von der Purpurroten, auf die schließlich zuletzt die Grüne *E. helleborine* kommt. Ihre jeweiligen Höhepunkte des Blühens liegen zwei bis drei Wochen auseinander – es sei denn, ungewöhnlicher Witterungsverlauf drängt sie verfrüht oder verspätet zusammen. Ihr Leben fügt sich in den Trockenwald aus zwei Gründen so gut ein: Als Orchideen sind sie konkurrenzschwach. Das Zusammenleben mit Wurzelpilzen verschafft ihnen nur unter den Bedingungen offener, sonniger Flächen mit geringer Konkurrenz durch andere Pflanzen, wie Gräser und Kräuter, die überlebensnotwendigen Vorteile. Und genau dieser Waldtyp ist besonders reich und vielfältig an Insekten, und das in jeder Zeit des Jahres, vom Vorfrühling bis zum Spätherbst. Den Anfang machen Bienen, die schon im Februar die blühende Schneeheide aufsuchen und mit ihrem Summen den feinen Unterton angeben, wenn die ersten Gesänge der Singvögel durch den Wald klingen. Auch im Spätsommer gibt es noch Bienen und Fliegen. Auf ihren Besuch sind die »Herbstenziane« (Deutscher Enzian *Gentianella germanica* mit zahlreichen violetten Blüten an einer Pflanze) eingerichtet, deren Blütezeit so spät im Jahr beginnt und mit dem feinen, vierstrahligen Fransenenzian *Gentianella ciliata* endet, der nicht selten noch Mitte Oktober blüht, wenn schon die ersten Nachtfröste übers Land gezogen sind. Er kann sich auch selbst befruchten und Samen bilden, wenn kein spätes Insekt mehr in seine Blüte kommt.

Der Trockenwald ist das Gegenstück zum feuchten Auwald, und zwar nicht nur weil der eine feucht und der andere trocken ist, sondern im Hinblick auf den Artenreichtum und dessen Ursachen. Im natürlichen Auwald sind es die Hochwässer, die mit ihren vielen, mehr oder minder unregelmäßigen Störungen und Zerstörungen eine so hohe Dynamik aufrechterhalten, dass dieser Waldtyp für Bäume und Büsche der artenreichste in der gemäßigten Klimazone Europas ist. Im Auwald gibt es auch die reichhaltigste Vogelwelt. Im Trockenwald ist es weniger das Fehlen von Wasser als vielmehr der Mangel an wesentlichen Pflanzennährstoffen, der mit geringem Artenreichtum bei Bäumen und Sträuchern eine besondere Artenvielfalt bei Insekten und bestimmten Pflanzengruppen wie etwa den Orchideen verursacht. Sind es dort die Störungen, die Vielfalt erzeugen, ist es hier der Mangel. Beide Befunde wollen nicht so recht in unsere Vorstellungswelt von Natur passen. Doch der Blick auf den dritten Grundtyp von Wäldern, nämlich jene, die zwischen Feuchte und Trockenheit im aus unserer Sicht »normalen Bereich« wachsen und geringere Probleme mit der Nährstoffversorgung haben, wird unser jetziges Zwischenergebnis bekräftigen.

Kapitel III

Mitte und Maß – die Faszination des Gewöhnlichen

Eine Reise in die Vergangenheit

Wenige Kilometer von meinem Elternhaus entfernt wurde in einer Kiesgrube ein ungewöhnlicher Fund gemacht. Beim Abbau von Schotter für den Straßenbau war man auf das Geweih eines Rentiers gestoßen. Die Bruchstücke passten gut zusammen, die Geweihform war leicht zu erkennen und dem Rentier eindeutig zuzuordnen. Den Kies aus der Grube hatte der Inn gegen Ende der letzten Eiszeit hier abgelagert. Das war vor über 10.000 Jahren. In tieferen, also älteren Schichten wurden auch die kiloschweren Zähne von Eiszeitelefanten und Schädel von Wollnashörnern entdeckt. Im niederbayerischen Hügelland südlich von Passau fand ich als Junge in einer anderen Kiesschicht aus braunrotem Schotter, die sich von der hellen des Inntals unterschied, Haifischzähne und Meeresmuscheln. Sie stammten, wie ich in der Schule erfuhr, aus der Tertiärzeit. Mit über 30 Millionen Jahren waren sie mehr als dreitausendmal älter als das Rentiergeweih.

Auch wenn die Zeitspannen meine jugendliche Vorstellungskraft überstiegen, formte sich schon ein vages Verständnis vom Fluss der Zeit und den Veränderungen, die hier stattgefunden hatten. Da reichte in der letzten Eiszeit ein gewaltiger Gletscher fast bis an den Rand des unteren Inntals. Der Fluss sah damals ähnlich aus wie von hier aus so weltferne Ströme in Alaska. Es gab nahezu keine Bäume, nur Zwergsträucher, Ufergebüsch und von Gräsern, Flechten und Moosen überzogene Flächen, auf denen Herden von Rentieren weideten. Riesige Bären, viel größer als die noch existierenden europäischen Braunbären, fischten in dem in viele flache Flussarme aufgeteilten Inn. Manche zogen sich zum Sterben in Höhlungen an den Uferhängen zurück. Ihre Knochen, die Schädel mit gewaltigen Kiefern, wurden im 18. Jahrhundert gefunden und die Bären den Fundorten gemäß »Höhlenbären« genannt. Im Eiszeitalter gab es bei uns auch Löwen und Wildpferde, Elche und Riesenhirsche – aber keine Wälder.

Vor gut 10.000 Jahren wurde das Klima plötzlich wärmer. Wie wir aus Eisbohrkernen wissen, die dem grönländischen Eis entnommen wurden, stieg die Jahresmitteltemperatur innerhalb kurzer Zeit um sechs bis zehn Grad Celsius an. Wahrscheinlich geschah das sogar in weniger als einem Jahrhundert. Die Eismassen der Alpengletscher schmolzen. Ihre Wasserfluten formten die Täler und gaben ihnen im Wesentlichen die heutige Gestalt. Die Hochwässer müssen nach heutigen Maßstäben gigantisch gewesen sein. Zurück ließen sie terrassenförmige Schotterfächer. Die letzte höhere Uferkante, die Niederterrasse, blieb die Grenze. Zwischen ihr und dem Fluss, der seinen Lauf vielfach wechselte, breitete sich nun die Aue aus. Auf dem vom Hochwasser nicht mehr erreichten Gelände entwickelten sich die Wälder. Vögel waren wohl von Anfang an schon da, denn die erste große nacheiszeitliche Waldzeit war die Haselzeit. Haselnussbüsche bestimmten das Landschaftsbild mehrere Jahrtausende lang, bis allmählich andere Baumarten vordrangen. Natürlich gehörten Birken und Weiden zu den ersten, die entlang der Flüsse siedelten, denn ihre Samen trägt der Wind über weite Strecken und das Wasser verfrachtet sie. Auch Erlen sind auf Wasser- und Windverbreitung angewiesen. In den ersten Jahrtausenden nach Ende der Eiszeit entwickelten sich die Wälder gemächlich, für menschliche Zeitspannen fast unmerklich. Menschen waren hier ansässig, wie auch schon während der Eiszeit. Sie jagten Wild und entwickelten eine bis weit nach Asien hineinreichende »Hirschkultur«, wie sie der berühmte »Hirschmensch« der französischen Höhle von Les Trois Frères im Midi repräsentiert. Ackerbau betrieben sie noch nicht. Dieser kam viel später, erst vor mehr als 4.500 Jahren, als Eichenwälder bereits große Teile Mitteleuropas bedeckten und die Gletscher in den Alpen bis auf winzige Reste verschwunden waren. Anstelle von eiszeitlichen Riesenhirschen *Megalocerus giganteus* durchstreiften nun Rothirsche *Cervus elaphus* die Wälder, in denen auch das Urrind, der Auerochse *Bos primigenius*, lebte und zur Paarungszeit brüllte. Es gab Wildpferde *Equus ferus* vom Waldtyp – die Steppenwildpferde hatten sich nach Innerasien zurückgezogen – und den Wisent *Bison bonasus*, die europäische Schwesterart des nordamerikanischen Bisons *Bison bison*. Die vorgeschichtlichen Wälder waren also keineswegs frei von Großtieren (»Wild«), sondern reichhaltiger als die heutigen.

Als vor etwa 5.000 Jahren nach und nach Menschen in Familiengruppen von Südosten her einwanderten, lösten sie in Mitteleuropa die erste große Veränderung in der Natur aus. Sie brachten Vieh mit und führten den Ackerbau ein. Mit Feuer und Axt wurde gerodet, das Land, wie es bis vor Kurzem noch hieß, »urbar« gemacht. Viele Anzeichen sprechen dafür, dass sie Bucheckern mitgebracht und die Rotbuche heimisch gemacht haben. Damit begann die Buchenzeit. Sie erreichte ihren Höhepunkt mit der größten Ausdehnung von Buchenwäldern in Europa zu Beginn der Vorherrschaft der Römer zwei Jahrhunderte vor unserer Zeitrechnung. Doch mit der Völkerwanderung 200 bis etwa 700 nach Christus änderten sich die Verhältnisse. Die Verschlechterung des Klimas hin zu kälterer, feuchterer Witterung, die in weiten Bereichen Nord- und Nordosteuropas sowie im nördlichen Westasien die Menschen zum Auswandern zwang, begünstigte ein halbes Jahrtausend lang Bäume, die in nasskalter Witterung gedeihen. Die Wälder rückten vor. Die Darstellung des Römers Tacitus, der zur Zeitenwende in seinem Werk »Germania« von »finsteren Wäldern« schrieb, hätte in den Jahrhunderten danach, während der Völkerwanderung, besser gepasst. Sie ging zu Ende, als sich das Klima erneut besserte und die Mittelalterliche Warmzeit einsetzte. Das »Mittelalterliche Klima-Optimum« wurde sie sehr zutreffend genannt, weil es den Menschen in den fünf Jahrhunderten von der Reichsgründung der Franken in der Mitte des achten Jahrhunderts bis gegen 1350 vergleichsweise gut ging, sodass die Bevölkerung stark anwuchs. Wälder wurden im Laufe der Jahrhunderte gerodet, immer zahlreicher Städte gegründet und unter Führung der Klöster Sümpfe und Moore trockengelegt. Dann schlug die Pest zu. Zwischen 1347 und 1351 raffte sie rund ein Viertel, gebietsweise fast die Hälfte der Bevölkerung dahin. Entsprechend sank der Bedarf an Landbau zur Sicherung der Ernährung. Die zeitgleich einsetzende Verschlechterung der Witterung, heute unter dem Namen »Kleine Eiszeit« bekannt, zwang zur Aufgabe zahlreicher Siedlungen, die zu »Wüstungen« wurden. Die Winterkälte erreichte im 16. und 17. Jahrhundert ihre Tiefpunkte. Der Bodensee fror 28-mal zu, während er im halben Jahrtausend davor nur viermal total vereiste und das seit 1800 lediglich dreimal geschah. Entsprechend änderte sich das Waldbild hin zu den frostharten Nadelbaumarten, insbesondere zur Fichte, während fast gleichzeitig verstärkte Holznutzung einsetzte. Große Teile der Alpen wurden regelrecht entwaldet, weil Holz für die Erz-, Salz und Kohlegruben, zum Hausbau und zum Heizen benötigt wurde. So wurde der Wald erneut zurückgedrängt, und das in einer Zeit, in der eigentlich günstige Wachstumsbedingungen herrschten. Zudem war mit der Entdeckung Amerikas eine neue Möglichkeit entstanden: Europa konnte seinen »Menschenüberschuss« in die Neue Welt schicken, was sich insbesondere in drei großen Auswanderungswellen im 19. Jahrhundert äußerte. Die Zeit der Globalisierung begann.

Würden wir die Ereignisse im Zeitraffer mitverfolgen, liefe ein Film ab, der nacheiszeitlich mit langsamen Veränderungen beginnt, sich immer mehr beschleunigt, bis sich in unserer Zeit die Ereignisse geradezu überschlagen. Als sich der Ackerbau in Mitteleuropa etabliert hatte, wurden die Buchen in vielen Wäldern die Hauptbaumart. Ihre Früchte, die Bucheckern, waren vielfach wichtiger für die Schweinemast als das Holz. Zu starke Auflichtung vertragen aber ihre Bestände nicht, wie ich noch darlegen werde. Eichen halten sich besser in parkartig lockeren Beständen. Sie liefern dann auch am meisten Eicheln, die wiederum der Schweinemast im Wald zugutekommen. Je nach Niederschlagsverhältnissen und Region begünstigte das in die Wälder getriebene Vieh den Buchen- oder den Eichenwald. In warmen, niederschlagsarmen Jahrhunderten erwiesen sich die Eichen als vorteilhaft, in feuchteren und kühleren die Buchen. In kalten wie in der »Kleinen Eiszeit« brachten Fichten Vorteile – auch in Regionen, in denen viel Holz gebraucht wurde, etwa zum Salzsieden oder zum Bau von Bergwerksstollen. Eine »stabile Natur« gab es in historischen Zeiten nie. Auch die Wälder haben ihre höchst wechselvolle Geschichte. Erhöht hat sich jedoch über die Zeiten hinweg das Tempo der Veränderungen. Ein »richtiger Zustand« lässt sich daher für unsere Wälder nicht festlegen. Weder gab es ihn im späten 18. und frühen 19. Jahrhundert, zur Zeit der Romantik, noch irgendwann früher. Daher wird auch der nachfolgende Blick auf Lebensweise und

Geschichte von Fichten, Eichen und Buchen, den Hauptbaumarten, die unter mittleren Lebensbedingungen gedeihen, weder von
einer guten alten Zeit berichten, noch ein Vorbild dafür geben,
wie es immer war und ob es in unseren Wäldern wieder so werden soll.

Fichten – unterwegs im finsteren Tann

Sie haben drei Freunde, unsere Fichten, aber ihr Ansehen ist seit Jahrzehnten im Schwinden. Naturfreunde und Naturschützer möchten sie am liebsten zurück in die Hochlagen der Gebirge und in die nordischen Nadelwälder verbannen, zurück in ihre Heimat, aus der sie geholt wurden, um im Flachland möglichst rasch wieder möglichst ertragreiche Wälder aufzubauen. Dass sie tatsächlich in den gepflanzten Wäldern, in den Forsten, bestens gediehen, trug ihnen die Freundschaft der Holzwirtschaft ein. Etwa zur selben Zeit im 18. und frühen 19. Jahrhundert setzte sich die Verwendung junger Fichten als Weihnachtsbäume durch. Die Anfänge des Christbaums reichen zwar weiter zurück bis ins frühe 16. Jahrhundert, aber es brauchte seine Zeit, bis sich der Brauch durchsetzte. Als der »Tannenbaum«, wie er in Liedern besungen und auf dem Land vielfach immer noch genannt wird, in den neuen Fichtenwäldern im Flachland allgemein verfügbar geworden war, hatte er als Christbaum seinen zweiten, der Zahl der Menschen nach viel größeren Freundeskreis gefunden. Doch viel länger schon, seit vielen Jahrtausenden, schätzen besondere Vögel die Fichten; Vögel, die durch Überkreuzung der Schnabelspitzen einzigartig sind. Sie ist also nicht nur ein Ärgernis für Freunde von standortgerechten Mischwäldern, die Fichte. Der in unserer Zeit fast verachtete Baum hat seine Qualitäten.

Zapfenlese – Leben mit dem Wald

In den Jahren nach dem Zweiten Weltkrieg war Brennholz rar. Die Förster gaben Lesescheine zum Sammeln von Zapfen aus. Ein oder zwei alte Kartoffelsäcke voll durften es werden, mehr nicht. Meine Mutter nahm mich mit, da ich noch klein war und leichter ins Dickicht hineinkriechen konnte. Der Wald reizte mich, obwohl er so düster war, weil ich hoffte, ein Reh oder gar einen Hirsch sehen zu können. Dass es im Forst in der Nähe meines Heimatortes keine Hirsche gab, wusste ich nicht. Rehe schon, aber die ließen sich leichter draußen auf den Fluren beobachten. Kroch ich ins Dickicht, »schreckten« sie laut und erschreckten mich sehr, während sie hörbar, aber für mich unsichtbar davonliefen. Auf diesen Streifzügen je ein Waldtier gesehen zu haben, kann ich mich nicht erinnern. Meine Freude war groß, wenn ich eine blau und schwarz gezeichnete Eichelhäher-Feder fand. Oder eine Wildtauben-Feder mit breiter schwarzer Endbinde und weichem Saum. Ich nahm jede Feder mit und legte mir eine Sammlung an.

Ob mein Beitrag zum Zapfensammeln ergiebig war, weiß ich nicht. Vielleicht nahm mich die Mutter auch nur mit, weil sie mich nicht zu Hause allein lassen wollte oder auch um selbst nicht allein im Wald zu sein. Das Sammeln von Himbeeren, Heidelbeeren und Pilzen war mir jedenfalls viel lieber. Doch »pilzetauglich« wurde ich erst in der Jugendzeit. Mein Großvater vermittelte mir die entsprechenden Kenntnisse. Noch etwas anderes lernte ich in der Kindheit, etwas, das sich auf die Wärme der Wohnstube im Winter auswirkte. Die Zapfen wurden gesammelt, weil sie sich frühmorgens beim Einheizen leicht anzünden ließen und rasch ein heißes, wärmendes Feuer ergaben. In manchen Jahren ließ sich der Zapfenvorrat rasch sammeln; ein paar Nachmittage im Wald genügten. In anderen waren die Zapfen so selten, dass wir kaum welche fanden. Die Mutter beklagte das und meinte, andere Leute hätten sie uns schon weggesammelt. Sie beschwerte sich beim Förster. Dessen Erklärung, dass es eben heuer wenig Zapfen gäbe, wollte sie nicht so recht glauben. Er schlug vor, stattdessen die kleinen Zapfen der Kiefern zu sammeln, und erklärte, wo wir im Wald danach suchen sollten, was meine Mutter aber nicht verstand, weil sie die forstliche Unterteilung des Waldes in »Schläge«, also in Bewirtschaftungsflächen bestimmter Abgrenzung, nicht kannte. Die kleinen Kiefernzapfen – »Reigerl« im Volksmund – mochte sie wohl, aber davon bekam sie weit weniger an Gewicht in den Sack als bei den kompakten, viel größeren Fichtenzapfen, die üblicherweise Tannenzapfen genannt wurden. Mir waren die Reigerl lieber, weil sie bei Weitem nicht so stark harzten wie die Fichtenzapfen. Nach einem Sammelnachmittag waren meine Finger so mit Harz verklebt, dass ich sie kaum wieder strecken konnte, wenn ich eine Faust gemacht hatte. Irgendwann hörte sich das Zapfensammeln auf, vermutlich weil es zum Anheizen Reisig gab, das wir aus dem Auwald bekamen. Von dort stammten auch die Erlen und Pappeln, die mit Handsägen in die passende Scheiter-Länge von etwa 35 Zentimetern geschnitten und mit dem Beil zerteilt werden mussten. Das Reisig wurde ebenfalls gehackt; es war wohl billiger zu bekommen, wenngleich mühsamer zurechtzumachen. Mit den Zapfen hatte ich eineinhalb Jahrzehnte lang nichts mehr zu tun. Lediglich auf die besonders geformten, sehr langen und wegen ihrer Seltenheit in unserem Wald für mich eindrucksvollen der Weymouthskiefern achtete ich, wenn ich zum Pilzesuchen in den Forst ging.

Dann kamen eines Winters Eichhörnchen ins Dorf, dunkelbraune bis fast schwarze. Sie kletterten in die Haselnussbüsche und zum Futterhaus hoch, das für die Vögel mit Sonnenblumenkernen beschickt war. Manchmal hüpften sie sogar aufs Fensterbrett und schauten in die Küche, um gleich wieder die Flucht zu ergreifen. Ich legte ihnen halb geöffnete Walnüsse hinaus und konnte sehen, wie sich die Eichhörnchen mit dem Buntspecht darum zankten, der auch ein regelmäßiger Gast am Futterhaus war. Das war Anfang der 1960er-Jahre. Ein Jahrzehnt verging. Die Eichhörnchen ließen sich nicht mehr sehen. Sie waren nur einen Winter lang im Dorf zu Gast gewesen. Außer mir fütterte wohl niemand die Hörnchen, und das war zu wenig. Vielleicht fiel so manch eines auch dem extrem kalten Winter von 1962/63 zum Opfer, der von Ende November bis in den März hinein Dauerfrost brachte. Wochenlang sank die Temperatur nachts auf unter minus 20 Grad Celsius. Schneestürme fegten durch die Dörfer. Es gab über einen Monat lang kein offenes Wasser mehr, denn alle Teiche, Bäche und Flüsse waren wie sämtliche Seen im nördlichen Alpenvorland mit Eis bedeckt. Die Episode mit den Eichhörnchen vergaß ich. Doch im Winter 1972/73 kamen sie dann wieder. Dieses Mal waren es wahrscheinlich noch mehr als gut zehn Jahre vorher, denn nun waren sie überall in den Dörfern zu sehen. Sie holten sich den ungesalzenen Speck, der für die Meisen aufgehängt worden war, erkletterten die inzwischen verbreiteten Futterhäuschen, und manch eines kam unter die Räder, weil nun viele Autos auf den Dorfstraßen fuhren. Wieder waren es ausschließlich dunkle Eichhörnchen. Und nun wusste ich genug. Im Sommer und Herbst 1972 hatte ich bei der Pilzsuche massenhaft Fichtenzapfen im Forst gesehen. Überall lagen sie am Boden, niemand holte sie mehr. Es gab solche, deren Zapfenschuppen in bezeichnender Weise aufgedreht waren, aber viele lagen geschlossen unter den Bäumen. Stellenweise hätte man sich auf ihnen rollend fortbewegen können, so dicht lagen sie. Und als der Winter kam, hörte ich immer häufiger markante Vogelrufe aus den Baumkronen: »Gipp, gipp, gipp ...«. Kreuzschnäbel waren da, Fichtenkreuzschnäbel. Zusammen mit den Eichhörnchen schlugen sie ein spannendes Kapitel zum Geschehen im Wald auf. Es hatte ein »Mast-Jahr« gegeben, ein Super-Mastjahr sogar. Eines mit besonderen Auswirkungen.

Alle elf Jahre wieder – Überfluss zum Schwelgen

Fichten bilden nicht alle Jahre gleichmäßig Zapfen aus. Bei Waldspaziergängen sieht man oft nur wenige, mitunter auch mehr und dann wieder sehr viele. Genaue Registrierungen zeigen, dass es alle drei bis vier Jahre reichlich Zapfen gibt, aber nach einem »Zapfenjahr« fast keine mehr. Im darauf folgenden bleibt der Ansatz auch noch gering, fällt aber schon deutlich besser aus, und erst im dritten oder vierten Jahr fruchten die Fichten wieder stark. Aber nach drei bis vier solcher normaler Zyklen kommt das »große Jahr« zustande. Es beginnt damit, dass Anfang bis Mitte Mai dichte gelbe Schwaden durch die Fichtenforste ziehen. Der Wind verweht sie übers Land. Bis in die Städte können die gelben Massen kommen. Nach kurzen Regengüssen schwemmt sie das Wasser zu dicken Schichten am Straßenrand zusammen. Seen und Teiche in Waldnähe bedeckt das

Gelb, das aus nichts anderem besteht als aus den Pollen der Fichten. Glücklicherweise wirkt er nicht annähernd so stark Allergien auslösend wie Gräser- oder Birkenpollen. Am Höhepunkt des Blühens können kleine Windböen so dichte Massen an Blütenstaub über die Waldstraßen wehen, dass die Sicht beeinträchtigt wird. Das Phänomen geht rasch vorbei. Den Sommer über ist nicht mehr viel vom Super-Mastjahr der Fichten zu merken. Doch mit fortschreitender Jahreszeit werden die Zapfen auffällig. Im Winter biegen sich die Gipfel unter der braunen Last. Es kommt vor, dass sie ein Wintersturm bricht oder sie durch Schneedruck abgerissen werden. Und weil nun in den Zapfen die Samen reifen, bricht für manche Tiere eine Zeit der Fülle an. Die Nutznießer unter den Säugetieren sind Eichhörnchen und Mäuse. Erstere holen sich die reifenden Zapfen gleich, Letztere warten ab, bis immer mehr zu Boden fallen. Die Hörnchen machen sich immer seltener die Mühe, den Zapfen ganz aufzuarbeiten. Sie werfen ihn halb oder nur zu einem Drittel verwertet zu Boden und holen sich neue. Die Mäuse, Rötelmäuse *Clethrionomys glareolus* vor allem, aber auch Wald- und Gelbhalsmäuse *Apodemus sylvaticus* und *Apodemus flavicollis*, die im Winter oft in die Häuser übersiedeln, wenn sie draußen nicht mehr genug Nahrung finden, beißen die Zapfen am Boden auf, um an die nahrhaften Kerne zu kommen. Ähnlich wie die uns geläufigeren Pinienkerne enthalten die Fichtensamen keine Gift- oder Abwehrstoffe. Sie sind wohlschmeckend und daher sehr begehrt. Die Säugetiere bilden aber nur einen Teil der Nutzer, und zwar jenen, der sich eher opportunistisch verhält. Eichhörnchen wie Mäuse können von vielerlei pflanzlichen Stoffen leben.

Ein Hauptnutzer aus der Vogelwelt, der Buntspecht, zerlegt die Zapfen in Fugen, in die er sie hineinklemmt, die sogenannten Spechtschmieden. Mit den Füßen festhalten kann er sie nicht. Meterlange Reihen von Zapfen, die in klaffenden Rindenrissen stecken, können auf diese Weise zustande kommen. Auch Häher gehören zu den Abnehmern. Sie hacken ebenfalls mit ihren kräftigen Schnäbeln auf die reifenden Fichtenzapfen ein, um an die Samen zu kommen. Die eigentlichen Spezialisten aber sind die Kreuzschnäbel, insbesondere die Fichtenkreuzschnäbel *Loxia curvirostra*. Als Kleinste in der

Nutzergruppe der Vögel müssen sie, um erfolgreich bestehen zu können, zwangsläufig besser sein als die viel größeren und stärkeren Konkurrenten. Wie sie das machen und worin ihre besonderen Fähigkeiten liegen, wird im nächsten Abschnitt behandelt. Verweilen wir vorher noch ein wenig bei zweien der hauptsächlichen Nutznießer.

Eichhörnchen und Buntspechte

Beide sind typische Waldbewohner, nutzen die unterschiedlichsten Waldtypen, aber auch Parkanlagen und Gärten in den Städten. Auf Zapfen sind sie nicht spezialisiert, auch nicht auf Nüsse, die sie auf ihre Weise geschickt zu öffnen vermögen. Ihre Nahrung beschränkt sich auch nicht auf pflanzliche Kost. Die Spechte schlagen mit ihren meißelartigen Schnäbeln die Rinde von Bäumen und sogar das Holz auf, um darunter oder darin lebende Käferlarven herauszuholen. Tierisches Eiweiß ist das und eine ergiebige Quelle von Energie lieferndem Fett. Recht ähnlich verhalten sich die Eichhörnchen in der Nahrungswahl. Sie brauchen aufgrund ihres schlanken Körperbaus und der Tatsache, dass sie nur eine immer wieder unterbrochene Winterruhe halten können, besonders im Winter fettreiche Nahrung als Energiequelle. Nüsse enthalten zwar auch Proteine, aber um Nachwuchs zu bekommen, reicht die pflanzliche Kost für die Weibchen nicht aus, und so tun sie sich auch an Vogeleiern und kleinen Jungvögeln gütlich. Im Winter decken sich die Nahrungsansprüche von Buntspecht und Eichhörnchen recht stark. Folglich reagieren sie auch ähnlich auf die Zapfen- oder Nussernte des betreffenden Jahres. Und ganz entsprechend verhalten sich die im Nadelwald lebenden Angehörigen beider Arten anders als die Artgenossen, die Laubwälder, Parkanlagen oder Gärten bewohnen. Denn im Nadelwald, insbesondere im Fichtenwald, gibt es unterschiedlich gute Zapfenernten. Sie beeinflusst die Kondition der Spechte und der Hörnchen. In Jahren mit vielen Zapfen kommen sie gut durch den Winter, der in doppelter Weise Herausforderung und Engpass wird, nämlich direkt durch die Kälte, die umso mehr energiereiche Nahrung erforderlich macht, je tiefer die Temperaturen fallen und je länger der Frost andauert, und indirekt über die

Konkurrenz untereinander. Je mehr Hörnchen und Spechte von derselben Nahrungsmenge leben müssen, desto knapper fällt der Anteil aus, der dem einzelnen Specht oder Eichhörnchen bleibt. Nach guten Wintern nehmen ihre Bestände zu, weil mehr Junge zur Welt kommen und Jungspechte ausfliegen als nach schlechten. Aber auf die Samenjahre folgen solche mit sehr geringem Zapfenansatz an den Fichten. Die Verknappung kostet vielen Tieren das Leben und zwingt zum Auswandern, wo das möglich ist.

Daher kommen nach guten Zapfenjahren Eichhörnchen wie Spechte vermehrt in die Dörfer und Städte, wenn diese nahe genug an Fichtenwäldern liegen. Der entstandene Überschuss versucht sich in der Menschenwelt durchzubringen. Bei den Spechten lässt sich dieser Zuzug nur durch genauere Ermittlung der regionalen Häufigkeit und ihrem jeweiligen Vorkommen in Wald und Siedlungen feststellen. Bei den Eichhörnchen sehen wir es direkter. Die aus den dunklen Fichtenwäldern stammenden tragen fast ausschließlich ein dunkelbraunes bis schwarzbraunes Fell, während die Laubwald- und Park-Eichhörnchen überwiegend oder gänzlich zum hellen rotbraunen Farbtyp gehören. Hörnchen dieses Typs wandern weit weniger als die dunklen, weil in ihren Lebensräumen die Nahrung Jahr für Jahr gleichmäßiger verfügbar ist. Der Fichtenzyklus wirkt so bis in die Dörfer und Städte hinein, und das ganz besonders stark nach jenen außerordentlichen Jahren mit extremer Zapfenbildung. Wie diese zustande kommen, warum es nach drei bis vier Zyklen normaler Art mit starkem, fast keinem und mäßigem Zapfenansatz in der Jahresfolge zu den herausragenden Zapfenjahren kommt, wird im übernächsten Abschnitt erläutert. Zunächst sind die kurzfristigen Folgen wichtig.

Das »Auswandern« der Eichhörnchen und Spechte drückt aus, dass die Verfügbarkeit der Winternahrung entscheidend ist für ihre Bestandsentwicklung. Beide können dem Auf und Ab nicht direkt, sondern nur mit Verzögerung folgen. Infolgedessen sind sie auch nicht in der Lage, einen Großteil der Fichtensamen zu verzehren, weil nach einem Jahr des Mangels und ein oder zwei mäßig ergiebigen ein gutes Jahr folgt, in dem es mehr Zapfen gibt, als zu verwerten sind. Der Wechsel, der Zapfen- oder Fruktifikations-Zyklus, wie er forstlich genannt wird, verhindert eine allzu starke Vernichtung der Samen. Er lässt sich daher als Anpassung der Fichten verstehen. Der Wechsel zwischen reichen und schwachen Samenjahren kommt ihnen zugute als Mechanismus, der ihren Aufwand für die Samenbildung lohnt. So lautet in Kurzform die gängige Interpretation. Sie kann stimmen, muss es aber nicht, denn Fichten werden mehrere Hundert Jahre alt. Sie brauchen keineswegs alljährlich Erfolg. Im Endeffekt würde es reichen, eine weitere Fichte als Nachwuchs erzeugt zu haben, wenn der Mutterbaum aus Altersgründen stirbt oder durch andere Naturkräfte zugrunde geht. Der Aufwand, alle drei oder vier Jahre viele Zapfen anzusetzen, erscheint doch recht groß im Vergleich zu den Aussichten, die die Samen haben. Zudem schwächt das Fruchten die Bäume. Sie brauchen Zeit, um die Stoffe, die für die Zapfen- und Samenbildung nötig sind, wieder zu ersetzen. Wenige Samen alljährlich zu erzeugen und das in so geringen Mengen, dass es sich für Eichhörnchen und Spechte nicht lohnt, danach zu suchen, könnte die einfachere Lösung der Problematik sein – möchte man meinen, zumal die Nutzer zwischenzeitlich auf andere Nahrungsquellen ausweichen oder ihre Bestände durch Abwanderung verringern. Zudem fruktifizieren die Fichten großräumig im gleichen Rhythmus und nicht etwa zufällig zu verschiedenen Zeiten in unterschiedlichen Regionen. Somit wäre es vorstellbar, dass der zyklische Fruchtansatz andere Ursachen hat und die Nutzer lediglich gezwungen sind, im Rahmen ihrer Möglichkeiten zu folgen. Dass es sogar noch eine ganz anders geartete Möglichkeit gibt, zeigen die Kreuzschnäbel.

Zigeunervögel – Meisterstücke der Anpassung

Dem Namen nach kennt man sie, aber wer hat sie schon gesehen, die Kreuzschnäbel? Ornithologen natürlich, die kennen die besondere Spezies unserer Vogelwelt. Oder auch nicht oder nur aufgrund flüchtiger Beobachtung rötlicher Flecke hoch oben in den Fichtengipfeln, zu denen man auch mit dem Fernglas nicht einfach hochschauen kann. Fliegen sie mit ihrem kennzeichnend gereihten Ruf »Gipp, gipp, gipp …« über eine Lichtung oder auch mal zu einer einzelnen Fichte voller reifer Zapfen in der Stadt, schauen die Vogelkundler ihnen nach und bedauern, gerade jetzt, das Fernglas nicht mit dabei zu haben. Es sind Spezialisten, die sich mit den Kreuzschnäbeln befassen; Kenner in der Tradition der alten Vogelsteller, deren Tun die Vogelschutzgesetze heute weitestgehend verbieten. Jene Vogelfreunde einer Zeit, die in den 1970er-Jahren in Deutschland vollends zu Ende ging, hatten zwar mit dem Fang von Kreuzschnäbeln zwecks Haltung in Käfigen die so unbeständigen Bestände dieser Zigeunervögel ebenso wenig geschädigt wie die Liebhaber von Finken und Gimpeln und anderen Waldvögeln, aber der neue Artenschutz wollte nicht unterscheiden zwischen wirklichen und vermeintlichen Gefährdungen und erließ ein generelles Fangverbot. Auf der Strecke blieb aber ein Wissen, das sich nicht mit dem seltenen Jagdglück mit dem Fernglas ausgleichen lässt. Ohne die Vogelhaltung gäbe es bei vielen Arten kaum Kenntnisse über den Ablauf ihres Brütens, die Feinheiten der Balz und der Paarung sowie die Aufzucht der Jungen. Bei kaum einer anderen Vogelgruppe erlaubt die Käfighaltung so tiefe Einblicke in das Leben der Tiere wie bei den Kreuzschnäbeln. Denn was sich hoch oben in den Baumkronen an den Zapfen der Fichten abspielt, bleibt der Beobachtung vom Boden aus weitestgehend verborgen.

Spannend ist schon die Art und Weise, wie die Kreuzschnäbel die Zapfen bearbeiten. Wie kleine Papageien klettern sie daran herum, drehen sich mit dem Kopf nach unten, schieben den Schnabel mit den überkreuzten Spitzen zwischen die Zapfenschuppen und spreizen diese dabei ab. Nun können sie den Samen problemlos herausholen. Die Überkreuzung der Spitzen von Ober- und Unterschnabel macht diese Öffnungstechnik möglich. Gäbe es sie nicht, wäre es sehr schwierig, die dicht sitzenden Schuppen auseinanderzubiegen. Denn der Schnabel lässt sich durch die Bewegung des Unterschnabels, der dem Unterkiefer entspricht, nur öffnen und schließen. Die Drehbewegung kommt vom ganzen Kopf. Normal spitz auslaufende Finkenschnäbel würden immer wieder abrutschen. Das verhindert die seitliche Ausdrehung der Spitzen. Doch sie ist nicht von Anfang an vorhanden. Die Jungen schlüpfen noch mit geraden Schnäbelchen aus den Eiern. Erst beim schnellen Heranwachsen krümmen sich die Spitzen aneinander vorbei – entweder rechts herum oder links. Die Krümmung beginnt, wenn die jungen Fichtenkreuzschnäbel knapp einen Monat alt sind und wohl weil die Schnäbel so schnell wachsen. Ab etwa dem 38. bis 40. Lebenstag können sie dann schon selbstständig die Zapfenschuppen aufbiegen.

Diese Spezialisierung ist allein schon eine große Besonderheit. Sie führt noch weiter ins Extrem. Denn anders als die allermeisten Singvögel füttern die Kreuzschnäbel ihre Jungen nicht mit Kleininsekten, sondern mit den Samen von Nadelbäumen. Sie zerquetschen diese zu einem für die Jungvögel tauglichen Brei. Das macht ihr Brüten von der Verfügbarkeit von Insekten unabhängig. Fichtenkreuzschnäbel können daher bei sehr gutem Zapfenansatz an den Fichten bereits im Winter brüten, auch wenn es eisig kalt ist und Schnee auf den Bäumen liegt. Erfolgreiche Bruten sind bei Außentemperaturen von minus zehn Grad Celsius, in Russland sogar bei minus 35 Grad Celsius festgestellt worden – eine enorme Leistung für einen Kleinvogel, der ausgewachsen nur um die 40 Gramm wiegt. Der Temperaturunterschied zwischen ihrem Körperinnern und der Umgebung beträgt dann über 50 Grad Celsius. So ergiebig ist der »Brennstoff«, das Öl, das die Samen der Nadelbäume enthalten. Damit können auch die Nestlinge bald ihre Körpertemperatur halten. Sie schlüpfen nach gut zwei Wochen aus den Eiern und bleiben ebenso lang im Nest, bis sie ausfliegen. Also liefern die Samen, die ihnen die Eltern als Brei verfüttern, auch reichlich Eiweiß für ein schnelles Wachstum. Wie gut es den Winterbruten tatsächlich geht, ist dem Bruterfolg zu entnehmen: 79 Prozent ausfliegender Jungen stehen späten Bruten im Frühjahr und Frühsommer mit nur 18 Prozent entgegen. Das hat auch damit zu tun, dass im Winter und Vorfrühling die Gefahr von Nesträubern viel geringer ist als zur normalen Brutzeit. Alles liefe bestens, wenn die Fichten Jahr für Jahr reichlich Zapfen bilden würden. Doch das tun sie nicht. Durchschnittlich guten Zapfenansatz gibt es nur alle drei bis vier Jahre und besonders viele im noch größeren Abstand von acht oder neun bis zwölf Jahren, im Mittel alle elf Jahre. Ein Kreuzschnabel, dem nichts passiert und der seine natürliche Altersgrenze erreicht, ist also mit sieben mageren, drei fetten Jahren und einem besonders günstigen konfrontiert – sofern das Vögelchen ein solches überhaupt erlebt.

Mobilität zum Überleben

Wie kann sich so ein Spezialist darauf einstellen? Vorstellbar sind drei Möglichkeiten, mit der so unterschiedlichen Häufigkeit von Fichtenzapfen zurechtzukommen. Die erste besteht darin, in den ungünstigen Jahren gar nicht zu brüten, sondern selbst durchzukommen zu versuchen, bis die Fichten besser tragen. Das ginge nur, wenn der Bestand sehr niedrig bliebe, weil ansonsten in der schlechten Zeit die Konkurrenz um die Zapfen so groß würde, dass nicht nur viele sterben müssten, sondern die Überlebenden auch in einer schwachen Kondition in die neue Zeit der Fülle hineinkämen. Die zweite Möglichkeit bietet das Ausweichen auf andere Nadelbaumarten, die nicht so unregelmäßig fruchten, wie zum Beispiel die Lärchen. Das geht natürlich nur dann, wenn es in den Wäldern auch Lärchen gibt. Die Kreuzschnäbel müssen also aktiv danach suchen. Dieser Zwang leitet über in die dritte Vorgehensweise, das »Herumzigeunern«. Als Strategie ist sie fraglos die beste, denn die Vögel finden damit immer wieder Bereiche, in denen mehr Zapfen vorhanden sind oder eben Lärchen wachsen, deren kleine Zapfen weicher sind. Sie lassen sich leichter öffnen, bieten aber wegen der geringeren Größe von Lärchensamen bei Weitem nicht so viel Futtermenge wie die Fichten. Insbesondere im Bergland bringt das Herumwandern große Vorteile, weil die Entfernungen nicht groß sind. Es müssen nur die verschiedenen Höhenstufen im Bergwald gewechselt werden. Im Tiefland kann der Wechsel von einem (Nadel-)Waldgebiet zum nächsten den Flug über viele Kilometer offenen Landes bedeuten. Für einen Finkenvogel mittlerer Größe ist das riskant. Finken fliegen ziemlich geradlinig und nicht sehr schnell. Für Greifvögel wie Sperber und Falken sind sie eine leichte Beute, da gut berechenbar. Allein schon aus diesem Grund müssen die Kreuzschnäbel in Gruppen zusammenbleiben und die Überlandflüge gemeinsam machen. Gleichzeitig synchronisieren sie sich damit aber in ihrer Fortpflanzungsstimmung. Das ist wichtig, denn wenn sie einen Wald mit auseichendem Zapfenansatz finden, sollten sie unabhängig von der Jahreszeit zum Nisten bereit sein. Milchreife Zapfen lassen sich schon im Herbst nutzen; reifende dann im Spätwinter und Vorfrühling. In jedem Fall von günstigem Nahrungsangebot geht es also sehr schnell mit Balz, Paarung und Nestbau. Die Männchen drücken mit ihrem roten Gefieder aus, dass sie gesund und fit sind. Das Rot, das in die Federn eingelagert wurde, stammt aus der Nahrung und besteht aus Carotinoiden (natürlichen Farbstoffen). Diese wirken wie eine zusätzliche Immunabwehr im Körper, wenn es darum geht, Infektionen zu bekämpfen oder mit giftigen Stoffen in der Nahrung zurechtzukommen. Die Weibchen versorgen mit Carotinoiden die Eier, deren Dotter entsprechend intensiv gelb bis rötlich gelb gefärbt wird. Ihr eigenes grünlich-gelbes Gefieder hat diese Färbung ebenfalls aus den Carotinoiden der Nahrung bekommen. Es reicht als Tarnung beim Brüten auf dem Gelege. Das Weibchen brütet allein und vom ersten Ei an. Es wird vom Männchen in dieser Zeit gefüttert. Bis das Gelege mit drei bis fünf Eiern voll ist, kann es unter den winterlichen Temperaturverhältnissen nicht warten. Manchmal wird es beim Brüten sogar selbst ziemlich eingeschneit. Dass dem Weibchen zum Brüten und Überleben im Durchschnitt nur ein Gramm Unterschied zum Körpergewicht des Männchens ausreicht, liegt wiederum am besonders hohen Energiegehalt der Nahrung. Der Ein-Gramm-Unterschied ist viel geringer als das Gewicht der vom Weibchen in wenigen Tagen gelegten Eier, die eigentlich in ihrer Körpermasse fehlen sollten. Das Männchen füttert gut genug nach, sodass der Verlust rasch ausgeglichen ist. Eier bei Frost zu legen und erfolgreich zu bebrüten, setzt jedoch voraus, dass die energiereiche Nahrung in entsprechender Menge verfügbar ist. Daher klappt es mit dem Brüten nur in guten Zapfenjahren. Werden reifende Zapfen zu rasch knapp, verlassen die Fichtenkreuz-schnä-bel eher ihre Bruten, als diese mit letzter Kraft durchzubringen zu versuchen.

All diese Umstände zwingen sie hinein in ihr scheinbar so unstetes Leben, das in Wirklichkeit von einer optimalen Nutzung des von Jahr zu Jahr so unterschiedlichen Zapfenansatzes zeugt. Sie »zigeunern« nicht wirklich. Vielmehr wechseln sie von Regionen mit zurückgehender Zapfenmenge zu solchen mit sich verbesserndem Angebot. Das vermindert die Engpässe, ohne diese aber ganz vermeiden zu können. Denn in den schwachen Zapfenjahren steigt die Konkurrenz mit den vor Ort verbleibenden Nutzern, die wie Buntspecht und Eichhörnchen nicht über große Distanzen wandern können.

Blicken wir nun zurück auf die Fichte, dann ergibt sich, dass die Hauptnutzer ihrer Samen dem Rhythmus von drei bis vier Jahren ganz gut folgen können. Die Eichhörnchen sind von den Fichtenzapfen nicht abhängig genug, um mit deren Fehlen in arge Bedrängnis zu kommen. Auch der Buntspecht verfügt über ein ausreichend weites Spektrum von Alternativen in der Ernährung. Und die am stärksten auf die Zapfen spezialisierten Kreuzschnäbel weichen dem örtlichen Mangel aus. Wäre es für die Fichten dann nicht auch besser, ähnlich wie die Lärchen im alljährlichen Gleichmaß Zapfen zu produzieren, von denen ein kleiner Prozentsatz überlebt, weil er der Nutzung entgeht, und so kontinuierlich Nachwuchs erzeugt? Was bei anderen Nadelbäumen funktioniert, kann nicht von vornherein bei der Fichte als Möglichkeit ausgeschlossen werden. Und da auch in »schlechten Jahren« Zapfen gebildet werden, wenngleich in sehr geringer Zahl, scheint es die Form der anhaltend geringen Erzeugung von Nachwuchs auch zu geben.

Wie so oft in der Natur erweisen sich häufig offensichtliche Erklärungen bei genauerer Betrachtung als gar nicht mehr so schlüssig. Wenden wir uns daher nun den anderen Begründungen, dem großen Zyklus zu. Im Durchschnitt alle elf Jahre kommt es, wie schon ausgeführt, zu einer solchen Massenentwicklung von Fichtenzapfen, dass sogar gelegentlich Kronen unter der Zapfenlast abbrechen, während es normal gute Zapfenjahre mit auffälligen Wanderungen von Fichtenkreuzschnäbeln von 1800 bis 1965 durchschnittlich alle zweieinhalb Jahre gegeben hat. Mitunter reihten sich gute Zapfenjahre um so ein Superjahr, dann wieder gab es im Vorfeld keine sich von Jahr zu Jahr steigernde Zapfenernte. Wissenschaftliche Untersuchungen ergaben, dass die Super-Zapfenjahre mit der Aktivität der Sonne zusammenhängen. Erkennbar an Menge und Größe der Sonnenflecken wechselt sie alle fünf bis sechs Jahre von hoher zu geringer Aktivität. Das ergibt einen etwa elfjährigen Sonnenfleckenzyklus. Die Fichten reagieren darauf und folgen diesem Sonnenzyklus. Auch im Zuwachs an Holz, in Größe und Zusammensetzung der Jahresringe ist das festzustellen. Sie müssen sich also nicht über eigene Dreijahreszyklen gleichsam aufschaukeln, sondern sie stehen unter der Wirkung der Sonne als Zeitgeber. Es liegt verführerisch nahe anzunehmen, diese Anpassung an den Sonnenfleckenzyklus stelle eine Reaktion der Fichten auf den Nutzungsdruck von Kreuzschnäbeln, Eichhörnchen und Spechten dar, weil sie mit diesem »ungeraden« Zyklus bestens ausweichen. Für eine Baumart, die mehrere Hundert Jahre alt werden kann, passt ein solcher Zyklus in den Lebensablauf. Für Vögel und Hörnchen, die, wenn überhaupt, nur ausnahmsweise einen ganzen Zyklus dieser Länge erleben, jedoch nicht. Also könnte das Massenfruchten der Fichten eine Gegenstrategie gegen die Zapfennutzer sein. Die Sonne als Zeitgeber passt dazu. Doch es gibt eine einfachere Deutung des Phänomens. Dazu müssen wir uns noch stärker dem Leben der Fichten zuwenden. Unsere eigene Lebensdauer macht nur 15 bis 20 Prozent eines normalen Fichtenlebens aus, oder weniger. Daher neigen wir dazu, zu sehr auf Kurzzeiteffekte zu achten, wenn wir nach Gründen für bestimmte Phänomene im Leben von Bäumen suchen. Fichtenwälder gibt es erst seit ein paar Jahrhunderten im Flachland. Heimisch im Sinne viel längerer Existenz sind lediglich die Bergfichtenwälder. Die eigentliche Heimat der Fichte ist aber der große nordische Nadelwald, die Taiga. Die dortigen Lebensbedingungen müssen wir kennen, wenn wir die Bedeutung der elfjährigen Zyklen und den Lebensstil der Fichten verstehen wollen.

Die Taiga – Lebensraum der Fichten

Die Fichte *Picea abies* wächst von Natur aus auf einem riesigen Verbreitungsgebiet. Es reicht von kühlen Lagen Mitteleuropas und von Skandinavien im Westen bis zur nordpazifischen Insel Sachalin im Fernen Osten. Zusammen mit Waldkiefern und Birken bilden die Fichten mit ihren regionalen Unterarten den nördlichen Nadelwaldgürtel. Dieser dehnt sich mit unserer Fichte nahe verwandten Arten über Alaska und Kanada über ganz Nordamerika nördlich von ungefähr 45 bis 50 Grad Breite aus. Der globale Gürtel des nördlichen Nadelwaldes wird mit dem russischen Namen Taiga bezeichnet. Zwar bestimmen die regionalen klimatischen Verhältnisse gut erkennbar die Wuchsform der Fichten und ihre Bestandsdichte – ob mehr oder weniger einzeln stehend oder in dichten Beständen wachsend, ob mit stark nach unten hängenden oder stärker seitlich ausgebreiteten Ästen –, aber in der Grundform bleibt der Typ dieses Nadelwaldes gleich. Die Taiga kennzeichnet ein winterkaltes, oft ziemlich schneereiches Klima mit kurzen, eher trockenen und recht heißen Sommern. Die lange Frostperiode, die über ein halbes Jahr andauern kann, schränkt die Zersetzung der Nadelstreu ein, die sich am Boden unter dem Bewuchs von Zwergsträuchern wie Heidelbeeren anhäuft. Die Böden der Taiga werden oberflächennah stark ausgelaugt, sodass sie oft grau (»bleich«) aussehen und chemisch sauer reagieren. Die Bäume brauchen die Mithilfe von Pilzen bei der Beschaffung der für das Wachstum unentbehrlichen mineralischen Nährstoffe. Ihre Wurzeln leben in enger Gemeinschaft mit ihnen in Symbiose. Frosttrocknis im Winter und oberflächennahe Trockenheit im Sommer sowie in den westlichen Bereichen der beiden Teilareale Schneelast auf den Ästen, die bei feuchtem Schneefall sehr kritisch werden kann, bilden die klimatischen Hauptherausforderungen. Es ist klar, dass unter diesen Bedingungen die Fichtensamen im Spätwinter beziehungsweise im Vorfrühling reifen und die Zapfen als Ganzes abfallen, nachdem sich die Schuppen geöffnet und die Samen dem Wind übergeben haben. Denn nach der Schneeschmelze sind die günstigsten Bedingungen für das Keimen gegeben. Da der Winter die Entwicklung zwangsläufig unterbricht, müssen die Samen im Herbst weit genug herangereift sein, denn insbesondere im kontinentalen Klimabereich kommt der Frühling schnell und zuverlässig. Folglich ist der Spätwinter die beste Zeit zum Brüten für die Fichtenkreuzschnäbel. Bei ihrer einseitigen Ernährung von ölreichen Fichtensamen brauchen sie zudem viel Wasser zum Trinken, das sie in Form von Schnee aufnehmen und nicht an Tränken am Boden suchen müssen. Insofern ist klar, dass sich die Kreuzschnäbel der besonderen Lebensweise der Fichte angepasst haben. Doch das muss eben nicht bedeuten, dass es sich bei der Fichte auch so verhält. Sie hat andere »Sorgen«.

Das Wichtigste für sie ist, die Tage ohne Frost möglichst vollständig auszunutzen. Sie behält ihre Nadeln über mehrere Jahre und wirft sie nicht, wie die in der Taiga gebietsweise mit ihr verge-sellschafteten Lärchen *Larix decidua* und *Larix sibirica* ab, die auf diese Weise das Risiko des Schneebruchs vermindern. Die Fichten-nadeln bleiben aktiv, solange die Temperatur das zulässt. In ihnen läuft die Fotosynthese gegebenenfalls auch mitten im Winter, wenn ein paar Tage milde Witterung herrscht. Unter unseren mitteleuro-päischen Bedingungen bringen es die Fichten daher in etwa auf die gleiche Jahresleistung wie Buchen, obwohl ihnen diese in der Hauptvegetationsperiode von Mai bis August klar überlegen sind. Die Fichten holen die übrigen Monate ein, was den Buchen durch den Abwurf der Blätter in der kahlen Zeit des Winters entgeht. Da die Vegetationsperiode im nordischen (borealen) Wald je nach geo-grafischer Breitenlage erheblich kürzer ist als bei uns, gewinnen die Fichten über die Laubbäume. Nur in Sumpfgebieten und ent-lang der Flüsse reicht die Konkurrenzkraft der schnellwüchsigen Birken, die Fichten zurückzuhalten. Auf sehr sandigen und mage-ren Wuchsorten sind ihnen auch die tief wurzelnden Kiefern über-legen. Denn die Fichte ist ein Flachwurzler. Sie breitet ihr Wurzel-werk oberflächennah im Boden aus. Wird sie von einem Sturm umgeworfen, zeigt sich dies an einem großen Wurzelteller ohne markante Pfahlwurzel in der Mitte. Mit diesen Feststellungen kom-men wir der Besonderheit des Zusammenhangs von Fichten und Sonnenfleckenzyklen näher. Denn hohe Aktivität der Sonne ver-ursacht auf der Nordhemisphäre der Erde warme Sommer. Wir kennen das aus unserer mitteleuropäischen Wetterentwicklung, die eine Häufung heißer Sommer alle gut zehn Jahre in Zusammen-hang mit der Sonnenfleckenaktivität kennzeichnet. Dann erhalten die geografisch hohen Breiten eine dort bedeutsame zusätzliche Strahlungsenergie, während in unseren mittleren sowie in den tro-pischen Breiten der Effekt viel geringer ausfällt, wenn er überhaupt zu spüren ist. Wir können uns das am Beispiel eines klaren Abends und eines solchen mit aufziehender hoher Bewölkung verdeutli-chen. Die dünne Bewölkung wirkt auf das Abend-(oder Morgen-)licht viel dämpfender als am Tag. Wo Licht und Wärme knapp sind, hat ein bisschen mehr davon eine beträchtlich größere Wirkung als unter Bedingungen des Überflusses. Die Fichten reagieren darauf mit verstärktem Zuwachs, aber auch mit stark vermehrter Zapfen-produktion. Sie können sich unter den günstigeren Bedingungen nun mehr leisten als unter den kargen davor. Das lässt sich messen und ist bei der Auswertung der Jahresringbreiten tatsächlich auch festgestellt worden. Anders verhält es sich mit einem für die Fichten noch viel bedeutsameren Effekt.

In heißen, trockenen Sommern kommt es immer wieder zu aus-gedehnten Waldbränden, weil Blitzschläge zünden, bevor der Regen eingesetzt hat. In der Taiga sind Waldbrände normal, ja nachgerade lebensnotwendig. Sie verzehren das am Boden angehäufte, unzer-setzte Abfallmaterial des Waldes, geben dabei die düngende Asche frei, die auf den mageren Böden gebraucht wird, und starten damit einen neuen großen Entwicklungszyklus des Waldes. Die Wald-brände erneuern die Taiga. So absurd für uns Menschen dies auch klingen mag, weil wir mit allen Mitteln die Feuer zu verhindern ver-suchen, so sehr trifft diese Feststellung dennoch zu. Buschfeuer und Waldbrände gehören zum Lebenslauf von Wäldern in Trockenge-bieten. Und die Taiga ist weithin Trockengebiet im Winter wie im Sommer. Das Feuer stimuliert das Wachstum. Es schafft Struktur im ansonsten (zu) einförmigen Waldbild. Es begünstigt Jungwuchs und bringt so Bestände unterschiedlichen Alters zustande. Kurz: Der Waldbrand ist ein Lebenselement der Taiga. Wo die Feuer vom Menschen verhindert werden, entstehen unnatürliche Waldzustän-de. Das Massenfruchten in Super-Zapfenjahren hängt daher höchst-wahrscheinlich viel stärker mit dieser großen Wald-Dynamik in der Taiga als mit den kleinen Zapfenverwertern zusammen. Denn wenn es Waldbrände gegeben hat, reichen kleine Samenmengen der Fich-ten für eine rasche und effiziente Neubesiedelung der Flächen nicht aus. Birken, die ungleich mehr, aber winzig kleine Samen bilden, die der Wind weit verstreut und die keine nennenswerten Reserven zum Keimen in sich tragen, besiedeln aus diesem Grund die neuen Frei-flächen zuerst. Aber die weit schwereren Fichtensamen ziehen nach, denn auch sie verweht der Wind. Mit ihren – für die Tierwelt so attraktiven – Nährstoffvorräten stärken sie die Keimlinge, sodass diese die kritische Anfangszeit durchhalten, bis ihr Wurzelwerk ge-nügend Nährstoffe liefert, weil die Symbiose mit den Wurzelpilzen, die sie zum Gedeihen brauchen, die Mykorrhiza, in Schwung gekommen ist. Waldbrandflächen erfolgreich zu besiedeln setzt also ein Massenfruchten in räumlich wie zeitlich entsprechender Nähe voraus. Beides hängt mit den Sonnenfleckenzyklen zusammen, die Super-Samenjahre der Fichten wie auch die großen Waldbrände. Dass die Kreuzschnäbel, Eichhörnchen, Spechte und all die anderen mehr oder weniger ausgeprägten Nutzer der Fichtensamen bei einer solchen Schwemme keine nennenswerten Anteile der Samenproduktion mehr verzehren können, dürfte nicht mehr als ein für beide Seiten günstiger Nebeneffekt sein. Die Nutzer profitieren kurzfristig, die Fichten langfristig. Was wirklich zählt, ist der langfristige Effekt.

Die Fichtenzeit in Mitteleuropa

Betrachten wir nach diesem weit ausholenden Blick auf die Taiga nun unsere mitteleuropäischen Fichtenwälder. Ein Teil davon gehört zum natürlichen Areal der Fichte, nämlich die Bergfichtenwälder der Alpen und der höheren Mittelgebirge. Dort wächst die Fichte bis auf knapp 1.000 Meter über Normalnull zum Beispiel im Harz und gebietsweise bis über 2.000 Meter in den Alpen. Einzelne Bäume auf günstigen Standorten können bis zu 60 Meter hoch wachsen und über ein halbes Jahrtausend alt werden. Doch bezogen auf die tatsächliche Verbreitung der Fichte in Mitteleuropa machen diese natürlichen Vorkommen nur einen geringen Flächenanteil aus. Die Hauptmasse unserer Fichten wächst in gepflanzten Beständen, also in Forsten.

Zwei historische Gegebenheiten wirkten in den letzten Jahrhunderten zusammen und bewirkten die »Verfichtung« unserer Wälder. Die offensichtlichste war der anhaltende Raubbau an den Wäldern vom Spätmittelalter bis ins 18. Jahrhundert hinein. Für Salzgewinnung und Erzverhüttung war ein so hoher Holzbedarf entstanden, dass aus den Wäldern nicht mehr genug Bau- und Feuerholz zu holen war, um den Grundbedarf zu decken. Eine neue Form von Forstwirtschaft, die auf dem Prinzip der nachhaltigen Bestandsnutzung aufgebaut wurde, schuf Abhilfe. Die verbliebenen, heruntergewirtschafteten Wälder wurden größtenteils in gepflanzte Forste umgewandelt, aus denen nicht mehr Holz entnommen werden durfte, als nach Erreichen eines nutzungsfähigenAlters von 50 bis 70 Jahren im Zeitraum der Nutzung nachwuchs. Gleichzeitig musste, um diese Zeiten zu erreichen, das Vieh aus den Wäldern herausgehalten werden, in denen es im Sommer weidete wie auf den Bergwiesen, den Almen, heute noch. Die Trennung von Wald und Weide war die Voraussetzung für das Gelingen der neuen, nachhaltigen Forstwirtschaft. Denn der Jungwuchs ist besonders attraktiv für das Vieh – Gleiches gilt heute für das Wild. Hirsche und Rehe gab es jedoch in den Anfangsstadien der Forstwirtschaft fast keine mehr. Sie waren dem Fleischbedarf der Bevölkerung, dem Jagdvergnügen der staatlichen und adeligen Jagdberechtigten sowie der Konkurrenz mit dem Weidevieh zum Opfer gefallen. Sobald das Vieh nicht mehr in den Wald hineindurfte, gedieh der Jungwuchs durchaus auch ohne Zäunung. Und dieser neue Wuchs bestand hauptsächlich aus Fichten. Denn in den Jahrhunderten der Kleinen Eiszeit – sie dauerte in ihrer Hauptphase vom 16. bis zum späten 18. Jahrhundert und brachte viele extrem kalte Winter und feuchtkühle Sommer – eigneten sich die Fichten als Waldbäume auch in weiten Teilen des Tieflandes besser als Buchen oder Eichen, um neue Wälder für eine nachhaltige Bewirtschaftung aufzubauen. Die Fichte war zum »Brotbaum« der Waldbesitzer geworden, weil sie am besten in jene inzwischen vergangene Klimaperiode passte. Im warmen Mittelalter, insbesondere in der Zeit zwischen 900 und 1300, hätte sie sich in vielen Gebieten nicht behaupten können, in denen sie im späten 18. und im 19. Jahrhundert angepflanzt wurde. Doch da selbst die vergleichsweise schnell wachsenden Fichten ihre Zeit brauchen, bis sie hiebreif werden, zieht sich die Fichtenzeit bis in unsere Gegenwart hinein. Mit Folgen, die jedoch meistens in dieser Hinsicht gar nicht bedacht wurden. So kam es bei den Orkanen der 1990er-Jahre deswegen zu großflächigen Sturmwürfen, weil die einförmigen, gepflanzten Fichtenbestände das für Windbruch besonders empfindliche Alter erreicht hatten. Gut ein halbes Jahrhundert früher befanden sie sich im günstigsten Zustand für die Massenvermehrung von Raupen bestimmter Schmetterlinge, die unter dem deutschen Namen Nonne *Lymantria monacha* bekannt und in Forstkreisen gefürchtet sind. Doch nicht allein die Nonne, auch weitere Insekten reagierten auf das über riesige Flächen einheitlich in gleicher Qualität vorhandene Futter und verursachten schwere Forstschäden durch Kahlfraß. Denn die Monokultur der Fichten war sogar eine solche in doppeltem Sinne: als Baumart und in den Beständen als Klone.

Damit genügte das günstige Zusammentreffen von Witterungsverhältnissen, um die Massenvermehrung auszulösen. Das war noch vor der Zeit, in der mit Giften gegen die Waldschädlinge vorgegangen werden konnte. Solche kamen rasch, denn es schien einfacher, die Insekten zu vernichten oder wenigstens kurzzuhalten, als die Forste wieder umzubauen auf stabilere, wenige schädlingsanfällige Mischkulturen unterschiedlicher Alterszusammensetzung. So kam die geradezu absurde Situation zustande, dass das Zukunftsprinzip Nachhaltigkeit am Wirtschaftsprinzip der Einheitlichkeit scheiterte. Noch heute fällt es den Waldbesitzern und Forstbehörden schwer, von ihren einst so schönen Vorstellungen abzurücken und sich an dem zu orientieren, was eigentlich die Bezugsbasis sein sollte: der mitteleuropäische Laubwald.

Die Taiga passt nicht in die Laubwaldzone und das Mischartenkonzept des Laubwaldes nicht zur Taiga. Die Taiga braucht das Feuer, das wir nicht wollen. Zum Laubwald gehören längere Umtriebszeiten als zum Fichtenforst, und daher ist er forstbetriebswirtschaftlich nicht attraktiv. Denn wer kann schon auf 150 Jahre und mehr im Voraus investieren, ohne zwischenzeitlich nennenswerte Erträge zu bekommen? Sogar bei Nationalparks, deren erklärtes Ziel eine Waldentwicklung ohne nutzende Eingriffe des Menschen ist, kann sich die Langfristigkeit als Konzept nicht unangefochten durchsetzen. Wir Menschen sind so. Noch in unserer Lebenszeit wollen wir Erfolge und nicht erst in der übernächsten Generation. Für viele Politiker reicht die Zeitspanne ihrer Kalkulation ohnehin – systembedingt – nur über vier bis sechs Jahre; ein Hundertstel der Lebenszeit einer durchschnittlichen Fichte! Deshalb ist es unerträglich, wenn sogar das Sterben zu lange dauert.

Borkenkäfer – Schädling oder Urwaldgestalter

Der erste Eindruck ist häufig der wichtigste. Ein vom Borkenkäfer befallener, sterbender Fichtenwald wird allenfalls Vogelaugen attraktiv erscheinen, die nach Naturhöhlen suchen. Menschen tun sich schwer einzusehen, dass das, was sie sehen, zum Blick in die Zukunft gehört; zum Ausblick auf einen Wald, der sich vom gepflanzten Forst zum »Urwald« zurückentwickelt. Wie anklagend recken sich die kahlen Äste empor. Da sich die Borke von den Stämmen gelöst hat und weitgehend abgefallen ist, sehen die toten Bäume wie Skelette aus. Damit kann man für keinen Nationalpark werben. Ein solcher soll schön aussehen, was immer mit »schön« gemeint sein mag. Jedenfalls anders als ein gepflanzter Fichtenforst. Doch so einer wirkt immer noch natürlicher, weil lebendig, als ein sterbender Wald, auch wenn bei näherem Hinsehen zwischen den toten Stämmen bereits junges Grün zu sprießen beginnt.

Die Massenvermehrung von Borkenkäfern brachte in den letzten Jahrzehnten den Nationalpark Bayerischer Wald in die Schlagzeilen. Das Für und Wider der Borkenkäferbekämpfung wurde auf das Heftigste und wie nicht anders zu erwarten auch höchst kontrovers diskutiert. Gehört der Käfertod zur Natur oder nicht? Eine Antwort darauf fällt gar nicht leicht, auch wenn man einfach sagen könnte, egal was geschieht, es wird nicht eingegriffen, denn nur dann kann – irgendwann – wieder »echte Natur« entstehen. Das Menschengemachte muss erst verschwinden, bis sich das Natürliche entfaltet. Klingt gut – nur nicht für die Besitzer der angrenzenden Waldflächen und darüber hinaus. Aus ihrer Sicht darf auch ein Nationalpark keine Brutstätte für Ungeziefer sein. Doch dieser sitzt nicht auf einer weltfernen Insel, sondern inmitten eines viel größeren Waldgebietes namens Bayerischer Wald und Böhmerwald. Andere Waldungen schließen sich an. Sollte also doch besser der Forstmann die Rückkehr zum Urwald in Gang setzen und nicht der Borkenkäfer? Auch diese Frage ist berechtigt. Eine andere lässt sich aus dem bereits Ausgeführten hinzufügen: Warum nicht das Feuer, der Waldbrand, der sowohl die befallenen Bäume vernichtet als auch viel schneller einen Neustart in der Entwicklung zum Urwald ermöglichen würde? Die Antwort auf alle drei kann nur lauten: Weil alles Menschenwerk war und ist. Daher kann es nur um die Abwägung gehen, welche der Möglichkeiten unter den gegebenen Verhältnissen die bessere ist – in ökologischer wie auch in wirtschaftlicher und sozialpolitischer Hinsicht. Den Großbrand im Nationalpark will niemand so recht haben, auch wenn das Beispiel des als »verheerend« und »katastrophal« eingestuften Feuers im nordamerikanischen Yellowstone Nationalpark von 1988, der größte Brand in einem Nationalpark überhaupt, das Gegenteil bewiesen hat. Die Bekämpfung der Brände hatte 120 Millionen Dollar gekostet. Ein Großteil davon war unnötig ausgegeben worden, weil sich nach wenigen Jahren zeigte, dass nach dem großen Feuer der Yellowstone schöner und reichhaltiger an Tierleben war als zuvor. Auch die großen Waldbrände in Russland vom Sommer 2010, die als die schlimmsten seit Menschengedenken gelten, werden in wenigen Jahren eine aufgeblühte, verjüngte Natur ergeben, deren Schönheit gerühmt werden wird. Wälder, die von Natur aus auf Waldbrände eingestellt sind, erheben sich wirklich wie Phönixe aus der Asche.

Für die andere Möglichkeit der forstlichen Eingriffe und Lenkungsmaßnahmen spricht die Erfahrung der Forstleute im Waldbau. Dagegen stehen die Kosten und die Zielsetzung, eine möglichst vom Menschen unbeeinflusste Rückentwicklung zur Wildnis zu ermöglichen. Daher konnte die Nationalparkverwaltung letztlich nur die Nichteingriffs-Strategie gutheißen.

Woraus noch deutlicher hervorgeht, dass Absichten und Zielsetzungen von Menschen die Entwicklungen leiten und wohl auch weiterhin leiten werden. Denn auch ein Nationalpark ist ein »Ziel«, keine Naturnotwendigkeit. Wie alle anderen waldbaulichen Ziele auch. Verhältnisse wie vor Jahrtausenden kann es aus zwei Gründen grundsätzlich nicht (mehr) geben: Erstens umgibt eine intensiv genutzte Kulturlandschaft den Waldnationalpark, der ihren direkten und indirekten Auswirkungen ausgesetzt ist, auch wenn »nicht mehr eingegriffen wird«. Zweitens hat sich das Rad der Zeit weitergedreht. Nichts ist direkt wiederholbar, nicht einmal ein Mensch, der sich selbst klonen könnte. Denn sein zweites und drittes Ich würden in anderen Zeiten leben und damit niemals so sein beziehungsweise werden können wie er selbst.

Spricht das nun für oder gegen das Nichtstun? Weder noch, sondern für mehr Bescheidenheit im Umgang mit den Wäldern und der Natur an sich. Sie sind kein Spielzeug für ein paar Jahrzehnte; auch nicht für die Dauer eines Menschenlebens. Ihr Zeitmaß ist das von Jahrhunderten. Die Menschen kommender Jahrhunderte werden nicht die gleichen Ansichten haben wie wir. Also sollten wir die Wälder, auch die Fichtenforste, aus dem jeweiligen Blickwinkel der Zeit betrachten. Und in unserer Zeit soll auch in unserem Land das Konzept des Nicht-Eingreifens verwirklicht werden, wo doch ohnehin überall eingegriffen wird. Die Vorstellung vom »Prozessschutz« drückt eine Selbstüberwindung des Naturschutzes aus, der sich ansonsten fast immer auf die Erhaltung eines bestimmten Zustandes festlegt und damit gegen den Gang der Zeit gerichtet ist. Die Borkenkäfer könnten uns zeigen, was geschieht, wenn auf größeren Flächen in einförmigen Fichtenwäldern tatsächlich nicht mehr eingegriffen wird, sondern der Natur freier Lauf gewährt wird – was ja nicht ausschließt, die angrenzenden Nutzwälder auf geeignete Weise vor der Ausbreitung des Borkenkäfers zu schützen.

Blenden wir zurück: Die Taiga ist ein von Natur aus recht einförmiges, gleichwohl riesiges Waldgebiet, in dem die Fichten vorherrschen oder weithin die alleinige Baumart sind. Es sind die von uns Menschen so empfundenen Naturkatastrophen, die sie strukturieren und in dynamischer Veränderung halten; Katastrophen wie Waldbrand, Sturmwurf und Insekten-Kalamitäten. Wenn wir eine Rückenwicklung zum Urwald haben möchten, müssen wir sie alle drei zulassen. Wenn nicht, richtet sich die Gestaltung der Wälder nach den unterschiedlichen Nutzungsansprüchen und wie diese untereinander abgestimmt werden. Dazu gehören auch die Menschen, die in den Wald gehen (wollen), und das Wild, nicht nur die Bäume, ebenso das vielfältige Bodenleben im Bereich der Wurzeln sowie die Kleintiere, die sich weniger auffällig von Rinde, Holz, Nadeln oder Blättern ernähren. Wenden wir uns einigen wenigen aus dem Reich der »Kleinen« zu, verstehen wir die »Großen« besser. Denn sie, allen voran die von den Jägern »Wild« genannten Tiere, hängen in ihrer Lebensweise und in ihren Auswirkungen auf den Wald von dessen eigenartiger Natur ab.

Melkkühe in den Baumwipfeln

Waldhonig klingt gut. Er schmeckt auch. Nur nicht danach, wie er zustande kommt. Seine Entstehung wird durch seine Bezeichnung verschleiert, denn eigentlich handelt es sich um Laushonig, um Blattlaushonig. Die Bienen, die ihn herstellen, benutzen dafür die Ausscheidungen von Blattläusen (Lachniden von den Kennern genannt), die oben an den Fichtenjungtrieben sitzen und Saft saugen. Dieser Saft ist süß, weil er Zucker enthält; zu viel Zucker für die Blattläuse. Den Überfluss scheiden sie aus. Sie brauchen vielmehr die nur in sehr geringen Mengen im zuckrigen Saft enthaltenen Aminosäuren. Aus diesen Bausteinen von Eiweißstoffen können sie neue Blattläuse erzeugen, nicht aus Zucker. Das machen sich die Honigbienen zunutze, sammeln die Blattlausexkremente und wandeln sie ganz ähnlich wie die gleichfalls zuckrigen Absonderungen von Blüten, die wir Nektar nennen, in Honig um. Wie sie das machen, weiß man inzwischen gut genug. Warum sie das machen, ist schwieriger zu erklären, denn auch die Bienen brauchen für ihre Brut die Grundstoffe für die Herstellung von Eiweiß. Der Zucker, der zu Honig umgearbeitet wird, ist für sie das Flugbenzin für ihre oft kilometerweiten Sammelflüge und bei kalter Witterung oder im Winter der Brennstoff, um den Stock hinreichend warm zu halten. Auch aus Honig lassen sich keine Bienchen machen, obgleich dieser mit den Resten von Blütenpollen und Bienenspeichel deutlich mehr Aminosäuren enthält als die beschönigend »Honigtau« genannten Zuckerexkremente der Blattläuse. Tatsächlich ist es der eiweißhaltige Pollen, der den Bienen die Fortpflanzung sichert. Dass nun der Waldhonig vornehmlich aus Fichtenforsten stammt und nicht aus artenreichen, gut strukturieren Laubmischwäldern, drückt aus, was die einförmigen Nadelwälder ganz allgemein und den Typ der Taiga speziell kennzeichnet: Es herrscht Mangel an bestimmten, für die Eiweißerzeugung wichtigen Mineralstoffen im Waldboden. Die beiden wichtigsten Stoffe sind in dieser Hinsicht Stickstoff- und Phosphorverbindungen. Die Bezeichnung Aminosäure weist auf den Stickstoffgehalt hin. Phosphate in einer bestimmten Form (chemisch Adenosintriphosphat genannt und abgekürzt ATP) stellen die Übertragung von Energie in den Zellen der Lebewesen sicher. Die

Zucker werden dabei in auf das Feinste kontrollierter Weise in kleinen Stufen verbrannt oder, wenn es zu viel davon gibt, zu komplexeren Verbindungen aufgebaut. Zellulose ist so eine Verbindung aus Zucker, Holzstoff (Lignin) ebenfalls, aber mit anderen chemischen Strukturen.

Diese kleine Abschweifung in die Chemie ist nötig, um zu verstehen, was in einem Baum im Großen vor sich geht, und in einer Blattlaus im Kleinen. Der Baum stellt während seines Wachstums (durch die Fotosynthese) einen mehr oder minder großen Überschuss an Zucker her, kann aber nur wenig Eiweiß aufbauen. Den Überschuss wandelt er in Zellulose und Holz um. Ein Großteil davon wird Schicht um Schicht, also Jahresring um Jahresring, mit jeder Wachstumsphase nach innen als Holz abgelagert. Ein kleinerer Teil geht nach außen in die Borke. Zwischen Borke und Holz liegt die nur wenige Zellen dicke, im eigentlichen Sinne lebendige Schicht des Baumes, die »Rinde« (im botanischen Sinne). Sie entspricht den Blättern oder Nadeln oben in den Baumkronen. Nur diese, die Rinde und die nicht verholzten Teile von Stamm und Wurzeln, sind lebendig und können wachsen und sich erneuern. Alles Übrige ist totes, abgelagertes Material. Würde man eine Fichte vollständig von Holz und Borke befreien, bliebe nur der Nadelhaufen, ein dünnes Häutchen Rinde und die feinen Wurzeln übrig. Sie machten zusammen höchstens ein paar Prozent der Gesamtmasse des Baumes aus.

Doch genau an diesem lebenden Anteil am Baum setzen die Nutzer an: die Borkenkäfer, die eigentlich Rindenkäfer heißen sollten, weil sie nicht von der Borke, sondern eben von der lebendigen Rinde leben, die sie dabei zerstören, dann die Raupen von Schmetterlingen, welche die Nadeln fressen, sowie die Larven von Käfern und anderen Insekten an den Wurzeln. Sie verursachen damit die eigentlichen Schäden, weil sie die wachsenden, aktiven Gewebe verzehren. Pilze, die zunächst nur das tote Kernholz befallen, brauchen lange, bis ihr Wirken bemerkt und der Baum, insbesondere durch Verlust seiner Stabilität, gefährdet wird. Ihre Schäden betreffen viel mehr die Güte des Holzes als die Lebensfähigkeit der Bäume. Die Blattläuse, die sich nun einfügen lassen, spielen hingegen eine zumeist ziemlich geringfügige Rolle. Sie zapfen den Saftstrom an und holen sich aus diesem die darin in geringen Mengen transportierten Aminosäuren. Mit den im Vergleich dazu riesigen Mengen Wasser und den Zuckern darin können sie wenig anfangen. Sie scheiden beides als »Honigtautröpfchen« unablässig ab. Diese lecken die Bienen auf, und vom Honigtau profitieren auch die großen Waldameisen in ganz ähnlicher Weise wie die Bienen. Denn was diese zum Herumfliegen an Treibstoff brauchen, das haben die Ameisen für ihr Herumrennen nötig. Und wie die Bienen könnten sie vom Honigtau zwar eine Weile leben, aber nicht überleben, weil sie damit keinen Nachwuchs zustande bringen. Sie brauchen Proteine. Diese stecken in den Raupen und in anderen Insekten, die direkt an den Nadeln fressen. Das ist das rechte Futter für die Ameisenbrut. Die Blattläuse liefern als Abfallprodukt den Brennstoff für die Jagd nach Raupen. Daher gibt es eine regelrechte Blattlaushege unter Ameisen und eine Waldameisenhege im Forstbetrieb. Denn je weniger Insektenfraß in den Kronen, desto besser wachsen die Bäume. Der abgezapfte Saft ist bedeutungslos. Er wird ohnehin im Überfluss erzeugt und zum allergrößten Teil in Holz umgesetzt. So zeigen die »Kleinen«, wie eine Fichte eigentlich »funktioniert«. Sie arbeitet in der Spanne zwischen Überschuss in der Erzeugung von Zucker, Zellulose und Holzstoff einerseits und dem Mangel an Proteinen andererseits. Deshalb kann sie es sich auch leisten, zusätzlich Harz abzusondern, weil auch dieses aus Fotosynthese-Zuckern in langen (und dadurch klebrig gewordenen) Ketten besteht.

Der Überschuss im Sommer wird sogar so groß, dass flüchtige Verbindungen, Kohlenwasserstoffe, in die Luft abgegeben werden, die für uns aromatisch riechen und im Fichtennadelöl enthalten sind. Viel mehr von solchen Stoffen erzeugen die auf noch sonnigeren, trockeneren Standorten wachsenden Kiefern, und ganz besonders solche, die im Hochgebirge starker Sonneneinstrahlung ausgesetzt sind. Mit den Proteinen hingegen muss der Baum sorgsam umgehen. Sie sind nicht nur viel wichtiger als die Kohlenwasserstoffverbindungen, sondern an ihnen hängt das eigentliche Leben. Deshalb fällt es den Fichten leicht, Zucker, Zellulose, Öle und Harze herzustellen, aber schwer, Samen zu entwickeln, in denen Eiweiß verpackt ist. Es ist für die Fichte auch kein Problem, ihre

Samen in den Zapfen mit öl- und fetthaltigen Nährstoffen auszustatten, die Kreuzschnäbel und andere Tiere schätzen, aber die Samen selbst lassen sich nicht in beliebigen Mengen erzeugen. Es verhält sich mit ihnen im Grundsatz ähnlich wie mit den Pilzen unten an den Baumwurzeln. Nur von Zeit zu Zeit sind genug Reservestoffe vorhanden, dass Fruchtkörper ausgebildet werden können (die wir umgangssprachlich Pilze nennen). Längst nicht jedes Jahr ist bekanntlich ein gutes Pilzjahr. Aber wenn die Fichten besonders viele Zapfen bilden, ist auch mit einem reichlichen Pilzangebot zu rechnen. Ihr Geflecht aus Pilzfäden aber durchzieht den Waldboden in größerer Feinheit als das Wurzelwerk der Fichten selbst. Es erfasst Mineralstoffe, an die die feinsten Wurzeln nicht herankommen könnten – auch solche, die sie besser nicht aufnehmen sollten, wie das radioaktive Cäsium aus der Tschernobyl-Reaktorkatastrophe von 1986. Nach wie vor sind vor allem Maronenröhrlinge *Xerocomus badius* damit stark belastet, sodass vor dem Verzehr größerer Mengen abgeraten wird. Große Mengen, wahre Pilzschwemmen, erlebte ich in den späten 1950er-Jahren bei der Pilzsuche in den Fichtenwäldern im niederbayerischen Inntal. Maronenröhrlinge waren so häufig, dass sie unabsichtlich zertreten wurden. Manche ähnelten in der Farbe der Kappe und in der Wuchsform den gesuchten Steinpilzen. Aber die »Druckprobe« klärte schnell die Verwechslung, denn die Maronenröhrlinge laufen an der Druckstelle auf der Unterseite des Hutes sogleich bläulich an. Oft waren oben noch die Fichtennadeln festgeklebt, die der Pilz beim Emporwachsen mit hochgehoben hatte. Damals sah ich auch verschiedentlich eine höchst merkwürdige Pflanze, die ich seither nie wieder gefunden habe, den Fichtenspargel *Monotropa hypopytis*. In kleinen Gruppen schoben sich die fahl gelblichen, entfernt an Spargel erinnernden Triebe in die Höhe und bildeten eine seitwärts nach unten geneigte, glockenartige Spitze aus ebenso gelblich-farblosen Blüten. Die schuppenartigen Blätter passen irgendwie zu den Schuppen der Fichtenzapfen. Der Fichtenspargel hat kein Blattgrün. Er ist in seiner Ernährung von Pilzen abhängig, die er parasitiert – eine merkwürdige Umdrehung, denn normalerweise schmarotzen die Pilze und nicht die Blütenpflanzen auf Pilzen.

Pilze im Wurzelwerk, Düsternis am Boden und Nadeln in den Kronen, so könnte man die Fichtenforste charakterisieren. Sie wachsen schnell und leben im Mangel. Das scheint sich zu widersprechen. Dennoch trifft die Feststellung zu. Wachstum und Vermehrung sind zwei voneinander sehr verschiedene Lebensvorgänge. Das Wachstum beruht auf der Fotosynthese, also auf der unter Ausnutzung von Sonnenlicht erfolgenden Erzeugung von Zucker, Zellulose und Holzstoff. Nicht nur aus unserer Menschensicht handelt es sich dabei um Baumaterial und Brennstoff. Der Baum baut sich selbst dabei auf, indem er den für die Fortpflanzung, also für die Bildung von Samen, gar nicht benötigten Überschuss aus der Fotosynthese als Baumaterial nutzt und damit in die Höhe wächst, dem Licht entgegen. Proteinhaltiges, für die Fortpflanzung nötiges Material entsteht dabei nur in sehr geringem Maße. Für uns ist das unerheblich. Wir wollen keine Fichten essen, und auch der Fichtenspargel galt nur in früheren Zeiten als Mittel gegen Krankheiten bei Haustieren. Fichtenforste haben Holz zu produzieren; Holz mittlerer Qualität. Es ist bei Weitem nicht so hart und dauerhaft wie das von Eichen, aber auch nicht so weich und vergänglich wie Weiden- oder Pappelholz. Vor allem lässt es sich ziemlich astrein heranziehen, weil die Fichten in dichtem Bestand nur im eigentlichen Kronenbereich Seitenäste ausbilden. Wachsen sie rasch empor, bleiben die früher entstandenen Äste dünn und sterben bald aus Lichtmangel ab. So entstehen über zehn oder 20 Meter astreine Stämme, die sich gut für Schnitt- und Bauholz eignen. Doch auch Borkenkäfer finden in solchen Stämmen ideale Lebensbedingungen, wenn die Witterung passt. Dann vermehren sie sich in Massen und zerstören die lebendige Schicht, die für die Fichten unentbehrlich ist. Entsprechend verderblich können andere Insekten werden, die die jungen Triebe im Mai abfressen, wenn diese sie gelbgrün, zuckrig und weich sind. Sie enthalten in diesem Zustand mehr Proteine als die alt und hart gewordenen Nadeln. Die lebendige Rinde zwischen Holz und Borke und die jungen Nadeln bilden die beiden Schwachstellen im Leben der Fichten. Ansonsten sind sie hart im Nehmen.

Infolgedessen sind Fichtenforste auch extrem arm an Tieren. Gäbe es die Ameisen und zeitweise die Blattläuse nicht, könnte man meinen, Tiere würden solche Forste überhaupt meiden. Hoch oben in den Kronen wispern da und dort Wintergoldhähnchen, die kleinsten unserer mitteleuropäischen Vögel. Auch ein paar Spinnen werden wir an ihren Netzen erkennen, mitunter einen Käfer finden und die Rufe von Meisen hören. Tatsächlich ist kein anderer Waldtyp so arm an Tieren wie der Fichtenforst. Der Menge nach macht das gesamte Tierleben darin nicht einmal ein Tausendstel der Biomasse der Bäume aus. Das Tierleben spielt sich gleichsam im Promillebereich ab – es sei denn, Hirsche sind gezwungen, viel Zeit in den Fichtendickungen zuzubringen. Dann kommt es zu »Schälschäden«, weil sich die Rothirsche durch Abschälen von Fichtenrinde die für ihre Verdauung nötigen Rohfasern und sicher auch wichtige Mineralstoffe holen. Die solcherart entstehenden Schäden können in der Tat beträchtlich werden. Und das umso mehr, je weniger die Hirsche freie Äsungsflächen und Jungwuchs zur Verfügung haben. Rothirsche gehören nicht in Fichtenforste und Fichten nicht in Tieflandwälder. Mit diesem Satz lässt sich die Lage zusammenfassen. Wenn Fichten auf Flächen wachsen (müssen), die den klimatischen Verhältnissen gemäß Laubwaldgebiet wären, kommt es zwangsläufig zu Schwierigkeiten mit der Tierwelt, ob groß wie die Hirsche oder klein wie die Borkenkäfer oder Schmetterlingsraupen. Wo große Kahlschläge fehlen, die den natürlichen Waldbrandflächen einigermaßen entsprochen hatten, mangelt es an der Vielfalt der Pflanzenarten, die das Wild benötigt. Wo dieses in Jagdreviere gebunden wird oder gar in große Gatter oder Rotwildgebiete, die es nicht verlassen darf, können die Hirsche die naturnotwendigen Wanderungen nicht mehr durchführen. Aber Fichtenforste sind kein guter Dauerlebensraum für Hirsche und andere große Säugetiere wie Wildschweine. Sie liefern zu wenig nutzbare Überschüsse. Solche gibt es im Grasland und auf den Fluren, die genau solche Produkte liefern sollen, wie wir sie zu unserer Ernährung haben wollen. Das Wild befindet sich daher gleichsam auf unserer Seite, wie die Nutztiere auch. Der Fichtenforst würde sich selbst genügen. Seine Nadeln fallen ab und bilden eine dicke, sich nur langsam zersetzende Schicht am Boden. Sie schafft saure Bodenverhältnisse, die viele Pflanzen davon abhalten, darauf zu wachsen. Das begünstigt die Pilze. Sie besorgen das Recycling der Nährstoffe. Fichte und Wurzelpilze kämen miteinander alleine zurecht. Andere Lebewesen brauchen sie nicht, höchstens Ameisen, die sich um die Blattläuse kümmern. Und irgendwann im Verlauf der Jahrhunderte eines Fichtenlebens würde ein Blitz zur rechten Zeit im Sommer zünden und eine neue Entwicklung in Gang setzen. Der Holzeinschlag als Nutzung der Fichtenforste nimmt die Wirkung des Feuers vorweg. 70 bis 120 Jahre, je nach Wuchsort, sind die angemessene Zeitspanne für den neuen, vom Menschen geschaffenen und vom Feuer unabhängig gewordenen Zyklus. Rund zehnmal können die Fichten in dieser Zeit auf die Sonnenflecken reagieren und massenhaft Zapfen ansetzen. Und den Kreuzschnäbeln paradiesische Verhältnisse schaffen. Den Holzertrag schmälern die Vögel nicht. Doch nicht ein einziger derartiger Lebenszyklus des Fichtenforstes verlief ohne Störungen. Die Natur ist zu variabel. Die Witterung vor allem. Und Neues kam hinzu.

Seit ein paar Jahrzehnten düngen wir Menschen nicht nur die Fluren überreich mit Stickstoffverbindungen, sondern auch die Wälder. Über ganz Mitteleuropa gehen Jahr für Jahr zwischen 30 und 60 Kilogramm Stickstoff (als Reinstickstoff aus Verbindungen wie Stickoxiden und Ammoniak gerechnet) auf jedem Hektar nieder. So viel Stickstoff hatten unsere Wälder ganz allgemein nie zur Verfügung. Sie setzen diese zusätzlichen Mengen in Wachstum um. Das macht die Bäume aber anfälliger, vor allem auch für Pilze. Die Auswirkungen sind komplex und längst noch nicht gut genug durchschaut. Möglicherweise folgen nun die Jahre mit gutem bis sehr gutem Zapfenansatz bei den Fichten schneller als früher aufeinander und die Sonnenflecken steuern nicht mehr alleine den elfjährigen Rhythmus. Vielleicht wird der Saft der Fichten mit Aminosäuren angereichert. Düngung, das wissen wir aus der Landwirtschaft, verändert viel mehr als nur das Wachstum der Nutzpflanzen. Das »Waldsterben« der 1980er-Jahre war möglicherweise mehr eine Reaktion auf das ziemlich plötzliche Überangebot an Stickstoffverbindungen als auf Schadstoffe. Doch was meint der Begriff Schadstoff? Es geht wie beim Gift um die Dosis, nicht um den Stoff an sich. Stark veränderte Dosen können neuartige Wirkungen nach sich ziehen. Der Wald ist nicht gestorben, auch die monotonen. Fichtenforste nicht. Zu Beginn des 21. Jahrhunderts gibt es in Mitteleuropa mehr Wald als jemals in den letzten 1.000 Jahren. Und nach wie vor viel mehr Fichten. Allen Diskussionen um das Waldsterben zum Trotz fand der »Umbau« auf stabilere Laubwälder nicht statt. Warum, das ergibt sich, wenn wir uns die Eichen und die Buchen näher ansehen. Vor allem die Buche »sollte«, so die Wunschvorstellung vieler Naturschützer und Waldfreunde, wieder die Fichten im Flachland ersetzen. Die Waldbesitzer favorisieren die Fichte, die Förster die Buche, der Deutschen liebster Baum im Wald ist aber die Eiche.

Eichen – Bäume mit Geschichte

Mit Eichenlaub schmückte man Helden; Kriegshelden zuletzt, die für den Endsieg gekämpft hatten und dabei, wie mein Vater, »für das Vaterland gefallen« waren. Dieses Vaterland repräsentierte allerdings im Wesentlichen der »Führer« mit seiner Clique und nicht die Mütter mit ihren kleinen oder, wie in meinem Fall, noch ungeborenen Kindern. Vorbild für das »Eichenlaub« war der Siegeskranz aus Lorbeerzweigen der griechischen Antike. Aber dieser wurde bei Dichter- und Sängerwettbewerben und an Sportler verliehen. Die Römer entweihten ihn. Sie machten den Lorbeer zum militärisch-politischen Siegeskranz für die Imperatoren. Fast zwei Jahrtausende später setzte sich Napoleon in seiner maßlos gewordenen Überheblichkeit einen goldenen Lorbeerkranz auf. Obwohl aus Gold, verging er schnell. Wie auch das Eichenlaub, das zum passenden Gegenstück des antiken und imperialistischen Lorbeers auserkoren wurde. Es sollte den Mythos des Beständigen, des Unüberwindbaren, sichtbar zum Ausdruck bringen: die Deutsche Eiche. Wenn ein Baum national vereinnahmt wird, ist das verdächtig. Und auch aufschlussreich. Verdächtig, weil der Zweck durchklingt. Aufschlussreich, weil sich die damit verbundenen Motive offenbaren. Der Baum selbst, die Eiche (von denen es allerdings nicht nur eine, sondern eine ganze Reihe verschiedener Arten gibt), kann so wenig dafür, als Symbol missbraucht worden zu sein, wie Adler oder Löwe. Aber die Eiche hat Eigenschaften, die sie zum Symbol für Beständigkeit machen.

»Buchen sollst Du suchen, Eichen sollst Du weichen«

Dabei ist das Erste, an das ich mich in Bezug auf die Eiche erinnern kann, eine Warnung an uns Kinder gewesen. »Den Eichen sollst du weichen!«, hieß es, und »die Buchen sollst du suchen!« – wenn ein Gewitter kam. Angeblich schlägt der Blitz oft in Eichen, aber so gut wie nie in Buchen. Nachdem der Blitz in meiner Kindheit das dritte Mal in unser kleines Häuschen am Dorfrand eingeschlagen hatte, wobei alle Glühbirnen platzten, aber zum Glück kein Brand entstand, fing ich an, solche Sprüche zu bezweifeln. Wir hatten keine Eiche im Garten, nur ein paar Apfelbäume, und unser Haus war das kleinste. Dass der Grund für die Einschläge, die uns veranlassten, eine ziemlich aufwendige Blitzschutzanlage einzurichten, wahrscheinlich eine sehr starke Wasserader war, die direkt am Haus vorbei zum Bach hinunter führte und dort als Quelle hervortrat, kam erst zutage, als die Abwasserkanalisation gebaut wurde. Kein Wunder, dass unser Keller immer feucht war. Die drei Blitzeinschläge, von denen einer den Kamin erheblich beschädigt hatte, erzeugten eine positive Nebenwirkung: Ich hatte keine Angst mehr vor Gewittern. Das kam mir in den Tropen zugute, wenn ich Gewitter erlebte, die ein Vielfaches stärker waren als unsere mitteleuropäischen. Dabei wunderte ich mich, wie selten Blitze in die Bäume einschlugen. In Amazonien hieß es, auf dem Wasser zu sein, sei am gefährlichsten. Und im amazonischen Regenwald reimte ich mir eine plausible Erklärung für den Spruch aus meiner Kindheit zusammen: Die Bäume dort bilden ein oberflächennahes Wurzelwerk aus, von dem die großen, mitunter mehrere Meter hohen Brettwurzeln oder auch kräftige Stelzwurzeln am meisten auffallen. Reißt ein Gewittersturm einen Urwaldriesen um, so ist am nun senkrecht aufgestellten Wurzelteller zu sehen, dass es keine zentrale Pfahlwurzel gibt. Eine solche entwickelt aber die Eiche. Wer versucht, eine kleine, gerade vielleicht kniehoch aufgewachsene auszugraben, um sie im Garten einzupflanzen, sieht sich vor die Schwierigkeit gestellt, dass die Pfahlwurzel tiefer in den Boden reicht als das Bäumchen hoch ist. Große Eichen wurzeln tatsächlich sehr tief. Sie erfassen Grundwasserschichten, die Flachwurzler nicht erreichen. Zu denen zählt die Buche, die Rotbuche – nicht die Hainbuche, die trotz ihres Namens nicht verwandt ist. Die flachen Wurzeln sind also der Grund für den Spruch »Die Buchen sollst du suchen«. Ihr »Herzwurzelsystem«, so genannt nach der Form ihrer Wurzelmasse, reicht bei Weitem nicht so tief hinab, sondern entfaltet sich oberflächennah, sodass die Rotbuchen auch auf ausgeglichene, im Sommerhalbjahr ziemlich reichliche Niederschläge angewiesen sind. Die Eichen halten hingegen lange Trockenzeiten aus. Über die tief hinabreichende Pfahlwurzel können sie die direkte Verbindung zwischen dem Grundwasserspiegel und der Krone herstellen und nicht nur, wie Flachwurzler, feinst verteilte Bodenfeuchte erfassen. Vielleicht haben sie vor Beginn des Gewitters auch besonders stark transpiriert. So ist es vorstellbar, dass ihr elektrisch leitender Saftstrom Blitze durch Entladung der Spannung zwischen Grundwasser und Wolken auslöst. Ein weiterer Grund mag gewesen sein, dass Eichen oft einzeln in der Flur stehen und damit als Schutz vor dem heraufziehenden Regensturm bei der Feldarbeit näher waren als ein Waldstück oder die nächsten Häuser. Vor der Motorisierung der Feldarbeit galten andere Zeitmaßstäbe als heutzutage. Ich sah mir die »Feldeichen« genauer an. Viele von ihnen tragen tatsächlich die typischen Längsstreifen am Stamm, die von einem früheren Blitzeinschlag herrühren. Einige hatte der Blitz sogar gespalten. Den umfangreichen Gewebsbildungen zufolge lagen die Einschläge schon viele Jahre zurück. Die Lebensfähigkeit war offensichtlich nicht beeinträchtigt. Die meisten der als »tausendjährig« eingestuften Eichen, die »nur« zwischen 400 und 700 Jahre alt sind, stehen frei. Vielleicht hat jede davon schon Blitzeinschläge abbekommen. Mit ihrer Knorrigkeit, dem massiven Stamm, der allen Stürmen trotzte, und Ästen, die sich kaum bewegen, und weht der Wind auch noch so stark, vermitteln die Eichen tatsächlich den Eindruck von unbeugsamer Beständigkeit. Und anders als die nicht minder dauerhaften, uralten Ölbäume werden sie nicht zu Krüppeln, sondern behalten ihre eindrucksvolle Gestalt bis ins hohe Alter.

Auf immer und ewig?

In den Wäldern Germaniens waren es Eichen, die dem Gott Donar oder Thor geweiht waren. Eine davon erlangte historische Berühmtheit, die Donar-Eiche im nordhessischen Fritzlar. Im Jahr 723 veranlasste Bonifatius, der auf Missionsreise im Reich der Franken unterwegs war und noch seiner englischen Herkunft gemäß Wynfreth hieß, die Fällung jener Eiche, die den noch nicht zum Christentum bekehrten Chatten heilig war, um die Schwäche des germanischen Gottes Donar öffentlich vorzuführen. Fränkische Soldaten schützten den Mönch vor möglichen Übergriffen der sicherlich zutiefst betroffenen Heiden. Aus dem Holz dieser Eiche ließ er der Sage nach eine Kapelle bauen, die schon im darauffolgenden Jahr Keimzelle für das Kloster Fritzlar wurde. Die heutige Stiftskirche Sankt Peter soll an der Stelle der Donar-Eiche stehen. Es heißt, die Chatten seien von der Macht des Christengottes beeindruckt gewesen, denn Donar ließ das Fällen der Eiche durch die Andersgläubigen einfach geschehen und unterlag. Doch Donar griff ebenso wenig ein wie der Christengott bei der Bombardierung der Kaiser-Wilhelm-Gedächtniskirche in Berlin am 23. November 1943 oder der Dresdener Marienkirche, die am 15. Februar 1945 ausbrannte und zusammenstürzte. Dem Wüten von Kriegen und Ideologien können auch die standhaftesten Eichen nicht widerstehen. Mehr als an jedem anderen Laub hängt am Eichenlaub Ideologie. Doch auch mehr als anderes Holz haben uns Eichen Geschichte erhalten. Denn Eichenholz widersteht dank seines hohen Gehaltes an Gerbstoffen der Zersetzung besonders lange, vor allem im Wasser. Schiffsplanken, Pfähle zum Hausbau an Seeufern oder schlichte Balken in Häusern stellen heute mit die wichtigsten Archive dar, um Einblicke in Wetter und Klima vergangener Jahrhunderte und Jahrtausende zu bekommen.

Warum ist das so? Was zeichnet die Eiche aus? Hartes Holz bilden auch andere Bäume, wie zum Beispiel die Wildbirne oder die Hainbuche. Eichenholz ist nicht das härteste, aber eines der beständigsten unter den Hölzern, weil es von Gerbstoffen imprägniert ist. Eichenrinde wurde daher bis in die jüngere Vergangenheit zum Gerben von Leder benutzt; Inhaltsstoffe von Eichen dienten in ähnlicher Weise zur Herstellung von beständiger, ziemlich lichtechter Tinte.

Das sind Eigenschaften, aus denen wir Menschen Nutzen ziehen. Aber die Eichen entwickeln sicher nicht deshalb so hartes Holz, weil wir damit Häuser oder Schiffe bauen wollen. Ebenso wenig produzieren sie ihre besonderen Inhaltsstoffe, nur um uns in die Lage zu versetzen, Leder zu gerben oder Tinte herzustellen. Vielmehr müssen diese Eigenschaften für die Eichen selbst von Bedeutung sein. Denn ihre Erzeugung hat einen Preis: Eichen wachsen langsam, viel langsamer als die auch gutes Holz erzeugenden Buchen oder die geradezu raschwüchsigen Fichten und Pappeln.

Eine allgemein zutreffende Feststellung vorweg: Was schnell wächst und »ins Kraut schießt«, wird nicht hart. Hartholz entsteht durch langsames Wachstum. Die Jahresringe im Schnittbild von Eichenstämmen zeigen das im Vergleich zu Fichten oder Weiden. Sie sind viel enger als die der Weichhölzer. Eichen haben deshalb schlechte Aussichten, in der Konkurrenz mit schnellwüchsigen Baumarten zu bestehen. In Auwäldern finden wir sie erst dort, wo die Hochwässer nur noch selten hingelangen oder wo man sie angepflanzt und gegen die Konkurrenz geschützt hat. Umgekehrt suchen wir in typischen Eichenwäldern vergeblich nach Weiden oder Pappeln. Wieder liegt es am Boden, welche Baumart sich schließlich durchsetzt. Ist dieser gut mit Nährstoffen und Wasser versorgt, gewinnen die schnell wachsenden Arten. Verknappung sortiert, bei Pflanzennährstoffen wie auch beim Wasser. Buchen gedeihen auf besseren Böden als Eichen. Das Wurzelwerk sagt hier mehr aus als die Wuchsform der Bäume. Eichen können sich mit ihrer Pfahlwurzel aus größeren Tiefen Wasser und Nährstoffe holen. Buchen nützen den mittleren Bodenbereich mit ihrer Herzwurzel besser aus und Fichten den oberflächennahen mit ihren Tellerwurzeln. Daher erklärt sich auch ihre unterschiedliche Anfälligkeit für Stürme. Fichten werden leicht entwurzelt, Buchen weniger und Eichen sehr selten. Die allgemeinen Verbreitungsmuster von Niederschlägen, Sturmhäufigkeit und Bodenqualität geben daher vor, welche Baumtypen die Waldzusammensetzung kennzeichnen werden.

Es gibt ein weiteres, weniger beachtetes Anzeichen hierfür, und das ist die Größe beziehungsweise Art der Samen und wie sie verbreitet werden. Beginnen wir die Betrachtung bei den Weiden am Flussufer. Sie führt ganz von selbst hin zu den Eichen. Die Weiden erzeugen Flugsamen, die Wind und Wasser weit verbreiten. Die

Hilfe von Tieren brauchen sie nicht. Wie schon im ersten Kapitel ausgeführt, sieht es wie Schneetreiben aus, wenn im Mai die Weidensamen herumfliegen. Sie sind winzig. Landen sie zufällig auf einem vom Frühjahrshochwasser frei gewordenen, noch unbewachsenen Uferstreifen, keimen sie schnell. In wenigen Wochen kann ein Weidenbestand aufwachsen, der wie gepflanzt aussieht. Oder es gibt nichts in diesem Jahr, weil die Wasser- und Witterungsverhältnisse ungünstig waren. Bei den Millionen winziger Flugsamen wirkt die Zahl, nicht deren Masse. Ähnlich verhält es sich noch bei den Pappeln, auch wenn bei diesen die Samen selbst bereits deutlich größer ausfallen. Die schiere Größe bedeutet Vorrat an Nährstoffen für die erste Zeit nach dem Keimen. Je mehr davon vorhanden ist, desto länger ist das werdende Bäumchen unabhängig von dem, was die Stelle liefert, an der es keimte. Auch Erlensamen gehören noch in den Bereich der Flugsamen mit sehr geringen Vorräten für das Keimen. Anders sieht es aus, wenn wir die weitere, in der Zonierung am Fluss anschließende Gruppe von Bäumen betrachten. Die Traubenkirschen umgeben ihren »Kern« bereits mit etwas Fruchtfleisch, sodass die Früchte für Vögel interessant sind. Eschen und Ahorn erzeugen »Flügelsamen«, die nach Art von Propellern mit dem Wind fliegen und bei der Landung schon einen beträchtlichen Vorrat an Nährstoffen für die Keimung in sich tragen. Die Eschen entwickeln auch nicht mehr alle Jahre wie die Weiden, Pappeln und Erlen etwa gleich viele Samen, und das in jeweils großen Mengen, sondern je nach Verlauf des Jahres erkennbar mehr oder weniger. Nicht immer hängen die Kronen voller Büschel, die sich erst im Spätwinter auflösen und die Flügelsamen freigeben. Bei den Eichen gibt es ausgeprägte Mast- und Magerjahre. In Mastjahren quellen sie über vor Eicheln, in den Magerjahren muss man danach suchen. Aber die Eicheln sind viel massiger als die Samen von Eschen. Egal, wo sie auf den Boden auftreffen, schieben sie eine Pfahlwurzel so tief in den Boden, wie es nur geht, wenn sie zum Keimen kommen. Jahrelang »investieren« sie in die Wurzel. Oberirdisch bleiben die Schösslinge klein und unauffällig. Bekommen sie nach Jahren Licht und Raum, zeigt sich, was in ihrem Wurzelwerk steckt. Sie sind ein Musterbeispiel dafür, wie ein reichlich mit Vorratsstoffen ausgestatteter Same viele Jahre ungünstige Phasen überbrückt, bis seine Zeit gekommen ist. Die Eichel braucht daher auch hinreichend Fraßschutz. Diesen liefern die Gerbsäuren. Auch die kleine Eiche hat den Schutz nötig, denn wenn ihre ohnehin spärlichen Blätter abgefressen werden, nützt das beste unterirdische Wurzelwerk nichts mehr. Die Eiche ist von Jugend an auf langsames Wachstum eingestellt. Das schreibt sich so leicht. Was es aber bedeutet, wird erst klar, wenn man die Lebensumstände kennt. Bei der Eiche als Baum geht es nur indirekt um jene Beständigkeit, die wir so schätzen und die sie so symbolträchtig gemacht hat. Direkt bedeutsam ist, wie sie aus der Eichel aufwächst, wie sie überlebt, bis sie buchstäblich den Durchbruch zum Licht schafft. Sie muss die ersten Jahrzehnte überstehen, um Jahrhunderte alt werden zu können. Schutzstoffe sind dazu unentbehrlich. Zum Vergleich: Eine Silberweide in der Flussaue hat den größten Teil ihres natürlichen Lebens und damit auch ihrer Fortpflanzung längst hinter sich, wenn die Eiche erst richtig ins Wachsen kommt. Sie muss den Platz, ihren Wuchsort, verteidigen. Würde sie schneller wachsen, solange sie noch nicht kräftig und selbstständig genug ist, könnte sie sich weit weniger gut vor Fraß schützen.

Das hat sie nötig, denn Hunderte verschiedener Insekten sind auf Eichen spezialisiert oder können von Eichenblättern leben. Unsere größten Käfer, die Hirschkäfer *Lucanus cervus* und der Große Eichenbock *Cerambyx cerdo* oder das mit prächtig roten Hinterflügeln ausgestattete Eichenkarmin *Catocala sponsa*, ein Ordensbandfalter, der sich mit eichenrindenartig gefärbten und gezeichneten Vorderflügeln perfekt tarnt, gehören dazu. Die winzige Gallwespe *Dipolepis quercus-folii* erzeugt die bekannten, sich auf der Unterseite von Eichenblättern bildenden kugeligen »Galläpfel«, die beim Reifen wie Äpfel rötlich werden. Aus solchen Gallen, die sehr viel Gerbsäure enthalten, wurde früher Tinte gemacht. Die Menge an Gerbsäuren bestimmt ganz allgemein bei den Eichen das Ausmaß des Fraßschutzes. Es sind dies komplexe chemische Stoffe, deren Entwicklung Energie kostet. Die Eiche investiert diese Energie in die Schutzstoffe, anstatt sie in Form einfacherer Verbindungen direkt zum Wachsen einzusetzen – wie das andere Baumarten, die schnell wachsen, tatsächlich tun. Leben sie an nährstoff- und wasserreichen Orten, sind sie in der Lage, die Verluste wieder auszugleichen. Wachsen sie aber, wie die Eichen, auf trockeneren, weniger gut mit Pflanzennährstoffen versehenen Böden, klappt das mit dem Ersatz nicht sicher genug. Das zeigt sich, wenn ein recht kleiner, eichengrüner Kleinschmetterling im Frühjahr Eichen kahl frisst.

Vom Nutznießer zum Schädling

Der Eichenwickler *Tortrix viridiana* ist so ein Spezialist, dessen Räupchen genau zur rechten Zeit schlüpfen, wenn die Eichen im Frühjahr austreiben. Die zarten, noch nicht ausreichend durch abwehrende Inhaltsstoffe geschützten Blätter verschwinden in wenigen Tagen in den Mäulern der kleinen grünen Raupen. Auch wenn viele Kleinvögel solche Raupen, insbesondere wenn sie in großen Mengen vorkommen, intensiv als Nahrungsquelle für sich und ihre Brut nutzen, reicht der Anteil, den sie verzehren, in der Regel nicht aus, um Kahlfraß zu verhindern. Dann »regnet« es im Eichenwald Raupenkot und kleine grüne Raupen – allerdings nur, wenn die Eichen in etwa gleich alt sind und auch ziemlich gleichzeitig ausgetrieben haben. Womit wir wieder beim Unterschied von Forst, also dem gepflanzten Wald, und dem natürlichen Bestand angelangt sind. Auch im Eichenwald gibt es Massenvermehrungen von Insekten mit Kahlfraß als Folge, wenn es sich um Forste handelt. Bei hoher struktureller und genetischer Gleichartigkeit reicht die passende Witterung wie ein warmes Frühjahr ohne Spätfröste und mit wenig Regen aus, um den Spezialisten das Schlemmen zu eröffnen. Wären die Eichen unterschiedlich alt und aus verschiedenen »Klonen« zusammengesetzt, blieben Fraßschäden lokal und unerheblich. Auch Eichenwälder können zu stark vereinheitlicht sein, selbst wenn wir das nicht, wie bei den Fichtenforsten, auf den ersten Blick sehen. Dann hilft die chemische Abwehr auch nicht mehr.

Es sind, wie so oft, die Kleinen, die (sichtbar) Großes bewirken. Die wirklich Großen der Insektenwelt, die auch im Eichenwald leben, fallen kaum auf. Schmetterlinge, wie die zu den Eulenfaltern gehörenden beiden Arten von Eichenkarminen *Catocala sponsa* und *Catocala promissa*, kennt außerhalb der Kreise von Schmetter-

lingsspezialisten kaum jemand. Dabei gehören sie zu den eindrucksvollsten Faltern in den Eichenwäldern. Das Große Eichenkarmin hat
immerhin eine Flügelspannweite von sechs Zentimetern, intensiv
rote Hinterflügel mit einem gezackten schwarzen Querband und
schwarzem, weiß gesäumtem Rand, aber eichenrindenartig tar-
nende Vorderflügel. Ähnlich, aber im Vorderflügel heller und mar-
kanter gezeichnet ist das Kleine Eichenkarmin *Catocala promissa*.
Beide bleiben unauffällig, verglichen mit den kaum einen Zentimeter spannenden, einheitlich grünen Eichenwicklern. Die ganz
Großen aus der Käferwelt der Eichenwälder zu erblicken, gehört
sogar zu den inzwischen zur Rarität gewordenen Eindrücken. Denn
Hirschkäfer *Lucanus cervus* machen sich rar, seit die Wälder zu
Forsten umgestaltet worden sind und Huteeichen nur noch als ver-
einzelte Reste früherer Wirtschaftsformen übrig geblieben sind. Als
einzeln stehende Eichen, verteilt über die Weideflächen des Viehs,
lieferten sie mit ihren weit nach unten reichenden Ästen Schatten
und im Herbst mit ihren Eicheln gleichsam Kraftfutter. Seit Jahrzehnten steht der Hirschkäfer unter Naturschutz. Gebracht hat ihm
das nichts. Nur dort, wo aktive Naturschützer Eichenholzstapel und
anderes Laubholz als Brutstätten für diese größten unserer Käfer
auslegen, können sie sich vermehren. Denn ihre Larven brauchen
sehr lange zur Entwicklung; fünf Jahre mindestens, oft aber sieben
und mehr. Bis siebeneinhalb Zentimeter können große, an ihrem
»Geweih« zu erkennende Männchen lang werden. Das Geweih sind
die Oberkiefer, mit denen sie einander bekämpfen und auszuheben
versuchen, wenn Rivalen bei einem Hirschkäferweibchen zusammentreffen. Dass ihre Larvenentwicklung so lange dauert, liegt an
der geringen Ergiebigkeit des Holzes. Es muss eigentlich von Pilzen
verdaut werden – und davon leben die Hirschkäferlarven. Sie schädigen daher die gesunden Eichen nicht. Aber sie brauchen das Altholz, die absterbenden Baumstümpfe, zum Überleben. Auf diese
Weise verbindet der größte mitteleuropäische Käfer sein außerordentlich langes Leben mit der entsprechend langlebigen Eiche. Für
sie zählt in Jahrhunderten, was für den Käfer die Jahre (als Larve)
sind. Geht es ihnen schlecht, schlüpfen die Käfer als Kümmerfor-
men aus den Puppen, die dann mit zweieinhalb Zentimetern nur

ein Drittel eines großen Hirschkäfers ausmachen und als solche nur noch von Spezialisten erkannt werden. Einen fliegenden Hirschkäfer zu erleben gehört sicherlich zu den besonders eindrucksvollen Naturbeobachtungen. Schräg, wie von der Last des eigenen Körpers nach unten gezogen, hängt er in der Luft. Sein Flug ist langsam, geradlinig und berechenbar. Aber es wird ihn kaum jemals ein Vogel zu fangen versuchen. Er ist zu groß dafür.

Nicht ganz so groß, aber mit den sehr langen, massigen Fühlern ähnlich bizarr wirkt im Flug ein Bockkäfer, der ebenfalls zu den Großen in seiner Familie und unter den mitteleuropäischen Käfern zählt, der Große Eichenbock *Cerambyx cerdo*. Auch er ist sehr selten geworden. Die Forstleute trauern ihm weniger nach als die Käferfreunde, weil sich seine großen Larven bis ins Kernholz von Eichenstämmen bohren und dessen Wert damit mindern. Mit bis zu über fünf Zentimeter Körperlänge und spitzen, zangenartigen Kiefern ist dieser Käfer sehr eindrucksvoll. Viele weitere Käfer und andere Insekten leben, wie schon angedeutet, an Eichen. Von allen mitteleuropäischen Baumarten werden die beiden Eichenarten Stiel- oder Sommereiche *Quercus robur* und Trauben- oder Wintereiche *Quercus petraea* mit Abstand von den meisten Insekten bewohnt. Die Angaben reichen bis über 800 verschiedene Arten. Manche geben sogar 1.000 an. Dass es so viele sein können, hängt mit der Beständigkeit der Eiche zusammen. Ein Baum, der über nahezu ein Jahrtausend lebt, wenn er einmal groß genug geworden ist, lohnt die Spezialisierung auf Details ungleich mehr als eine rasch vergängliche, unstete Art, die nur ein paar Jahre an Ort und Stelle vorhanden ist. Allein die wirklichen Eichenspezialisten und nicht nur gelegentliche Nutzer dieser Bäume näher beschreiben zu wollen, würde ein dickes Buch füllen. Kleine Bibliotheken füllen die Fachartikel über Eichen und ihre Bewohner, von Viren, Bakterien und Pilzen bis zu Vögeln wie dem seltenen Mittelspecht *Picoides medius* und nächtliche Kobolde wie den Siebenschläfer *Glis glis* und Fledermäuse. Hier soll auf einen anderen Zusammenhang mit der Kulturgeschichte angeschlossen werden, die Verbindung zwischen Eichen und Wildschweinen.

Obelix und der Wildschweinbraten

Irgendwo steckt in den meisten Geschichten ein wahrer Kern. Nur ausnahmsweise, wenn überhaupt, wird ganz Neues ersonnen. Dass die Gallier, und nicht nur sie, sondern auch die Germanen, Wildschweinbraten sehr schätzten, ist unabhängig von der Menge, die Obelix zu verschlingen pflegte, eine historische Tatsache. Das lag an den Eichen, die es damals, vor rund 2.000 Jahren, im nördlichen Gallien wie überhaupt weit ausgedehnter als gegenwärtig in Europa nördlich der Alpen gab. Die Römerzeit und die Zeitenwende war eine Eichenzeit, wie ein gutes halbes Jahrtausend später wieder das Hochmittelalter. Es gab viele warme Sommer und wenig kalte Winter, genügend Niederschläge für die Eichen, aber vielerorts zu wenig für die Buchen. Die Eichen kommen mit diesem warmen Klima am besten zurecht. Ihre Verwandten, die Zerr- und die Korkeichen, gedeihen am besten im Mittelmeerklima. Wir sehen, wie schnell bei feuchter Witterung junge Eichen von Mehltaupilzen befallen werden. Gibt es aber nach warmem Frühjahr einen schönen Sommer, hängen die Bäume voller Eicheln. Das sind die Mastjahre, so genannt, weil sie die Schweinemast begünstigen. Die Mast der Hausschweine, die in die Eichenwälder getrieben werden, aber auch jene der Wildschweine, die von Natur aus auf Eicheln als Nahrung eingestellt sind. Ihr Wildgeschmack im Fleisch wird durch dieses Futter verstärkt, so wie die frei gehaltenen Hausschweine im Südwesten Spaniens unter den Korkeichenwäldern weiden und durch die Eichelkost ihr Fleisch jenen Geschmack annimmt, der den berühmten iberischen Schinken auszeichnet. In und nach guten Eichel-Jahren vermehren sich die Wildschweine stark. Die Eicheln enthalten als Reserve für das Wachstum des Sämlings Stärke, die nur leicht von den Gerbstoffen »vergällt« ist.

Geröstete Eicheln waren in Hungerzeiten auch für Menschen Mehlersatz. Ohne die Eichen, ohne die Möglichkeit, die Schweine in den Wald zu treiben, hätte sich unsere Kultur anders entwickelt. Vielleicht wären wir Mitteleuropäer dann auch Anhänger des Schweinefleisch-Tabus, wie die Menschen aus den vorderasiatischen Kulturkreisen. Die Eichen und auch die Buchen lieferten mit ihren »Früchten« die Voraussetzung für die Schweinemast. Wo diese

Bäume nicht vorkommen, wäre ohne die aus Südamerika stammende Kartoffel, die erst im 18. Jahrhundert allmählich zum Grundnahrungsmittel für Menschen und zum Futtermittel der Schweine wurde, und ohne den Mais, der erst seit jüngerer Zeit angebaut und verfüttert wird, keine umfangreiche Schweinehaltung bei uns möglich gewesen. Seit mehr als einem Vierteljahrhundert essen wir über 85 Kilogramm Fleisch pro Kopf und Jahr in Deutschland. Den weitaus größten Teil davon macht das Schweinefleisch mit 56 Kilogramm pro Kopf aus. Insofern spiegelt die Comic-Figur des Obelix unseren Fleischkonsum. Doch dass die Bestände an Wildschweinen in Deutschland gegenwärtig so sehr zunehmen, hat nichts mit den Eichen oder Eicheln zu tun, sondern vielmehr mit dem Überangebot an Futter, das dank des großflächigen Anbaus von Mais den Wildschweinen reichlich Nahrung bietet und zudem Deckung, denn in den zwei bis drei Meter hohen Maisdschungeln sind sie sicher.

Eichen und Klimawandel

Den Computermodellen zufolge müssen wir mit zunehmender Erwärmung des Klimas rechnen. Denn die Erdbevölkerung wächst, und die Wirtschaft in den besonders volkreichen Staaten noch mehr. 2010 hat China die USA im Energieumsatz überrundet. Doch die wirtschaftliche Entwicklung Chinas ist ebenso wie die Indiens und Brasiliens noch längst nicht abgeschlossen. Im Gegenteil. Immer größere Anteile an der globalen Bevölkerung streben dem amerikanisch-japanisch-europäischen Standard entgegen. Ein Rückgang der Kohlendioxidfreisetzung ist in dieser Lage kaum zu erwarten. Zwangsläufig wird das Konsequenzen für den Wald haben; in Mitteleuropa wie auch global. Unsere Geschichte weist Zeiten aus, in denen die Eichen das Waldbild bestimmten. Das waren die warmen Zeiten. Wenn sie aufgrund der Klimaerwärmung wieder kommen, werden auch die Eichen wieder bedeutungsvoller werden – als Bäume unserer Wälder, die Wärme und wochenlange Trockenheit vertragen, aber vielleicht auch wieder als naturgemäßes Weideland für Schweine. Es könnte ertragreicher und weit weniger Energieaufwand bedeuten als die gegenwärtige

Schweinemast in Ställen, wenn Energie knapp und Futtermittel nicht mehr so ohne Weiteres aus Südamerika zu importieren sind. Dann sind die Eichen unsere Option. Sie werden auch dem Klima der Zukunft trotzen. Ihr langsames Wachstum, ihr geringerer Wasserbedarf und ihr reiches Fruchten werden ihre Stärke ausmachen. Und die Schwäche der Buchen aufzeigen, die weit mehr Wasser brauchen und deren Stämme sogar Sonnenbrand bekommen können.

Buchen – die Zukunft des Waldbaus?

Der Anblick mächtiger, säulenhaft glatter Stämme hundertjähriger Buchen geht dem Forstmann ähnlich ins Gemüt wie der Kronenhirsch mit sechzehn oder achtzehn Enden am perfekt symmetrischen Geweih dem Jäger. Der Forstmann argwöhnt, den Jäger interessiert der Wald nur als mehr oder minder offener Stall für das Wild, das sich darin zudem noch unentgeltlich von erstklassiger Biokost ernährt und damit den Wald schwerstens schädigt. Der Jäger unterstellt umgekehrt, dass der Forstmann im Wesentlichen doch nur am Holzertrag interessiert ist, und stuft dessen Empfindungen, sich unter den mächtigen Buchen wie in einer Kathedrale zu wähnen, als Gefühlsduselei ein. Das höchste der Gefühle sei doch der erfolgreiche Abschuss des starken Hirsches und nicht das Kreischen der Sägen, die den prächtigen Baum fällen und zu Nutzholz machen. Der Buchfink weiß von alledem nichts. Er schmettert seinen Finkenschlag längst nicht mehr nur im Buchenwald, nach dem er benannt worden ist, sondern fast überall, wo Bäume stehen. Am häufigsten singt er in den Stadtparks und auf Waldfriedhöfen. Einen Buchenwald-Nationalpark in Deutschland fordern seit vielen Jahren Naturschützer. Der Königstuhl auf Rügen mit seinen großartigen Buchen sei nicht genug. Die bayerische Staatsforstverwaltung hält davon wenig und setzt auf eine naturnahe Waldbewirtschaftung, wohl weil ältere Buchenwälder einen weit höheren Wert haben als Bergfichtenwälder in den Waldgebirgen. An der Buche scheiden sich die Geister. Eigentlich sollte sie deutscher sein als die Eiche und der Buchenwald »unser Wald«. Doch der Mythos der Eiche ist tiefer verwurzelt als die Wertschätzung der Buche, die aus jener Zeit stammt, in der sie in Mitteleuropa mehr Frucht- als Holzbaum war. Unvergleichlich ist ihr helles zartes Grün, wenn sie im Frühjahr austreibt. Dann ist es am schönsten im Buchenwald.

Frühling im Buchenwald

»Kommt der Frühling ins Leitzachtal, werden die Buchen am Hange grün«, so oder so ähnlich muss ich es in einem alten Schulbuch für Deutsch gelesen haben, denn dieser Anfang eines Lesestücks blieb mir im Kopf. »Gelbgrün«, hätte es wohl heißen sollen, das wäre bezeichnender gewesen. Denn das austreibende Buchenlaub entfaltet sich mit so fein nuancierten Tönungen zwischen gelb und grün, dass es Maler am besten charakterisieren können. Golden flutet das Frühjahrslicht den Buchenwald. Es lässt die grauweiß berindeten Stämme wie Säulen aufleuchten. Am Boden breitet sich ein Teppich weißer Sternchen aus, die Blüten von Buschwindröschen *Anemone nemorosa*. Sechsstrahlig sind sie, diese zarten weißen Blüten mit dem hell grünlichen Zentrum, um das sich die gelben Staubgefäße kranzartig gruppieren. Da noch kein dichtes Blattwerk den Wind abhält, schaukeln sie fast beständig im Wind. Fester stehen die ähnlich aufgebauten, aber kräftig blauen Blüten der Leberblümchen. *Anemone hepatica* hießen sie, bis die Unterschiede zu den Windröschen stärker gewichtet wurden und das Blümchen in *Hepatica nobilis* umbenannt wurde. Was die Schneeglöckchen und die Blausterne im Auwald sind, das sind die Buschwindröschen und die Leberblümchen im Buchenwald. Der Seidelbast *Daphne mezereum* kann mit seinen duftenden rosaroten Blütenzweigen hinzukommen – wie auch im Auwald. Aber es fliegen andere Schmetterlinge. Zitronenfalter *Gonepteryx rhamni*, die schon ab Ende Februar, spätestens aber im März im Auwald fliegen, verirren sich selten in die Buchenwälder, weil darin der kleine Faulbaum *Frangula alnus*, die Futterpflanze ihrer Raupen, kaum vorkommt. Dafür zickzackt ein beträchtlich dunkler gelb gefärbter Falter zwischen den Buchenstämmen herum, der Nagelfleck *Aglia tau*. Die auf das griechische Schriftzeichen τ Bezug nehmende Bezeichnung betrifft einen weißen »Nagel« im dunkelblauen »Auge«, das dieser zu den Pfauenspinnern gehörende Schmetterling in der Mitte eines jeden Flügels trägt. Die weiße Zeichnung erinnert an das griechische Zeichen Tau. Bei den Männchen sind die Flügel kräftiger und dunkler gelb als bei den etwas größeren Weibchen. Diese bleiben zumeist weitestgehend unbeweglich und von der Bodenvegetation geschützt an den Buchenstämmen sitzen. Sie verströmen ihren Lock-stoff, der die Männchen anzieht. Ihre Fühler sind sehr groß und kammförmig ausgebildet. Wie gestreckte Radarantennen durchkämmen sie im Flug den Luftraum nach jenem Stoff, der für diesen Schmetterling unwiderstehlich ist, den Duft von Weibchen. Um ihn zu erfassen, schießen die Männchen scheinbar wirr über dem Waldboden umher. Wahrscheinlich reichen einzelne Moleküle des Sexuallockstoffs aus, um die Antenne zu reizen und den Suchflug zu lenken. Bei den verwandten Seidenspinnern *Bombyx mori* ist das nachgewiesen. Peter Karlson und Martin Lüscher, Schüler des Nobelpreisträgers Adolf Butenandt, entdeckten 1969 diesen Stoff, das Bombykol. Seidenraupen waren leichter in großen Massen zu züchten als die Raupen des Nagelflecks, die in unseren Buchenwäldern leben. Ungeklärt blieb bis heute, ob es eine zufällige Übereinstimmung ist, dass bei beiden Frühjahrsfliegern, dem Zitronenfalter und dem Nagelfleck, die Männchen kräftiger gelb gefärbt sind als die Weibchen und was das Gelb überhaupt für eine Bedeutung hat. Ist es eine Tarnung, die im jungen Laub des Frühlings wirkt, weil dieses gelbgrün ausbricht? Oder ein Signal, das schlechten Geschmack oder Giftigkeit vortäuscht, weil die viel häufigeren Kohlweißlinge gelbliches Weiß auf ihren Flügeln tragen? Tatsächlich enthalten diese die sie recht gut vor der Verfolgung durch Vögel schützenden Senföl-Glykoside in ihrem Körper. Die Raupen haben sie mit ihrer Nahrung von den Kohlgewächsen aufgenommen. Häufige Arten bergen immer noch Geheimnisse. Es ist bezeichnend, dass offenbar so gut wie nie versucht worden ist, die Häufigkeit solcher auffälliger Arten untereinander in Beziehung zu setzen. Beginnen Kohlweißlinge in lichten Buchenwäldern zu fliegen, wenn auch die Nagelfleck-Falter unterwegs sind? Wie steht es um das Verhältnis ihrer Häufigkeit zueinander? Sind Vögel schon da, die solche Schmetterlinge fangen würden? Stare erbeuten Zitronenfalter, die jedoch langsam fliegen. Haben sie auch beim Nagelfleck Erfolg? Oder begünstigen die gelben und weißen Farben hauptsächlich die Wärmeaufnahme und haben sie mit Tarnung vor Feinden oder Warnung an diese gar nichts zu tun? »Sib, sib, sib, sirrrr« singen Waldlaubsänger, während mir solche Fragen durch den Kopf gehen – Fragen, die mich von den Buchen selbst abgelenkt haben, von jenem Baum, der bei uns natürlicherweise waldbildend vorkommen sollte und dessen Name in der Bezeichnung für das gedruckte Werk steckt.

Der Baum, der die Germanen das Schreiben lehrte

Papier kannten die Alten Ägypter längst. Sie gewannen den Stoff, auf den sie ihre Hieroglyphen (was so viel wie göttliche oder heilige Zeichen bedeutet) schrieben, bereits im dritten vorchristlichen Jahrtausend aus dem Papyrus-Zyperngras. Die Schriftzeichen waren dank des dafür bestens geeigneten Materials gleichermaßen abstraktes Bildkunstwerk wie Schriftbild und zum Teil in Farbe umgesetzt. Aus Sicht des Kulturhistorikers herrschten in den Wäldern Germaniens und Galliens vor gut 2.000 Jahren noch finstere Zeiten. Die Bäume standen dicht an dicht und waren noch wenig gelichtet, die Wälder kaum von Menschen besiedelt, denn deren einfache Steinwerkzeuge eigneten sich nicht zum Fällen großer hartholziger Bäume wie Eichen und Buchen. Die Buchenzeit, die Zeit, in der Buchenwälder große Teile Mitteleuropas bedeckten, hatte jedoch gerade erst begonnen, als der Ackerbau Einzug nach Mitteleuropa hielt. Wahrscheinlich hatten Bauern, die vom Südosten her, aus dem Schwarzmeergebiet, die Donau entlang nach Westen gezogen waren, die Bucheckern mitgebracht. Jedenfalls erfolgte die Ausbreitung der Buche aus dem pontisch-kaspischen Raum ziemlich zeitgleich mit dem Vordringen des Ackerbaus. In der Bronzezeit, knapp ein Jahrtausend vor der Zeitenwende, erreichte die Buche ihre größte Verbreitung in Europa. Diese Phase war die »Buchenzeit«. Sie reichte bis ins Ende des ersten nachchristlichen Jahrtausends. Mit ihr verbunden war die ausgeprägte Schweinehaltung. Die frühbronzezeitlichen Schweine waren langbeinig, weniger fett und lebten halbwild. Wie wir aus historischen und mythischen Erzählungen der Griechen wissen, kümmerten Schweinehirten sich um sie.

Die Buchen hatten jedenfalls aus Menschensicht ursprünglich Schweinefutter zu produzieren. Auch das taten sie, wie viele Waldbäume, nicht Jahr für Jahr in gleichen Mengen, sondern manchmal besonders gut, dann wieder schwach. Zu durchschauen ist der

»Buchenrhythmus« noch heute schwerer als der Zyklus der Fichten. Alle fünf bis zwölf Jahre gibt es eine in Forstkreisen so genannte Vollmast. Bis sie nennenswert Bucheckern (auch Bucheln) trägt, dauert es allerdings fast 50 Jahre, im geschlossenen Bestand sogar 60 bis 80 Jahre. Dann setzt das mehr oder weniger unregelmäßige Fruchten ein. Vielleicht ist die Buche einfach noch nicht lange genug in Mitteleuropa, um hier ihren passenden Rhythmus gefunden zu haben. Denn obgleich die normale, nicht von forstwirtschaftlichen Maßnahmen beeinflusste Lebenserwartung der Buche mit 150 bis 300 Jahren weit kürzer ausfällt als etwa bei den Eichen, sind es seit Erreichen der mitteleuropäischen Buchenzeit erst gut zehn aneinandergereihte Generationen, die hier wachsen. Die forstliche »Umtriebszeit«, also die Zeitspanne, die für ein gut hiebreifes Alter des Bestandes angesetzt wird, liegt bei 100 bis 150 Jahren je nach Standort. Das ist zwar fast doppelt so hoch wie bei der Fichte, aber beträchtlich kürzer als bei Eichen. Buchen wachsen schneller. Ihr Holz wird nicht so hart wie Eichenholz. Sie wachsen gleichmäßig, wenn sie reichlich und im Sommerhalbjahr gut verteilte Niederschläge bekommen. Der Anbeginn der Buchenzeit zeugt davon, dass das Klima nördlich der Alpen in den letzten vorchristlichen Jahrtausenden feuchter wurde. Die etwa fünf Jahrhunderte der Völkerwanderung und dann wieder die ähnliche Zeitspanne von 1300 bis 1800 begünstigten allerdings, wie schon ausgeführt, die Fichten. Aus dem extremen Kältewinter der Kleinen Eiszeit gibt es Aufzeichnungen, so berichtet der Schweizer Klimahistoriker Christian Pfister in »Wetternachhersage«, dass Buchen »wie mit Kanonendonner« explodierten, weil bei den extremen Minusgraden das im Kernholz enthaltene Wasser gefror. Buchen bekommen leicht auch Sonnenbrand. Ihre Borke, gemeinhin als Rinde bezeichnet, ist zu dünn, um starke Sonneneinstrahlung auszuhalten. Buchen wachsen daher bevorzugt in dichten, horstartigen und gleichaltrigen Beständen auf. Nach außen schützen belaubte Seitenäste die recht dünne Borke der Stämme vor zu starker Bestrahlung. Geraten nicht geschützte Buchen plötzlich voll ins Licht, weil die Bäume, die Schatten geliefert hatten, gefällt wurden, bekommen die Bäume tatsächlich so etwas wie Sonnenbrand. Die Buchenborke ist einfach zu dünn, um einen vergleichbar guten Schutz zu bewirken, wie bei der Eiche oder bei der Kiefer, die Sonne vertragen.

Es herrschte noch die Buchenzeit, als die »Germanen« genannten Völker, die jenseits der Grenze lebten, die von den Römern als Limes gezogen worden war, aus Stäbchen und dünnen Tafeln von Buchenholz bewegliche Zeichen wie eine Schrift verwendeten. Runen wurden sie genannt, später Buch-Staben, weil es Stäbe aus Buchenholz waren, in die bedeutungsschwangere Zeichen geritzt wurden. Aus den dünnen Holztafeln aus Buche wurde das Buch. Aus dem Verzehr der Bucheckern durch die Schweine wurde der viel später zum wissenschaftlichen Namen veränderte lateinische Ausdruck *Fagus*. Er stammt ursprünglich aus dem Griechischen und bedeutete ganz einfach »fressen«, weil die Schweine die Bucheln fraßen (griechisch *phagein*). Die Buche war der bedeutendste Fressbaum, weil die Eicheln der im Mittelmeerraum wachsenden Eichenarten viel zu hart und zu zäh an den Bäumen sitzen. Die Bucheckern fallen aus. In den höheren Bergregionen des östlichen Mittelmeerraumes gab es ausgedehnte Buchenwälder, wie auch am Kaukasus und den iranischen Gebirgen. »Buchenstufe« wird diese Waldzone genannt. Daher ist es sehr wahrscheinlich, dass die Menschen zumindest kräftig bei der Ausbreitung der Buche in den letzten drei Jahrtausenden mitgeholfen haben. Als Waldtyp mag der (Rot-)Buchenwald bei uns durchaus typisch sein. Aber er ist nicht der einzig von Natur aus mögliche. Von Anfang an und mit zunehmender Intensität nahmen die Menschen Einfluss auf die Zusammensetzung der Wälder, sei es direkt durch gezieltes Fällen bestimmter Baumarten oder durch Feuer oder indirekt über die Haltung von Tieren. Denn die Waldweide gehörte zur Viehwirtschaft wie der Acker zum Getreide. Mehr als jede andere Baumart ist die Buche daher mit unserer Geschichte verbunden. Dennoch hängt der Deutschen Herz an den Eichen. So zäh sind die Mythen – und so leicht sind sie wieder hervorzuholen und zu missbrauchen.

Die Buchen und die Vögel

Nach der Buche benannt ist eine der häufigsten Vogelarten Mittel- und Westeuropas, der Buchfink *Fringilla coelebs*. Nach Kalkulationen von BirdLife International dürfte es zwischen 130 und 240 Millionen Brutpaare dieses Finken allein in Europa geben. Sein Areal reicht aber bis Zentralasien, über die Türkei nach Persien und nach Nordwestafrika ins Atlasgebirge. Vielleicht gibt es eine ganze Milliarde Buchfinken. Für Deutschland wird ein stabiler Bestand von neun bis elf Millionen Brutpaare angenommen. Nimmt man einen durchschnittlichen Bruterfolg von zweieinhalb Jungen pro Paar und Jahr an, leben bei uns nach der Brutzeit im Hochsommer an die 50 Millionen Buchfinken. Kein Wunder, dass aus anderen Regionen, aus Nordosteuropa vornehmlich, mitunter riesige Buchfinkenschwärme im Herbst südwestwärts ziehen: Im September 2005 passierten an wenigen Tagen über fünf Millionen Finken die Kurische Nehrung an der Ostsee, wie die Ornithologen feststellten (Krister Castren in der Zeitschrift Der Falke Band 58, Heft 3/2011). Doch dass Buchen diese Massenwanderung ausgelöst hatten, ist dem Namen des Vogels zum Trotz unwahrscheinlich. Buchenwälder bilden seit Jahrhunderten nur noch einen kleinen Teil des Lebensraumes von Buchfinken. Die meisten brüten in Städten. Sie sind Siedlungsfolger geworden, sehr erfolgreiche. In der Menschenwelt haben sie Besseres gefunden als im natürlichen Buchenwald. Davon mehr im vierten Hauptkapitel. Eine andere Finkenart hängt stärker mit den Buchen zusammen. Außerhalb von Ornithologen-Kreisen ist sie kaum bekannt. Bergfink *Fringilla montifringilla* lauten ihr deutscher Name und die wissenschaftliche Bezeichnung. Wenn Bergfinken kommen, geschieht kaum Glaubliches.

Die Schwärme verdunkelten das ohnehin schon schwache Licht des Novemberabends, als sie rauschend in den Kronen der Bäume niedergingen. Für Stare waren sie zu klein. Sie lärmten auch nicht wie diese. Am nächsten Morgen erfüllte ihr Schwirren den Wald. Unten am Boden wimmelte es vor Vogelleibern. Orangefarbene Bänder wurden sichtbar und verschwanden wieder in den Mengen. Tote blieben zu Dutzenden zurück. Es war ein Masseneinfall nordischer Finken, die höchst unpassend Bergfinken heißen. Denn sie stammen aus den lichten Wäldern des Nordens, wo diese allmählich in die Tundra übergehen. Wenn die Buchen Vollmast tragen, kommen sie aus ihrer nordischen Heimat geflogen, um sich an der Mast gütlich zu tun. Millionen und Abermillionen sind es. In der Größe entsprechen sie dem Buchfinken. Für die Bergfinken wäre dessen deutscher Name bezeichnender gewesen. Wie diese es merken, dass eineinhalbtausend Kilometer weiter im Südwesten in den Buchenwäldern eine Vollmast heranreift, ist der Wissenschaft bis heute ein Rätsel. Sie streifen nicht umher wie die Kreuzschnäbel auf der steten Suche nach Fichten mit massenhaftem Zapfenansatz. Der Buchenrhythmus ist offenbar auch nicht so eng mit dem Sonnenfleckenzyklus verbunden wie bei den Fichten. Außerdem sind die Buchen erst seit einigen Jahrtausenden als bestandsbildende Waldbäume in Mittel- und Westeuropa vorhanden, während es die Fichtentaiga seit viel längeren Zeiträumen gibt. Sie wurde zwar mit dem Vorstoß des Eises in den Kaltzeiten und dem Rückzug in den Zwischeneis- bzw. Warmzeiten als Gürtel immer wieder verschoben, aber nicht wie die Buche auf ein kleines geografisches Rückzugsgebiet beschränkt. Aber irgendwie hängt die Vollmast bei den Buchen doch mit den Bergfinken und ihrer nordischen Brutheimat zusammen, denn auch diese haben sich stark vermehrt, wenn es später im Jahr und weit im Süden zur Vollmast in den Buchenwäldern kommt. Wir wissen einfach noch zu wenig über die großräumigen Zusammenhänge. Erst seit Kurzem sind wir, dank internationaler Vernetzung, in der Lage, schnell und effizient über den begrenzten Horizont des Örtlichen hinauszublicken, Verbindungen herzustellen und Befunde aus anderen Regionen abzufragen. Diese Ära hat in der Forschung der Neuzeit erst begonnen. Sie wird uns viele spannende Einsichten vermitteln; weit mehr als bisher »im Buche« steht. Zurück zu ihr, zur Buche. Eine große Familie von Bäumen ist nach ihr benannt, die Buchengewächse. Über tausend verschiedene Arten enthält sie global. Sogar die Eichen sind ihr zu- und damit untergeordnet. Was ist das für ein Baum, für den das Herz der Forstleute höher schlägt? Warum sollten wir fast überall anstelle von Fichten- Buchenwälder haben?

Buchenporträt

Ein stattlicher Baum kann die Buche werden, bis zu 40 Meter hoch und über 300 Jahre alt. Dreihundert ist nicht viel, verglichen mit den »tausendjährigen« Eichen. Selbst die raschwüchsigen Fichten können älter werden. 40 Meter Höhe sind auch kein Rekord unter den europäischen Bäumen. Buchenwälder erreichen wohl nie diese Höhe, 25 bis 30 Meter eher, je nach Standortverhältnissen. Mit Buchen sind nachfolgend stets die Rotbuchen *Fagus sylvatica* gemeint, nicht die einer anderen Gattung und den Birkengewächsen zugehörige Weißbuche *Carpinus betulus*, die noch besser unter dem Namen Hainbuche bekannt ist. Buchenholz ist hart, aber nicht beständig. Es fault schnell und schwindet beim Trocknen, sodass es aufreißt und sich verzieht. Daher ist Buche als Bauholz nicht geeignet, wohl aber zum Drechseln oder Schnitzen. Viel härter und beständiger ist das Holz der Hainbuche, der Hagebuche. Sie gehört zu den zähesten unter den heimischen Bäumen, während die Buche zu den empfindlichen zu rechnen ist. Gemeinsam ist beiden, dass ihr Laub Hirsch und Reh, Ziegen und Rindern schmeckt. Jungwuchs von Rot- wie auch von Hainbuchen ist daher einem starken Verbissdruck ausgesetzt. Die Jungbäume haben eine Gegenreaktion entwickelt. Das alte, dürre Laub vom Herbst des Vorjahres bleibt an den Zweigen, bis die neuen Blätter im Frühjahr geschoben werden. Es fällt erst normal im Herbst ab, wenn die Bäumchen so groß geworden sind, dass der Hauptteil der Zweige in über eineinhalb Meter Höhe beginnt und vom Boden aus von den hungrigen Mäulern nicht mehr erreicht wird. Besonders stark ist dieses Zurückhalten des dürren Laubes den ganzen Winter über bei der Hainbuche ausgebildet. Sie wird daher als Heckenpflanze sehr geschätzt. Die Anpassung geht zurück bis in die fernen Jahrhunderttausende der Eiszeit, als es viel mehr Großtiere gab als in der Gegenwart, die auch Laub von Bäumen und im Winter Knospen verzehrten. Ein Maul voll dürres Laub ist gewiss nicht attraktiv, wenn es dazwischen nur wenige kleine und gehaltvolle Knospen gibt. Dass Hainbuchen und Buchen trotz ihrer unterschiedlichen Herkunft so ähnliche Anpassungen entwickelt haben, wirft ein bezeichnendes Licht auf die früheren Verhältnisse in den Wäldern, als noch keine Menschen lebten, die Großtiere jagten, Feuer legten und Wälder rodeten.

Buchenholz brennt sehr gut. Wer einen offenen Kamin betreibt, weiß Buchenscheite zu schätzen. Um die mangelnde Eignung der Buche als Bauholz auszugleichen, reicht das nicht. Daher zieht die Holzwirtschaft verständlicherweise die dafür weitaus besser geeigneten Fichten und Kiefern vor. Eichen wachsen zu langsam, ihr Holz wird dadurch zu wertvoll, um bloß verbaut zu werden. In früheren Jahrhunderten waren Eichenstämme sehr begehrt als tragende Elemente in Gebäuden. Als Eisenträger verfügbar wurden, schwand diese Bedeutung. Diese wenigen Hinweise mögen genügen, um klarzustellen, dass es zumeist nicht am Baum an sich und seinem Holz liegt, welche Wertschätzung sich damit verbindet, sondern am Umfeld, an der Situation mit anderen Bau- oder Werkstoffen. Buchenholz hat seinen Wert, aber keinen so besonderen, dass sich eine rasche Umstellung der auf Holzproduktion ausgerichteten Forste lohnen würde. Buchen sind zudem verhältnismäßig anspruchsvoll. Für ein gutes Wachstum benötigen sie Niederschläge zwischen mindestens 500 Millimeter pro Jahr und mehr als 1.000, wenn diese einigermaßen gleichmäßig über die Monate, vor allem über die Wachstumszeit, verteilt sind. Sie kann also nicht in zeitweise trockenen Gebieten wachsen wie die Eichen. »Nasse Füße« verträgt sie auch nicht, wie die von der Holzhärte vergleichbar geschätzte Esche. Die Böden sollten gut, das heißt an Mineralstoffen ergiebig, aber nicht zu sauer sein. Auf kalkhaltigen Böden gedeihen die Buchen am besten. Aus diesen Gründen von Klima und Bodenbeschaffenheit hat die Buche tatsächlich das Hauptgebiet ihrer Verbreitung in Mitteleuropa. Es reicht um die südliche Ostsee bis Südschweden und im mediterranen Bereich greift es hinaus auf die Bergwälder Nordspaniens, Italiens und des Balkans. Deutschland liegt mitten in diesem Kerngebiet des Buchenwaldes. Dass dieser aber nur 15 Prozent unserer Waldfläche ausmacht, wird als Ausdruck für das immense Ausmaß der Veränderung der mitteleuropäischen Waldnatur zugunsten produktiverer Forste betrachtet. Fünfzehn Prozent! Immerhin! Denn die darin zusammengefassten Buchenwälder sind naturnah, was bei anderen Waldtypen wie etwa den Auwäldern nicht annähernd in diesem Umfang zutrifft. Von den ohnehin nur weniger als fünf Prozent verbliebener Auenwälder befinden sich nur Promille in einem naturnahen, dem eigenständigen Wachstum entsprechenden Zustand. Deshalb haben nicht sie und auch nicht naturnahe Eichen-Hainbuchen-Wälder am ehesten die Qualifikation für einen Nationalpark, sondern eben die (Rot-)Buchenwälder.

Der Wald der Zukunft

Buchenwald wäre die natürliche Vegetation, wo immer bei uns Wald auf nicht zu feuchtem und nicht zu trockenem oder zu hoch gelegenem Gelände wächst. Buchenwälder sind jedoch ziemlich einförmige Wälder. Die örtlichen Bestände wachsen am besten in geschlossenem Altersbestand auf – auf eine Aussaat hin, zum Beispiel und von Natur aus nach einem Mastjahr, wenn Bucheckern den Boden bedecken. Lichtungen im Forst werden auf diese Weise sehr rasch von der Buche besiedelt, wenn es Fruchtbäume in der Nähe gibt. Bucheckern schätzen nicht nur die Bergfinken, sondern auch Eichelhäher und einige andere Vogelarten. Aber die Häher »pflanzen« Buchen bei Weitem nicht so wirkungsvoll wie Eichen. Diese wachsen an Stellen auf, die oft weitab von der nächsten Eiche liegen. Weder Wind noch Wasser könnte die schweren Eicheln dorthin getragen haben. Für die Eichenverbreitung spielen die Vögel eine besondere Rolle. Deshalb lässt sich nicht einfach vorhersagen, welche Art von Wald aufwachsen würde, wenn eine größere Fläche aus der landwirtschaftlichen Nutzung genommen und sich selbst überlassen bliebe. Die Baumarten, die es in der Nähe gibt, werden die ersten Ansiedler sein, wenn nicht aufgrund landwirtschaftlicher Nutzung überdüngte Böden zurückgelassen werden, auf denen Stauden und Gräser lange Zeit jedes Baumwachstum verhindern. Bäume, deren Samen vom Wind verbreitet werden, können nur dann unter den ersten sein, wenn am Boden offene Stellen vorhanden sind. Überhaupt hängt viel vom Boden ab. Die Zukunft des Waldes allein auf das Klima beziehen zu wollen, vereinfacht viel zu stark. Wälder schaffen sich ein eigenes Klima. Boden und Baum stehen in Wechselwirkung miteinander. Mit Einschränkungen allerdings. Denn wo die Wasserversorgung übermäßig ausfällt oder nicht ausreicht, können sich keine »Normalwälder« entwickeln. Feuchtwald und Trockenwald bilden die Enden des Spektrums, das einen breit gefächerten Mittelbereich enthält. Die Eichenwälder, unsere Eichenwälder, um es genauer auszudrücken, denn am Mittelmeer bilden andere Eichenarten ausgeprägte Trockenwälder, schließen auf der trockeneren Seite an, die Eschen-Ulmen-Wälder auf der feuchten. Die Buchenwälder liegen dazwischen – »inmitten«, wie Mitteleuropa geografisch. Sofern die Bodenverhältnisse passen. Für ihr recht schnelles Wachstum, bei dem sie ein hartes Holz erzeugen, brauchen sie reichlich mineralische Stoffe im Boden. Buchenwaldboden war guter Boden. Daher trafen die großen Waldrodungen die Buchenwälder nach den Auwäldern am meisten. Buchenwald liefert fast ein Kilogramm Laub im Herbst pro Quadratmeter; Rohstoff für die Bodenbildung. Es versauert den Boden kaum, zumal wenn im mineralischen Untergrund Kalk vorhanden ist, der den Abbau der Laubstreu chemisch puffert. Das Relief der Landschaft macht weitere Vorgaben. Allzu steil dürfen die Hänge nicht sein, damit sich die Buche halten kann. Allzu flach auch nicht, damit sich keine Staunässe bildet. Die Einflüsse der Tiere kommen hinzu. Häher »pflanzen« Eichen, Wildschweine wühlen junge Eichen aber auch wieder aus dem Boden. Wo sie tätig sind, können andere Bäume keimen wie auf »ungestörten« Flächen. Wo das Wild bevorzugt bestimmte Jungbäume verbeißt und deren Wachstum behindert, bekommen wieder andere ihre Chance. Die Verhältnisse sind so komplex und der Möglichkeiten gibt es so viele, dass Vorhersagen wenig Sinn ergeben. Diese Annahmen beeinflussen in den Modellrechnungen per Computer die Ergebnisse sehr stark. Daher kann es zwar sein, dass insgesamt mit zunehmender Klimaerwärmung Eichen und Eschen die Gewinner unter den Bäumen der mitteleuropäischen Wälder sein werden, wie das Modellrechnungen wahrscheinlich machen, die an der Universität Basel durchgeführt wurden. Die Begründung klingt überzeugend. Traubeneichen und Eschen können ihren Wasserhaushalt besser regulieren als zum Beispiel die Rotbuchen. Ahorn und Linde sind noch empfindlicher, wenn längere Trockenzeiten eintreten. Sollten sich die Berechnungen in der tatsächlichen Wetterentwicklung der nächsten Jahrzehnte bestätigen und die Forstwirtschaft bereit sein, Eichen und Eschen entsprechend zu fördern, käme ein Wald zustande, der dem der Germanen- und der Keltenzeit entspräche. Dann könnten Eschen wie einst zu gewaltigen Höhen aufwachsen, wie jene Weltenesche Yggrasil der germanischen Mythologie, in der die Götter wohnten. Allzu »neu« wäre der neue Wald dann nicht. Wie die Bäume aber tatsächlich auf durchschnittlich höhere Temperaturen reagieren, wissen wir eigentlich längst. Denn es läuft seit Jahrhunderten ein Großexperiment dazu. Um es näher zu betrachten, müssen wir uns aber in eine ganz andere Natur begeben, in die Natur der Großstadt.

Kapitel IV

Menschenwelten – wie Pflanzen neue Lebensräume erobern

Ein besonders heißer Sommer

Am 6. Juni 2003 warfen die Zitterpappeln die ersten schwarz gewordenen Blätter ab. Wie immer versuchte ich, meine Beobachtungen für später möglichst genau festzuhalten. In meinen Notizen sind »~ 600 auf dem Weg« vermerkt. Der Weg führte an einer Gruppe von Zitterpappeln vorbei zum Rest eines Wäldchens, das sich auf dem Gelände der Zoologischen Staatssammlung in München befand. Dort untersuchte ich mit einer Lebendfang-Lichtfalle Vorkommen, Häufigkeit und Veränderung bei nachtaktiven Schmetterlingen und anderen, vom UV-Licht angelockten Insekten. Die Zitterpappeln *Populus tremula* waren in diesem Frühsommer schon stark mit Blattläusen befallen. Sie hatten viele Blätter, vor allem an den Enden der Zweige, die zu zweien oder zu dreien zusammengeklebt waren. Zuckriger Saft tropfte daraus ab und lockte Wespen an. Der Mai 2003 hatte sehr schönes warmes Wetter gebracht, auch der April war bestens verlaufen.

Gegen Monatsende setzte eine Massenwanderung von Distelfaltern *Vanessa cardui* ein, die mich sehr beschäftigte, weil sie eine der stärksten seit Jahrzehnten werden sollte. Viele Millionen dieser gelbbraunen Falter eilten in schnellem Flug das Isartal entlang, ihre Reise ging nordostwärts. Ursprünglich waren sie aus Afrika gekommen. Sie hatten das Mittelmeer und die Alpen überflogen und nahmen nun Kurs Richtung Ostsee. In München stauten sie sich in der Halle des Hauptbahnhofs. Wer von ihnen nicht schon morgens und mittags aufgebrochen war, rastete die Nacht über auf Büschen, die mit braunem Herbstlaub bedeckt zu sein schienen. Erst bei näherem Hinsehen gewahrte man die Schmetterlinge. Am nächsten Vormittag wanderten sie dann weiter. Starke Niederschläge am Südrand der Sahara, in der Sahel-Region, hatten ihre Massenvermehrung ausgelöst. Nun zogen sie mit den Warmluftmassen aus dem Süden nordostwärts weiter, um sich dort, am kühleren Rand der Sommerhitze, erneut fortzupflanzen.

Dass mir der Laubfall bei den Zitterpappeln überhaupt aufgefallen war, ist dem allmorgendlichen Gang zur Lichtfalle zu verdanken. Anderntags, am 7. Juni, notierte ich »überall in den Gärten wimmelt es von ausgeflogenen Jungvögeln. Die Lichtfänge zeigten, dass es außergewöhnlich viele Insekten gab, von denen die Jungvögel mit hohen Ausfliege-Erfolgen profitierten. Am 10. Juni, fast drei Wochen vor der üblichen Zeit, schwärmten die ersten Glühwürmchen. Der 13. Juni brachte mittags ein Gewitter mit schnell vorübergehendem, aber kräftigem Regen. Der kurze Sturm, mit dem das Gewitter aufgezogen war, riss alle schwarz gewordenen Blätter von den Zitterpappeln. Danach notierte ich am Teich auf dem Gelände der Zoologischen Staatssammlung eine knallrote, sehr auffällige Libelle, ein Männchen der mediterranen Feuerlibelle *Crocothemis erythraea*. Der 23. Juni brachte mit 37 Grad Celsius einen Hitzerekord. Abends um 20 Uhr zeigte das Thermometer noch immer 32 Grad. Und es blieb weiterhin heiß. Regen fiel fast keiner mehr, denn auch Gewitter wurden selten. In den ersten Julitagen verloren die Mistelbüsche auf den alten Linden einen Großteil ihrer neuen kleinen Blätter.

Allmählich wurde deutlich, dass sich der Sommer 2003 auf außergewöhnliche Weise entwickeln würde. Eine Kaltfront Mitte Juli brachte kaum Niederschlag und nur kurzzeitig Abkühlung. Am 19. Juli waren an den Zitterpappeln fast alle Blätter braun geworden und zur Hälfte abgefallen. Am 21. Juli notierte ich starken Blattfall bei Birken, Weiden und sogar bei Hainbuchen. Drei Tage später fing auch der Spitzahorn an seine Blätter zu verlieren. Am 25. Juli fiel bei einem Gewitter ausgiebig Regen, aber am 26. Juli erreichten die Temperaturen schon wieder die 30-Grad-Marke. Bei den Birken in der Umgebung in der Stadt betrugen die Blattverluste rund 80 Prozent. Vom Spitzahorn fielen vermehrt kleine Blätter ab. Sie waren im Durchschnitt vom Stielansatz am Blatt bis zur Spitze knapp sechs Zentimeter lang, während die noch am Baum befindlichen über elf Zentimeter maßen. Ich hätte erwartet, dass die größeren zuerst fallen würden, denn sie verbrauchen mehr Wasser für die Transpiration. Am 31. Juli reiften im Münchner Garten die Weintrauben. Der August brachte neue Hitzewellen. Um die Monatsmitte zeigten sich sogar an den Steineichen braune Blätter. Unreife Eicheln fielen in Massen zu Boden. Ihr Wachstum konnte aufgrund des Wassermangels nicht mehr aufrechterhalten werden. Die Zitterpappeln, die auf den Gewitterregen am 25. Juli hin wieder neu ausgetrieben hatten, verloren die neuen Blätter wiederum. Am 19. August ergab die Bilanz bei den meisten Laubbaumarten enorme Blattverluste: 60 bis 70 Prozent beim Spitzahorn, 60 bis 98 Prozent beim Bergahorn, 60 bis 90 Prozent bei den Linden und den Grauerlen, 50 bis 80 Prozent bei den Rotbuchen, 40 bis 80 Prozent bei den Eichen, 100 Prozent bei den Haselsträuchern, bis zu 95 Prozent bei den Birken, zwischen 20 und 60 Prozent bei den Hainbuchen, aber keine erkennbaren Blattverluste bei Feldahorn, Wildbirne und Flieder sowie lediglich um die 10 Prozent beim Weißdorn. Schwer betroffen waren die Fichten, die dann tatsächlich auch abstarben, nicht aber die Kiefern. So sortierten sich die Bäume in der Stadt in diesem ganz außergewöhnlichen Sommer wie bei einem Großexperiment.

Die Ergebnisse fielen aus, wie das eigentlich zu erwarten gewesen war. Am stärksten trafen Trockenheit und Hitze die Arten mit hohem Wasserbedarf. Sogar an der Isar verloren Zitterpappeln und Weiden ihre Blätter, weil die Wurzeln das Grundwasser nicht mehr erreichten und das Flusswasser zu entfernt war. Die Kiefern vertrugen den außergewöhnlichen Sommer, die Fichten nicht. Die Wildbirnbäume kamen damit am besten zurecht, während kultivierte Obstbirnbäume erhebliche Blattverluste aufwiesen und wie die meisten Apfelbäume auch die Früchte vorzeitig verloren. Dass die Hitze die großblättrigen Ahorne zum vorzeitigen Laubfall zwang, war nicht weiter verwunderlich, kommen sie doch natürlicherweise in Lagen mit ausreichenden bis häufigen Sommerniederschlägen vor. Die beiden Birkenarten, die Hängebirke *Betula pendula* und die Warzen- oder Moorbirke *Betula verrucosa*, hatten in der Stadt den Kontakt zum Grundwasser verloren und waren daher weit stärker betroffen als draußen in den Mooren und Seeniederungen. Beträchtliche Blattverluste gab es bei den Buchen, vor allem bei den einzelstehenden. Eine ganze Gruppe von stark mit Misteln befallenen Pappeln, es waren Kanadische Hybridpappeln *Populus x canadensis*, starb in den Folgejahren ab. Und mit ihnen die Misteln, die nun über ihren Wirt nicht mehr ausreichend Wasser bekamen. Diese Pappeln und die Fichten waren jedoch die einzigen Opfer des Hitzesommers 2003 – eines Sommers, den es den Aufzeichnungen zufolge seit wenigstens einem halben Jahrtausend nicht mehr gegeben hatte. Die übrigen Bäume erholten sich wieder, auch die Zitterpappeln, die sogar zweimal alle Blätter verloren hatten. Aber bei zweien starben die Hauptstämme ab. Untere Nebenäste wuchsen zu neuen Doppel- beziehungsweise Dreifachgipfeln aus und aus den Wurzeln sprossen Dutzende junger Triebe, die die Pappelgruppe in den Folgejahren wie ein Kindergarten umgaben.

Im Rückblick vertiefte diese extreme Witterung unser Verständnis der Bäume und ihrer Lebensansprüche vielleicht mehr als all das bisher Gemessene und indirekt Erschlossene. Die Erfahrungen, die in ganz Mitteleuropa gemacht wurden, bekräftigten das Bekannte: Die meisten Baumarten, vor allem solche, die Waldbestände bilden, hängen stärker von der Wasserversorgung ab als von den Temperaturen. An saisonal trockene Standorte angepasste Pflanzen wie die Wildbirnen kommen mit so einem Extremsommer offensichtlich ähnlich gut zurecht wie Wacholder und Kiefer. Typische Auwaldarten dagegen können selbst in den Auen Schwierigkeiten bekommen, wenn die Flüsse zu wenig Wasser führen und der Grundwasserspiegel sinkt. Eichen halten Hitze und Trockenheit dann gut aus, wenn ihre Pfahlwurzeln Wasser erreichen. Ist das nicht mehr der Fall, geht es ihnen nicht besser als den Buchen oder Linden. Kiefern sind hart im Nehmen und um so widerstandsfähiger, je größer sie geworden sind. Den hohen Waldkiefern waren keine Schäden anzumerken, wohl weil sie mit ihren Pfahlwurzeln in ausreichend tiefe Bodenschichten reichten. Sie überleben auch in einer Großversion von Bonsai mit ein paar Metern Wuchshöhe, wie die Bestände im Naturschutzgebiet Isarauen südlich von München beweisen. Insofern brachte der Hitzesommer keine Überraschungen. Dass bislang kein zweiter, auch nur annähernd ähnlicher auf ihn folgte, sondern die übliche wechselhafte, eher tendenziell zu feuchte Sommerwitterung, lässt die Frage offen, was geschehen würde, wenn solche Sommer dicht an dicht aufeinanderfolgten.

Für aufschlussreicher halte ich andere Befunde. Sie beziehen sich auf die Bäume in der Stadt ganz allgemein. In den Städten ist seit ihrer Öffnung ein ganz neuer Waldtyp entstanden. Mit Öffnung ist die Auflösung der mittelalterlichen, dicht bebauten und von einer Mauer umgebenen Stadt gemeint, in der es aus Platzmangel nahezu keine Bäume gab. Je mehr die Städte ins Umland hinauswuchsen, umso mehr wurde dieses »Land« in Form von Gärten und Parkanlagen in den städtischen Raum integriert. Aus dem früheren »Steingebilde« wurde eine mehr oder minder regelhafte Ansammlung von Bauwerken, eingefügt in lockere Baumbestände. Aus der Vogelschau betrachtet, sehen Städte und größere Siedlungen heute in der Tat mehr wie ein lichter Wald aus. In Millionenstädten wachsen auch Millionen von Bäumen. Sie umfassen viele, auch fremdländische Baumarten. Keineswegs dominieren die standorttypischen, sofern solche überhaupt in nennenswertem Umfang vorhanden sind. Denn für die Baumbepflanzung in der Stadt gibt es andere Auswahlkriterien als draußen in den Forsten. Die Stadtbäume sollen nicht Holzertrag bringen, sondern die Anlagen gestalten, Schatten spenden, unter den örtlichen Bedingungen möglichst pflegeleicht und robust sein. Ein ganz wichtiger Gesichtspunkt ist ihre Schönheit. Stadtbäume können daher zumeist als Individuen aufwachsen und sich in ihrer Eigenart entfalten. Sie dürfen durchaus auch alt werden; viel älter zumeist als die Bäume in den forstlich genutzten Beständen. Damit kommt aber auch zutage, was die verschiedenen Baumarten tatsächlich leisten können. Ohne den Freistand in den Städten würden wir ihre Eigenschaften nur begrenzt kennen. Der gepflanzte Wald, der Forst, ist nicht das alleinige ökologische Bezugsmaß. Das ist die Lektion der Stadtökologie. Sie gilt nicht allein für die Bäume und Sträucher, sondern auch entsprechend für die Tiere. Ihr Leben »draußen« repräsentiert nicht die ganze Fülle ihres Lebens. Es bleibt beschränkt, weil auch das Draußen Beschränkungen auferlegt. Diese Einsicht macht Untersuchungen der Stadtnatur so spannend. Sie eröffnet uns eine ganze Palette von Möglichkeiten, die wir nicht kennen würden, gäbe es nur die Erfahrungen aus Wald und Flur. Tatsächlich erweist sich mancher Großstadtdschungel als reichhaltiger als die freie Natur. Auch das ist eine Lektion. Tiere und Pflanzen leben auf ihre Weise. Sie richten sich nicht nach unseren Erwartungen, zumal wenn diese mit beschränktem Horizont gewonnen wurden. Erste Einsichten dazu vermitteln Beobachtungen an den Ahornbäumen in der Stadt, die Misteln auf den Obstbäumen und – wie immer, weil sie uns Menschen so liegt – die Vogelwelt.

Ahorn – fünf Finger hat sein Blatt

Ein rotes Ahornblatt ziert die Nationalflagge Kanadas. Biber kamen nicht zu dieser Ehre, obwohl sie für die Erschließung Kanadas von größter Bedeutung waren. Gleiches gilt für den mächtigen Weißkopf-Seeadler, den Grizzlybären oder den Elch. Sie alle hätten gepasst, und doch erhielt das Ahornblatt den Vorzug. Es symbolisiert mit seiner Farbe das Rot des Indianersommers, der nirgends so farbenprächtig wird wie im nördlichen Nordamerika. Es zeugt aber auch von seiner zentralen Bedeutung als Lieferant des Ahornsirups, der bis ins 19. Jahrhundert zum Süßen von Speisen diente, als Rohrzucker noch eine teure Köstlichkeit war. Die Zuckerahorn-Tradition hat sich in Kanada gehalten. Unser Rübenzucker-Sirup verschwand hingegen weitgehend. Die Farbe des Indianersommers sehen wir im Herbst auch bei uns. Aber nicht die heimischen Ahorne entwickeln dieses eindrucksvolle Rot, sondern solche aus Nordamerika und Asien. Bei uns gab es kaum rotes Herbstlaub, bevor Bäume und Sträucher aus anderen Kontinenten eingeführt wurden. Unser Herbst war braun und gelb, mitunter »golden«, wie der Oktober sein soll, aber nicht flammend rot. Unsere Ahorne färben auf Zitronengelb um, bevor die Blätter fallen. Dank der Vielfalt der Baumarten, die es in den Städten gibt, können wir, ohne verreisen zu müssen, die ganze Mannigfaltigkeit der Herbstfarben erleben.

Artenvielfalt in der Stadt – was wächst hier nicht?

Kein Wald ist bei uns so artenreich an Bäumen wie der Wald in der Stadt. Wohl jede heimische Baumart wächst irgendwo. Und viele andere finden sich, die ursprünglich aus Amerika, Asien oder Australien stammen. Nur hinreichend winterhart müssen sie sein, dann gibt ihnen die Stadt neuen Lebensraum, ob es sich um den Ginkgo aus dem Fernen Osten oder um die Mammutbäume aus dem Fernen Westen handelt. Wer die Bäume in der Stadt richtig bestimmen möchte, sollte ein gutes Bestimmungsbuch zur Hand haben. Und das ist selbstverständlich nicht nur bei den Holzgewächsen so. In Deutschlands Gärten gibt es wenigstens ebenso viele verschiedene nichtheimische Pflanzenarten, wie die deutsche Flora umfasst, also größenordnungsmäßig um die 3.500 Arten. Die verschiedenen Zuchtsorten verursachen bei ihrer Bestimmung besonders für Laien oft beträchtliche Schwierigkeiten und sind bei dieser Rechnung noch gar nicht berücksichtigt. Die Zahl der wild wachsenden »heimischen«, das heißt nicht konkret ausgepflanzten Arten nimmt ab, wenn Großstädte ins Umland übergehen. Beträchtlich sogar, bis um ein Drittel oder gar um die Hälfte. Die enorme Vielfalt der Stadtflora ist auch für Fortgeschrittene eine Herausforderung. Anfänger in der Pflanzenbestimmung sollten sich einfachere Lebensräume suchen. Ist aber einmal eine gute Basis geschaffen, gerät die Jagd nach neuen Pflanzen unter Umständen zur Obsession. Dann ist das Betretungsverbot von Privatgärten ein größeres Hemmnis als die entsprechenden Naturschutzbestimmungen draußen. Dafür sind Seltenheiten umso häufiger zu finden. Ihr Standortvorteil in der Stadt ist eindeutig. Sie müssen keinen Ertragskalkulationen weichen; sie werden nicht tot gedüngt oder gar mit Gift getilgt. Und die Stadtbevölkerung ist der Artenvielfalt wohl gesonnen, was man auf dem Land nicht gerade behaupten kann. Drei Umstände, die die Artenvielfalt in den Städten zusätzlich begünstigen, sind für uns längst so selbstverständlich, dass man sie kaum noch bemerkt. Der Siedlungsraum der Menschen ist reich an unterschiedlichen Strukturen (Wohn- oder Industrieanlagen oder dergleichen). Draußen auf dem Land haben Flurbereinigungen und Monokulturen längst viel zu stark vereinheitlicht. Und die Städte sind, was die Bodenverhältnisse betrifft, »mager« geblieben oder es mit der Zeit geworden, während die Flächen auf dem Land seit Jahrzehnten überdüngt werden. Vielfalt an Pflanzenarten verträgt sich nicht mit Düngung. Davon profitieren nur einige wenige Arten, und diese überwuchern die empfindlichen. Der Mangel an Pflanzennährstoffen befördert die Vielfalt auch in der Stadt, vergleichbar der auf mageren Heideflächen. Und schließlich sind es die vielen unregelmäßigen Störungen, die immer wieder, ähnlich den Hochwässern in den Flussauen, in den Städten Neuanfänge in der Vegetationsentwicklung ermöglichen. Sie fügen zur räumlichen Differenz noch eine zeitliche hinzu, sodass nicht alles im gleichen Zeitmaß abläuft und sich damit ganz von selbst vereinheitlicht. Dass große Städte erheblich wärmer sind als das Umland – der Unterschied kann in den Jahresmitteltemperaturen drei bis vier Grad Celsius ausmachen –, verstärkt die Auswirkungen von Strukturreichtum und mageren Böden. Denn generell nimmt der Artenreichtum mit zunehmender Temperatur zu. Entsprechend erreicht er in den Tropen die mit Abstand höchsten Werte, in den Kälteregionen um die Pole hingegen die geringsten. Drei Grad höhere Durchschnittstemperaturen verschieben die Lebensbedingungen für Pflanzen und Kleintiere am Boden gleichsam um mehrere Hundert Kilometer südwärts. Deshalb gedeihen auch Bäume und Büsche, die normalerweise wärmeres Klima nötig hätten. So erblüht in Münchner Gärten der merkwürdige Perückenstrauch *Cotinus coggygria* mit seinen aus der Entfernung wie rosa Schaum wirkenden Blütenrispen. Er gehört zur vorwiegend tropischen Pflanzenfamilie der Kaschú-Nüsse und kommt wild wachsend im Gelände erst südlich der Alpen an der Grenze zu Istrien vor. Seit Langem werden daher in Städten, besonders in solchen, die aufgrund ihrer Lage besonders starken Temperaturerhöhungen ausgesetzt sind, wie beispielsweise Stuttgart, nichtheimische Baumarten in Parkanlagen gepflanzt, die dem Klima der Stadt gut entsprechen. Die häufigsten und bekanntesten sind die mediterranen Platanen *Platanus x hybrida*. Sie halten starke Luftverschmutzung aus und spenden mit ihren riesigen Blättern viel Schatten.

Schattig ist es auch unter Kastanien und kühler als unter anderen Bäumen, weil diese mit ihren sehr großen Blättern durch Transpiration die Luftfeuchte erhöhen. Deshalb wurden sie rasch zum beliebten Biergartenbaum (davon mehr im nächsten Kapitel). Entsprechend hoch ist ihr Wasserbedarf. Kühlende Schattenbäume müssen mit ihrem Wurzelwerk das Grundwasser erreichen können. Da die meisten Städte ohnehin an Flüssen angelegt wurden, die man als Wasserzufuhr brauchte und zur Entsorgung der Abwässer missbrauchte, steht das Grundwasser in vielen Städten eher zu hoch als zu tief. Früher zumindest war dem so. Die Gegebenheiten können sich geändert haben, seit in den Grundwasserhaushalt mit Maschinen und Technik in ganz anderer Weise eingegriffen wird, als das in früheren Jahrhunderten möglich gewesen wäre. Die Wasserwirtschaft hält es in der Regel für eine ihrer größten Errungenschaften, den Grundwasserspiegel stabilisiert zu haben. Dazu kann man allerdings geteilter Meinung sein. Wie auch zur Frage, ob Platanen nach Stuttgart und in andere Städte außerhalb des natürlichen Verbreitungsgebietes dieser Baumart »gehören« oder nicht. In der Debatte, was sich von Natur aus gehört oder nicht, schwingt meist ein gerüttelt Maß an Ideologie und Zeitströmung mit.

Modeströmungen – eine Frage des guten Geschmacks

Die Bepflanzung der Städte mit Bäumen und Pflanzen unterliegt, wie so viel im Tun und Denken der Menschen, der Mode. Nach den ältesten Formen nützlicher Alleebepflanzungen mit Mostobstbäumen waren im späten 18. und frühen 19. Jahrhundert Rosskastanien und Platanen en vogue. Darauf folgte eine Lindenzeit. Sie kam einer Schmetterlingsart, dem Wollafter *Eriogaster lanestris*, sehr zugute. Ganze Alleen fraßen die dick behaarten Raupen kahl, die bei Berührung ein unangenehmes Jucken verursachen. Ihre Säcke, in denen sie den Tag verbringen, hingen wie Nester von Webervögeln an den äußeren Zweigen der Linden. Im letzten Viertel des 20. Jahrhunderts war dann der Ahorn angesagt, nachdem sich Birken nicht hatten durchsetzen können, weil ihre Flugsamen überall vom Wind hingetragen wurden und auch nicht vor Wohnungen haltmachten. Ahornsamen sind hingegen viel schwerer. Sie fliegen wie Propeller, die sich selbst antreiben. Zwar auch nicht immer nur dahin, wohin sie sollen, aber meistens nur in den Spalt, der vor den Windschutzscheiben der Autos für die Scheibenwischer offen bleibt. Dass sie im Laufe des Sommers für »Laternenparker« den Wasserablauf von der Frontscheibe verstopfen, ist ein Ärgernis für Autobesitzer, das nicht annähernd so schwer wiegt wie die tödlichen Verkehrsunfälle an Alleebäumen entlang der Land- und Bundesstraßen. Noch jedenfalls herrscht Ahornzeit in vielen Städten. Sie lassen im Herbst an stillen Nebenstraßen die Laubsauger aufdröhnen, die mit einiger Wahrscheinlichkeit auch dazu beitragen, dass Pilzsporen aufgewirbelt und in die Häuser verweht werden. Noch stört mehr der unmittelbare Lärm als die späteren Folgen, wie bei den Blumenwiesen, die auf den städtischen Parkanlagen nun überall – aus Kostengründen – aufwachsen dürfen, wo nicht gelagert werden soll. Die früher rechtzeitig vor der Blüte gemähten Gräser geben nun ihre Pollenmassen in die Luft ab. Sie lösen stärkeren Heuschnupfen aus als draußen auf dem Land, wo das Dauergrünland vor der Blüte der Gräser geschnitten wird.

All das vollzog sich in den letzten paar Jahrzehnten, ohne dass den Veränderungen nennenswerte Aufmerksamkeit zuteilwurde. Natur- und Umweltschützer waren sich ohnehin zumeist einig in der Beurteilung der »Unwirtlichkeit« der Städte – eine ursprünglich soziologische Phrase von Alexander Mitscherlich, die Konrad Lorenz in seinen »Acht Todsünden der zivilisierten Menschheit« aufgriff und auf das Verhältnis von Stadt und Land in Bezug auf die Natur anwandte. Er war in dieser Hinsicht seiner Zeit alles andere als voraus, sondern hing vielmehr an alten Bildern und Vorstellungen, die längst nicht mehr mit der Wirklichkeit übereinstimmten. Diese prägte die Landflucht der Tiere und Pflanzen und führte hinein in die neue »Wirtlichkeit der Städte«. Hier bedurfte es keiner großen, gegen die Außenwelt abgezäunten Freianlage eines Forschungsinstituts, um Neues zu entdecken und Tiere in ihrem Verhalten ungestört beobachten zu können. Im Gegenteil: Mancherorts wurden die Menschen von Tieren wie dem berühmten Waldkauz im Nymphenburger Park in München oder von den Wanderfalken am Kölner Dom und am Roten Rathaus in Berlin von oben herab in aller Ruhe betrachtet – oder einfach auch als belanglos erachtet. Das Verhalten der Graugänse hätte Konrad Lorenz mitten in München studieren können und auch, ob und wie sie mit anderen Gänsearten zurechtkommen. Und für Forstbotaniker, die sich mit dem Waldsterben befassten, hätten vergleichende Untersuchungen an den Bäumen in den Großstädten aufschlussreiche Vergleiche ergeben – und vielleicht die völlig überzogenen Prognosen verhindert, dass es am Ende des 20. Jahrhunderts in Deutschland keinen Wald mehr geben wird. Auch das »Waldsterben« war in großen Teilen seiner medialen Präsenz eine Mode der Zeit. Als es zur Jahrtausendwende einen stillen Tod starb, machte man kein Aufhebens mehr davon, obwohl die Waldzustandsberichte weiterhin geschrieben wurden und keine Tendenzen zur Besserung zeigten, außer dass die deutschen und schweizerischen Wälder nun erheblich mehr Holzvorrat hatten als zu Beginn des Waldsterbens. Ein zweifellos merkwürdiger, nachdenklich stimmender Befund. Eine neue Aufregung hielt nur ganz kurz an, weil sie Anderes in den Hintergrund drängte. Es war ein Käfer aus dem Fernen Osten, und er schien insbesondere die neuen Stadtbäume, die Ahorne, zu bedrohen.

Gefahr aus Fernost – der Killerkäfer kommt

Der »ostasiatische Killerbock« und so ähnlich wurde er genannt, als im Sommer 2001 ein großer gefleckter Bockkäfer in Österreich entdeckt wurde, den zunächst niemand bestimmen konnte, aber der an die großen, durch sehr lange Fühler (»Hörner«) gekennzeichneten »Schneiderböcke« der alpinen Wälder erinnerte. Wenige Jahre davor, im August 1996, waren solche Käfer in New York und zwei Jahre danach in Chicago aufgetaucht. Käferspezialisten bestimmten sie als den ostasiatischen, in China, Korea und Teilen Japans vorkommenden Bockkäfer mit dem Zungenbrecher von wissenschaftlichem Namen *Anoplophora glabripennis*. Forstleute sahen darin sogleich eine ernste Gefahr für die heimischen Bäume, weil dieser Käfer angeblich vor allem junge, gesunde Ahornbäume – also die seit einigen Jahrzehnten bevorzugt angepflanzten Stadtbäume – befiel. Der Befall äußert sich darin, dass die Weibchen dieser Bockkäfer ihre etwa 30 Eier in Rindenritzen am Stamm oder an der Gabelung großer Äste ablegen. Die Larven fressen zuerst die ergiebigen Gewebe der lebendigen Rindenschicht, bohren sich nach dem zweiten Larvenstadium ins Holz hinein und machen dabei Röhren bis zu einem Zentimeter Durchmesser. In diesen verpuppen sie sich auch und schlüpfen im nächsten oder übernächsten Frühjahr, je nach klimatischer Gegebenheit. Die Käfer gelangten aller Wahrscheinlichkeit nach mit Verpackungsmaterial (Holzpaletten und dergleichen) aus China nach Europa und Nordamerika, wo sie in den USA umgehend zum »Staatsfeind Nr. 1« erklärt wurden. Wo immer die Käfer nun auftraten, wurden die befallenen Bäume möglichst auf der Stelle vernichtet, um ihre weitere Ausbreitung zu verhindern. Der Eindruck von Aktionismus drängte sich auf, bis andere Schlagzeilen das Interesse auf sich zogen. Inzwischen ist es wieder ruhig geworden um den Asiatischen Bockkäfer. Die Ahorne stehen, schütten von Jahr zu Jahr mehr Flügelsamen auf die Straßen und hielten sogar – wie eingangs geschildert – dem Hitzesommer 2003 weitestgehend stand. Bäume sind eben keine Eintagsfliegen.

Flügelsamen – Langstrecke mit Windhilfe

Ahornblätter sind so markant, dass man sie kaum mit denen anderer Bäume verwechseln kann. Die bei uns vorkommenden Arten lassen sich an der Blattform leicht unterscheiden, so es sich nicht um Kreuzungen verschiedener Arten, also um Hybride handelt. Der Spitzahorn *Acer platanoides*, so bezeichnet, weil seine Blätter denen der Platanen ähneln, trägt große »fünffingrige« Bätter, die in markante Spitzen auslaufen. Beim Bergahorn *Acer pseudoplatanus*, auch nach der Ähnlichkeit zur Platane höchst verwirrend benannt, sind die Enden vergleichsweise stumpf und die Blattteile bei Weitem nicht so tief eingebuchtet wie beim Spitzahorn. Viel kleiner und gerundetfünffingrig sehen die Blätter des oft auch eher buschartig wachsenden Feldahorns aus. Der aus Nordamerika stammende, in der Stadt häufig in Gärten als ornamentaler Baum angepflanzte Silberahorn *Acer saccharinum*, auf den ich in Bezug auf die Flügelsamen gleich noch etwas näher eingehen werde, hat schlanke, mittelgroße Blätter mit ausgeprägten Spitzen und silbrig weißer Unterseite. Jedes einigermaßen brauchbare Pflanzenbestimmungsbuch charakterisiert diese Arten. Sie sind wirklich leicht zu bestimmen. Von Kindesbeinen kennt man die Flügelsamen des Ahorns. Wie Nurflügler drehen sie sich in der Luft und fliegen mit dem Wind weithin übers Land. Vom oval-rundlichen Samen geht ein mehrfach längerer »Flügel« aus, dessen Spitze leicht zu einer Seite hin gebogen und flügelähnlich am Vorderrand verstärkt ist. Auch ohne Wind wird der Samen beim Fallen durch die Luft automatisch in eine Schraubenbewegung gebracht. Setzt Wind ein, und die meisten Flügelsamen lösen sich erst bei Wind von ihrer Verankerung, kommen beachtliche Flugstrecken zustande. In der Stadt ist das nicht nur gut zu beobachten, sondern ziemlich leicht auszumessen, wenn die Ahornbäume an einer Straße stehen, die sich in etwa in der Hauptwindrichtung erstreckt. An einem Münchner Silberahorn verfolgte ich dies einmal genauer. Dieser Ahorn blüht sehr früh und bringt die Samen bereits zur Reife, wenn der Laubaustrieb erfolgt. Sie hängen in braunen Büscheln oben in der Krone. Wenn sie reif sind, fallen sie bei Wind ab, geraten in die schraubende Flugbewegung und werden dabei mitgetragen. Von einem zwölf Meter hohen Silberahorn flogen die Samen fast 200 Meter weit. Allerdings landeten die weitaus meisten, fast 70 Prozent, im unmittelbaren Nahbereich und etwa zehn Prozent ziemlich direkt unter dem Baum. Aber bei Tausenden von Flügelsamen sind 20 Prozent, die sich, mit abnehmender Häufigkeit, bis fast 200 Meter weit ausbreiteten, immer noch eine ganze Menge. Zudem hängt die Flugweite von der Windstärke ab. In Nordamerika sind vielleicht die im Frühjahr nordwärts vordringenden kontinentalen Luftmassen bessere Träger als bei uns in Mitteleuropa. Da fliegen später, bei sommerlichen und frühherbstlichen Gewittern oder Frontdurchzügen, die Flügelsamen von Spitz- und Bergahorn weiter. Sie lassen sich zunächst leicht voneinander unterscheiden, weil sie beim Spitzahorn einen stumpfen, beim Bergahorn aber einen spitzen Winkel bilden, solange sie noch im Paar zusammenhängen. Beim kleinsten, beim Feldahorn, ragen sie fast waagerecht auseinander. Manchmal entwickeln sich an den Spitzen der Blütenbüschel auch Dreiergruppen von Flügelsamen, die dann, bis sie auseinanderbrechen, wie ein kleines Krönchen fliegen.

In den städtischen Anlagen hätten die Ahornsamen beste Möglichkeiten zu keimen. Das zeigt sich insbesondere nach spätem Schneefall im Frühjahr, wenn Tausende kleiner grüner Kuppen aus dem moosigen Boden hervorkommen und sich in das lange, grüne Doppelblatt (typisch für die sogenannten zweikeimblättrigen Pflanzen) aufteilen, das sich zum Licht ausbreitet. Dann ist der Boden unter den Ahornbäumen grün wie mit einer jungen Saat bestellt. Doch bevor sich ein Bäumchen richtig festsetzen kann, wird es wie alle anderen höchstwahrscheinlich den Pflegemaschinen zum Opfer fallen. Jungwuchs ist nicht gefragt im städtischen Pseudowald der Anlagen. Nur das Gepflanzte soll aufkommen – wie im Forst. Natürliche Waldverjüngung bleibt den großen Parkanlagen und darin auch meist nur den hintersten Winkeln vorbehalten – was dazu führt, dass die Gleichförmigkeit der gepflanzten Bäume erhalten bleibt. Sie stammen aus Zuchten, sind genetisch einander sehr ähnlich und kommen meist von demselben Elternbaum. Das macht sie anfällig wie die Holzplantagen im Forst. Selbst in der Stadt kommen Pflege und Bewirtschaftung der Baumbestände nicht so leicht los vom Grundkonzept der Forstwirtschaft. Es wäre viel sichtbarer, gäbe es nicht die vielen privat gepflanzten Bäume in den Gärten. Sie bilden das Gegengewicht der Vielfalt zur gepflanzten Einfalt.

Mikrokosmos Ahornblatt

Fallen die Ahornbäume in der Stadt überhaupt auf und nimmt man sie nicht als bloße Kulissenbepflanzung wahr, wird man zwangsläufig im Spätsommer ein Phänomen beobachten: Die Blätter haben Flecken bekommen; mehrere bis viele fingernagelgroße schwarze Flecken, die mit gelbem Rand an das dunkle Grün der Blattoberseite grenzen. Beide großblättrigen Ahornarten, Spitz- und Bergahorn, tragen diese Flecken, die recht bezeichnend »Teerflecken-Krankheit« genannt werden. Verursacher ist der Pilz *Rhythisma acerinum*, der, wie viele Blätter besiedelnden Pilze, eine komplizierte, nicht leicht zu durchschauende Lebensweise hat. Ahorn-Runzelschorf wird er auch genannt. So auffällig der Befall ist, so wenig (forstliche) Bedeutung hat er. Das Lexikon der Forstbotanik stellt lapidar fest: »Wirtschaftliche Schäden entstehen nicht.« Uninteressant also, nur auffällig? Wie man es sieht hängt von der Interessenlage ab.

Interesse an diesem Pilz entwickelte sich bei mir, als mir auffiel, dass Ameisen an den Ahornstämmen hinauf- und hinabliefen. Ziel waren oben die Blätter mit den Teerflecken, unten offenbar ihr Bodennest an den Wurzeln. Im Hitzesommer 2003 ging es bei den Ameisen buchstäblich so heiß her, dass ihr Auf- und Abströmen ein Surren wir kochendes Wasser in einem Topf verursachte und man in der Nähe der Bäume keine Sekunde ruhig stehen konnte. Denn im Nu war man mit Ameisen bedeckt, die auch unter die Kleidung krochen. Die Neugier drängt die Wahrnehmung der Unannehmlichkeiten zurück, so gut das geht. Zumindest zeitweise obsiegt sie, wenn neue Einsichten möglich scheinen. Sie bestanden darin, dass die Ameisen unterirdische Blattlausgärten an den Wurzeln der Ahorne hatten und oben an den Blättern ebenfalls, vor allem an den Stielen und den davon abgehenden großen Blattadern, Blattläuse saßen. Die Ameisen griffen alles an, was ihren Honigtau absondernden »Melkkühen« zu nahe zu kommen schien, ob Heuschreck oder Mensch. Das Bodennest war anders, als ich vermutet hatte, unter Steinplatten am Rand des Parkplatzes. Dort wurden an den Wurzeln im kühleren, feuchten Erdreich die Wurzelläuse von den Ameisen gepflegt und gemolken. Ich sah mir nun die Blattläuse genauer an. Wo sie saugten, waren die großen Leitungsgefäße, nicht einfach nur Blattfläche. Bricht man ein Spitzahornblatt, sickert weißer Milchsaft aus dem Stiel. Der Bergahorn hat keinen Milchsaft. Die Blattläuse hielten sich über die Hitzeperiode hinaus bis in den Frühherbst. In den darauffolgenden Jahren ließ sich besser beobachten, was geschah, weil die Blätter nicht vorzeitig abgeworfen wurden. Nach und nach entstanden geflügelte Geschlechtstiere. Die Kolonien schrumpften. Die Ameisenbesuche gingen zurück. Nicht weiter verwunderlich, sondern ein ganz gewöhnlicher Ablauf im Leben von Blattlauskolonien. Mit einem Mal wurde mir aber klar, dass an den Ahornen nur noch vom Teerfleckenpilz befallene Blätter hingen. Alle nicht befleckten waren längst abgefallen. Es musste einen Zusammenhang zwischen Blattabwurf, Reifen der Blattläuse zu Geschlechtstieren und dem Pilz geben. Nach ein paar Jahren geduldigen Beobachtens und Registrierens wurde deutlich, was geschieht. Eine andere Blattlausart, die im Frühjahr nach Entfaltung der Blätter grüne, nicht bläuliche Kolonien wie die Herbstart bildet, begünstigt mit dem Zuckersaft, den sie ausscheidet, die Ansiedlung der Pilzsporen. Fehlt sie, gibt es keine oder erst sehr spät und sehr kleine »Teerflecken«. Ist der Frühjahrsbefall stark, kleben viele Sporen fest und die Pilze entwickeln sich gut. Sie begünstigen die späteren Blattläuse, die offenbar vornehmlich den Milchsaft nutzen. Irgendwie zögern die Pilze den Blattfall hinaus, und zwar um rund zwei Wochen, bis dann plötzlich, mitunter in einer einzigen Nacht im Oktober, das gesamte Flecken tragende Laub abfällt. Wird es nicht vollständig entfernt, kommt im nächsten Frühjahr eine neue Infektion mit dem Fleckenpilz zustande. Vielleicht setzt der Pilzbefall Proteine frei, die die Blattläuse benötigen, um ins geschlechtliche Reifestadium überwechseln zu können. Unversehens führen die Fragen tief ins Detail. Die Fortpflanzung der Blattläuse ist kompliziert genug. Den Sommer über erzeugen sie ungeschlechtlich durch »Jungfernzeugung« (Parthenogenese) Generation für Generation. Die im Spätsommer rasch abnehmende Tageslänge gibt dann das Signal, Männchen und Weibchen zu erzeugen. Vielleicht wirken auch die Pflanzensäfte daran mit. Sie sind Ende des Sommers anders zusammengesetzt. Der Laubfall ist vorzubereiten. Die Runzelschorfpilze wirken anders. Sie zersetzten die befallenen Flächen auf den Blättern. Dabei entstehen Rückstände aus dem Abbau der Zellen, die im nicht befallenen Blatt nicht auftreten. Für die Ameisen attraktiver Zucker fällt dabei auch an. Wer sich in diese Fragen hineinwagt, begibt sich somit auf eine spannende Reise in die Physiologische Chemie der Pflanzen. Die Verknüpfung mit den Ameisen kommt zustande, die ihrerseits eine Erklärung dazu liefern, warum diese Ahornbäume von kaum irgendwelchen anderen Insekten befressen werden. Die Blätter, die im Herbst zitronengelb werden, erweisen sich zum allergrößten Teil als unversehrt, außer sie tragen die Flecken des Pilzes oder die »Kalkspritzer« eines anderen Pilzes, der das ganze Geschehen gleich noch einmal komplizierter macht. Mir ist klar, dass ich nur höchst unzureichend verstehe, was abgelaufen ist. Wahrscheinlich gibt es irgendwo spezielle Forschungen. Sicherlich weiß man weit mehr, als ich herausbekommen konnte. Aber das Wissen verteilt sich oftmals auf selbst einem Biologen schwer zugängliche Fachveröffentlichungen. Als im Herbst eine Gruppe Schwanzmeisen die fast blattlos gewordenen Ahornbäume absuchte, verschwand sie schnell wieder, weil es anscheinend nicht einmal kleine Spinnen daran gab. Im »fremdländischen« Gebüsch aus Buchsbaum und Forsythien fanden sie mehr als an den »heimischen« Ahornen. Und im nächsten Frühjahr schoben sich Anfang April große kräftige Spitzmorcheln unter den Ahornbäumen hervor. Für eine gute Woche waren sie sichtbare Zeugen dafür, dass im Wurzelwerk eine andere, ungleich schwieriger zu durchschauende Welt existiert, deren Enträtselung den Einsatz zahlreicher Spezialisten bedürfte. Sie ist alles andere als leicht zu durchschauen, die Stadtnatur. Auch wenn es bei oberflächlicher Betrachtung danach aussieht. Nicht einmal beim Apfelbaum durchblicken wir gut genug, wie er in die Gärten und in die Städte kam. Davon handelt das Kapitel über die Obstbäume.

Rosskastanien –
Schattenbäume der Geselligkeit

Männchen und andere Figuren aus Kastanien zu machen, zählte zu den kleinen Freuden von Kindheit und früher Jugend – am Abend eines heißen Sommertages unter Kastanienbäumen ein kühles Bier zu trinken zu den Vergnügungen der Erwachsenenzeit. Biergärten gehören zur Kultur, und zwar längst nicht mehr nur in Bayern, wo sie eine besondere Popularität genießen. Wo sonst kann man sich einfach auf langen Bänken niederlassen, eine Tischdecke ausbreiten und die Köstlichkeiten verzehren, die man mitgebracht hat. Einzige Bedingung: Es wird Bier dazu genossen, das selbstverständlich von der Wirtschaft kommen muss, oder Limonade für die Kinder. Dann darf sich die Biergartenkultur entfalten. Die großen Blätter der Kastanien breiten sich wie ein Dach aus schützenden Händen darüber aus. Sie schaffen eine friedvolle Atmosphäre, die meistens auch nach mehreren Maß Bier noch friedlich genug bleibt, weil kühle Luft allzu heißspornige Gedanken vertreibt. Der Bayer und sein Biergarten bilden so etwas wie eine natürliche Gemeinschaft, eine Symbiose. So heißt es. Und so soll es bleiben, auch wenn es nicht immer so war. Wagt es gar eine lächerlich winzige Motte, die schützenden Blätter der Kastanien madig zu machen, trifft sie der Zorn von Volk und Volksvertretern.

Vom Wein zum Bier

Bayern rühmt sich mit Weihenstephan der ältesten noch tätigen Brauerei der Welt. Bier und Bayern gehören zusammen wie Hopfen und Malz zum Bier. Der Hopfen machte das möglich, weil er ausgerechnet hier so gut gedieh, und an Gerste für das Malz ist auch kein Mangel. Doch es gab da andere Umstände in früheren Zeiten. Im Hochmittelalter, in den Jahrhunderten von etwa 800 bis 1300 unserer Zeitrechnung, hatte Bier als Volksgetränk bei Weitem nicht die Bedeutung von heute. Bayern war damals weithin Weinland. Weingärten gab es bis an den Fuß der Alpen. Das Klima war warm genug dafür. Zu warm jedoch für das Bier, das man noch nicht haltbar machen konnte. Es musste direkt nach dem Brauen getrunken werden. Der Wein hielt besser, zumal wenn Weinkeller in Hänge mit Schattenlage gebaut werden konnten.

Die Lage wandelte sich für das Bier, als die kalten Jahrhunderte der »Kleinen Eiszeit« kamen. Von 1350 bis 1450 und dann vor allem im 16. und 17. Jahrhundert gab es sehr viele kalte Winter. Teiche und Seen froren zu. Die Eisdecke wurde so dick, dass mit speziellen Sägen große Blöcke geschnitten und in Eiskellern gelagert werden konnten. Das Eis schmolz darin nur langsam. Bis weit in den Sommer hinein hielt es die Keller kühl – und das Bier, das darin gelagert wurde. Daher kommt auch die Bezeichnung Lagerbier für dafür besonders gut geeignete Sorten. Gut gekühltes Bier ließ sich auch abfüllen – die Ära der Flaschenbiere begann. Dank des kühl gelagerten Bieres konnte dieses nun ganz nach Bedarf ausgeschenkt werden. Nicht mehr nur im Familienkreis, sondern im größeren Kreis von Besuchern des Wirtshauses förderte das Bier den Gemeinschaftssinn der Bevölkerung. Es ließ auch so manchen Bierbauch wachsen, weil es in immer größeren Strömen floss. Eine neue Kultur entwickelte sich, die Bierkultur. Weithin löste Bier den Wein als Volksgetränk ab, dessen Produktion zudem unter den Unbilden der Witterung der Jahrhunderte der »Kleinen Eiszeit« viel mehr zu leiden hatte. Bier ließ sich auch aus Roggen oder Weizen brauen, wenn die Gerste nicht reichte oder nicht reifte.

Vom Balkan in den Gastgarten

Ende des 18. beziehungsweise Anfang des 19. Jahrhunderts wurde das Klima wärmer. Heiße Sommer gab es reihenweise. Da war es angenehmer, das kühle Bier draußen im Schatten zu genießen als drinnen in der Wirtsstube. In dieser Zeit trat eine Baumart ihren Siegeszug an, die gegenwärtig weitaus bekannter ist als die meisten ursprünglich heimischen Bäume. Die »Neue« war die Kastanie, genauer: die Rosskastanie *Aesculus hippocastanum*. Es gab sie früher in Mittel- und Westeuropa nicht. Ihre ursprüngliche Heimat ist der südöstliche Balkan, von wo aus sich ihr Vorkommen bis über den Kaukasus hinaus nach Asien hinein erstreckt. In Nordgriechenland, im Rhodope-Gebirge und im östlichen Albanien nahe dem Ohridsee wächst sie in schattigen, feuchten Schluchten mittlerer Höhenlage.

Um 1576 soll Charles de L'Ecluse, Botanikern besser unter seinem lateinisierten Namen Clusius bekannt, erstmals Rosskastanien nach Wien gebracht haben. In der Barockzeit wurde dieser eindrucksvolle Baum modern. Man pflanzte Alleen entlang der Auffahrten zu Herren- und Herrscherhäusern. Die Rosskastanie wurde geradezu »Markenbaum« von Schlossgärten. Unter ihrem Schatten zu lustwandeln gehörte zum Lebensstil der absolutistischen Herrscher und dem ihrer kleinadeligen Nachahmer. Diese frönten zudem ausgiebig dem Jagdvergnügen. Die Kastanien erwiesen sich als durchaus begehrtes Futter für Hirsche in den großen Hirschgärten. Pferde hingegen mögen Kastanien nicht sonderlich. Der englische Name »Horse-Chestnut« nimmt zwar auf das Pferd Bezug, aber das deutsche »Ross« meint etwas anderes. Es grenzt die minderwertige von der echten, der wohlschmeckenden Esskastanie *Castanea sativa* ab. Beide Kastanien sind jedoch gar nicht näher miteinander verwandt. Die Esskastanie oder Maroni gehört zu den Buchengewächsen, die Rosskastanie vertritt eine eigene Familie. Man könnte auch sagen: Die eine gehört zum Essen, die andere zum Trinken.

Kastanienbäume produzieren sehr viele Kastanien, wenn sie konkurrenzlos im Freistand an dafür geeigneten Stellen aufwachsen. Die Hofgärtner der Schlösser von Schönbrunn oder Versailles wären sicher nicht in der Lage gewesen, eine ungeplante »profane« Verbreitung der Kastanien zu verhindern. Zu viele dieser fast kugeligen braunschaligen Gebilde gaben die Bäume im September von sich. Manch eine, die ans Wild verfüttert worden war, blieb unangetastet übrig, weil ihr Inhalt doch zu bitter schmeckte. Sie keimte und eine neue Kastanie wuchs heran. Hinaus in die Wälder schaffte es dieser stattliche Baum dennoch nicht. Bis zu 30 Meter wird er hoch. Der Stamm ist gewaltig. Das Blattwerk wirft so tiefen Schatten, dass darunter keine anderen Bäume hochkommen. Dennoch hält sie der Konkurrenz nicht stand, die Rosskastanie. Ihre Stämme werden frühzeitig kernfaul.

Der Lieblingsbaum der Maikäfer

Die Blätter der Rosskastanie sind empfindlich. Für ihre Größe sind sie eigentlich zu weich. Das zeigte sich in den Flugjahren der Feld-Maikäfer *Melontha melontha*. Alle drei bis vier Jahre stiegen diese Maikäfer in riesigen Schwärmen aus den Wiesengründen und Dorfgärten auf. Der Fraß ihrer Larven, der Engerlinge, hatte zuvor bereits zu Schäden an den Wurzeln geführt. Die im Herbst des Vorjahres aus der Puppe geschlüpften Käfer stürzten sich dann an warmen Frühlingsabenden wie auf ein geheimes Kommando hin zu Zigtausenden auf das frische Grün der Kastanien. Obwohl Maikäfer fast alle Laubbäume als Nahrung annehmen, bevorzugen sie keine andere Baumart so sehr wie die Rosskastanie. Viele Käfer blieben an den großen Blättern gleich die Nacht über sitzen, um am nächsten Tag mit ihrem Fraß weiterzumachen. Die Maikäfer machen daran ihren sogenannten Reifefraß, denn erst nach ausreichender Frischnahrung sind sie in der Lage sich zu paaren. Das Eiweiß in den jungen Blättern benötigen die Weibchen zur Bildung der Eier. Sie haben nicht genug Reserven aus dem Larvenstadium mitbekommen. Wurzeln sind arm an Proteinen. An den Wurzeln fressen die Engerlinge zwei oder drei Sommer lang. Erst dann sind sie ausgewachsen und bereit zur Verpuppung. Dafür leben die dicken, fetten Engerlinge unterirdisch geschützter als oberirdisch. Allerdings nur ein wenig geschützter, denn nicht nur Maulwurf und Wühlmäuse stellen ihnen erfolgreich nach, sondern auch die Wildschweine, der Dachs und manch anderes Tier. Mit ihren mehrjährigen Zyklen entgehen sie wenigstens teilweise dem Verfolgungsdruck, weil es jedes dritte oder vierte Jahr sehr große Mengen, danach aber nur noch wenige gibt.

So sehr, wie die Maikäfer auf die Rosskastanien flogen, könnte man meinen, beide gehörten seit Urzeiten zusammen. Doch so beständig ist die Natur gar nicht. Die Maikäfer entdeckten die Qualität der Kastanienblätter erst, nachdem der Baum verbreitet angepflanzt worden war. Sie zogen dann aber bald, wie in den Dörfern im Niederbayerischen Inntal in den 1950er- und 1960er-Jahren, die Biergartenkastanien den Erlen vor. An diesen musste ich als Schulkind noch »Maikäfer schütteln« und aufsammeln, um größere Fraßschäden zu vermeiden. Der Kindereinsatz führte dazu, dass die Hühnereier vom Beginn des Maikäferschwärmens Ende April oder Anfang Mai mehrere Wochen lang einen merkwürdig nussigen Geschmack bekamen. Denn die eimerweise gesammelten Käfer wurden an die Hühner verfüttert, die aber aufgrund der Mengen an Käfern, die ihnen zum Fraß vorgeworfen wurden, diese alsbald verweigerten. In den 1970er-Jahren hörten die Massenflüge der Feld-Maikäfer auf. Sie kamen seither nicht wieder. Dafür ausschließlich Pestizideinsatz verantwortlich zu machen, griffe allerdings zu kurz. Der massive Rückgang des Feld-Maikäfers könnte etwas mit der Überdüngung der Böden durch Stickstoffverbindungen zu tun gehabt haben. Maikäfer sind, wie bereits erwähnt, eher auf stickstoffarme Nahrung eingestellt, und im Engerling-Stadium trifft sie eine Überdüngung der Böden umso mehr. Vielleicht spielten auch Wurzelschutzchemikalien mit eine Rolle, die in der Landwirtschaft eingesetzt werden. Die Engerlinge beherbergen in ihrem Darm Bakterien, die bei der Verwertung der einförmigen Wurzelnahrung behilflich sind. Wenn die Käferweibchen ihre Gelege absetzen, beimpfen sie diese schon mit den Bakterien. So infizieren sich die schlüpfenden Larven damit gleich zu Beginn ihrer Fresstätigkeit. Beeinträchtigungen verursacht die Überdüngung, da die zu hohen Mengen an Stickstoffverbindungen die Verdauung stören oder direkt zu Vergiftungen führen.

Wenn in unserer Zeit die Medien von Maikäfer-Massenflügen berichten, dann handelt es sich um die andere Art, die bei uns verbreitet vorkommt, um den Wald-Maikäfer *Melolontha hippocastani*. Dieser erhielt also sogar den Artnamen von der Rosskastanie, so sehr fliegt auch er auf diesen Baum. Wald-Maikäfer bevorzugen von Haus aus eher sandige, nährstoffarme Böden und sind daher von der Überdüngung weniger betroffen.

Die »unmögliche« Motte

Es gibt heute allerdings einen anderen Kastanienschädling, der dem Maikäfer bei Weitem den Rang abgelaufen hat. Das Drama begann zu Beginn der 1990er-Jahre. Ein österreichischer Schmetterlingsforscher hatte zuvor in der Nähe des Ohridsees – also dort, wo die natürliche Heimat der Rosskastanie beginnt – in den Kastanienblättern auffällige braune Gangminen entdeckt. Winzig kleine Raupen steckten darin und fraßen sich wurmartig durch das Schwammgewebe im Blatt, ohne die Zellschicht der Ober- und der Unterseite zu zerstören. So klein sie sind, so schnell wachsen sie heran, verpuppen sich, und aus den immer noch winzigen goldbraunen Puppen schlüpfen alsbald Schmetterlinge. Der Forscher benannte sie nach der Herkunft und gemäß der Gattung, zu der diese Miniermotten gehören, mit *Cameraria ohridella*.

Sie sind kleiner als Mücken und scheinen nur aus einem schmalen Körper und den ein paar Millimeter langen Flügeln zu bestehen. Wie glitzernder, grober Staub schwirren und schweben sie unter den Kastanien, arbeiten sich zum Blattwerk hoch, laufen erstaunlich schnell darauf herum, und die Weibchen setzen ihre Eierchen ab. Eine neue Generation wächst heran. Eine dritte und eine vierte werden folgen, wenn der Sommer nicht allzu nasskalt verläuft. Winzige silberfarbene Querbändchen unterteilen die Vorderflügel. In starker Vergrößerung betrachtet, sehen die Mini-Schmetterlinge richtig schön aus. Ganz im Gegensatz zu den Blättern der Kastanien. Die ersten, noch breit wurmförmigen Minen fließen mit fortschreitender Jahreszeit zusammen. Was noch grün ist am Blatt, wird zusehends aufgezehrt und in ein rostiges Braun verwandelt. Die Blätter fangen an, sich an den Seiten einzurollen, weil sie zu sehr austrocknen. Die vorher so kraft- und saftvollen Bäume sehen nun krank aus. Vorzeitiger Laubfall setzt ein. Bei sehr starkem Befall kann das bereits Ende Juli der Fall sein. Einladend wirkt er nicht mehr, so ein verbräunter Kastanien-Biergarten im August.

Allerdings muss die Blattbräune gar nicht von den Miniermotten verursacht worden sein. Viel länger befällt die Kastanienblätter nämlich schon ein Pilz namens *Guignardia aesculi*. Er breitet sich, meist ab Mitte Juli, von den Blatträndern her aus und »schiebt« eine gelbliche Zone vor sich her. Bei starkem Befall bleiben nur nahe der Mittelrippe der Blätter noch grüne Zonen übrig. Da rollen sich die Blätter bereits von den Rändern her ein und ein Laubfall im August setzt ein. Dieser Pilz breitet sich schon seit gut einem halben Jahrhundert in Mitteleuropa aus. So neu sind Schäden an den Kastanienblättern also gar nicht.

Dass die Minen und damit die Miniermotten selbst erst in den 1980er-Jahren auffielen und entdeckt wurden, hat Anlass zu Spekulationen gegeben. Waren die Miniermotten womöglich gar nicht ursprünglich heimisch im Verbreitungsgebiet der Rosskastanien? Stammten sie aus Nordamerika, wo mehrere verschiedene Arten von Rosskastanien vorkommen, darunter auch die beliebte rot blühende *Aesculus x carnea*? Sie ist ein Hybride zwischen der südosteuropäisch-vorderasiatischen *Aesculus hippocastani* und der nordamerikanischen Roten Pavie (*Aesculus pavia*). Diese wird nunmehr bevorzugt angepflanzt, seit sich die Miniermotte ausgebreitet hat, denn ihre viel derberen, glänzend grünen Blätter werden kaum befallen. Ihre Kastanien sind allerdings so giftig, dass Indianer ein Pulver daraus zubereiteten und in kleinen Gewässern die Fische damit zum Fang betäubten.

Wie kam es zur Ausbreitung der Miniermotte?

Was war geschehen? Kaum war die Kastanienminiermotte entdeckt, fing sie an, sich von Linz aus, wo sie Ende der 1980er-Jahre erstmals außerhalb des Balkans gefunden wurde, west- und nordwestwärts auszubreiten. 1991 hatte sie Passau und den unteren Inn erreicht, wo sie sich vor allem in den warmen Sommern von 1992 und 1994 in den Kastanienalleen und Biergärten so stark vermehrte, dass man unter den befallenen Bäumen kaum atmen konnte, ohne eine Motte in die Nase zu bekommen. Der Wind trieb sie westwärts übers Land.

Nach nur einem Jahrzehnt waren ganz Deutschland, die Schweiz und angrenzende Gebiete erfasst – »infiziert«, wie es hieß, von der »Killer-Motte«. Die befürchtete Vernichtung der Kastanien blieb jedoch aus. Offenbar leben alle noch, auch diejenigen, die nun schon seit 20 Jahren befallen sind.

Die Motten müssen auch nicht aus Amerika oder Ostasien eingeschleppt worden sein. Es ist durchaus möglich, dass sie im natürlichen Areal der Rosskastanien nicht auffallen, weil dort die Bäume nicht an so günstigen, reichlich besonnten Stellen wachsen wie bei uns in den Alleen und Biergärten. Vielleicht reagieren die Bäume mit der Zeit auf den Massenbefall, denn ich konnte nachweisen, dass in den ersten Jahren nach einem weitgehenden Blattverlust die Kastanien erheblich kleiner ausfielen als bei nicht betroffenen Bäumen. Nach ein paar weiteren Jahren waren jedoch trotz starkem Befall die Kastaniengrößen von den ursprünglichen nicht mehr wesentlich verschieden. Die Bäume trugen zwar weniger Kastanien, aber diese waren von guter Qualität. So wehrlos, wie es scheint, sind Bäume nicht. Auch wenn es manche Menschen doch sehr berührt, wenn stark befressene Kastanien, die im August ihr Laub verloren haben, im September wieder austreiben und zu blühen beginnen. Dann meint man den Bäumen anzusehen, wie sehr sie unter der kleinen Motte leiden.

Eine intensive Forschung setzte ein, wie man dem Schädling beikommen könnte. Nach Jahren stellte sich heraus, dass das beste Gegenmittel, auch gegen den Kastanienblattpilz, die möglichst vollständige Entfernung des Herbstlaubes vom Boden ist. Darin überwintern die Puppen der Miniermotte. Zur Zeit des Laubaustriebs der Kastanien fliegen die Schmetterlinge aus und produzieren eine neue Generation. Je mehr durchkommen, desto größer wird der Befall in den rasch aufeinanderfolgenden Generationen. Vielleicht sind die Schluchtwälder in der Heimat der Kastanien so feucht, dass sich das Laub den Winter über zersetzt oder so sehr verpilzt, dass nur wenige Puppen überleben. Das würde erklären, weshalb die Miniermotte dort nicht so auffällig wird.

Laub absammeln und verbrennen ist mühsam. Es passt offensichtlich nicht zu unseren Vorstellungen von effizienter, zumeist chemisch-giftiger Kontrolle der Schädlinge. Ausgerechnet die kleine Miniermotte zwingt dazu, die althergebrachten Methoden wieder anzuwenden, mit denen früher die Gärten und Parks »sauber« gehalten wurde. Garten- und Baumpflege bedeuteten Handarbeit, nicht Giftspritze und motorgetriebene Kleingeräte. Heute »fressen« Laubsauger das braune Herbstlaub weg. Vielleicht sind sie das moderne Bollwerk gegen die Bedrohung der Biergartenkultur?

Heimisch und fremd zugleich

Die Kastanienminiermotte gibt es in Mitteleuropa erst seit rund 20 Jahren. Vorher – bis zu ihrer Entdeckung 1984 nahe des Ohridsees – lebte sie höchstwahrscheinlich unentdeckt an den Kastanien in den Schluchten des südöstlichen Balkan. Sie ist jedenfalls auf die Rosskastanie spezialisiert. Nur an Ahorn ist sie bisher gelegentlich in geringer Zahl auch noch gefunden worden. Die Ahorne stehen den Rosskastanien verwandtschaftlich nahe. Vor allem aber passt auch ihre Blattstruktur, denn es gibt – wie schon ausgeführt – amerikanische Arten von Rosskastanien, die von der Miniermotte, wenn überhaupt, nur ganz schwach befallen werden. *Cameraria ohridella* ist also ein echter Spezialist für die europäisch-vorderasiatische Rosskastanie. Insofern ist für mich die Lage in biologischer Hinsicht völlig klar. Die große Aufregung, dass diese Motte quasi »aus heiterem Himmel« den so beliebten Biergartenbaum zerfrisst, ist deshalb eigentlich nicht verständlich. Denn es ist nur allzu natürlich, dass ein spezialisiertes Insekt irgendwann dem Baum nachfolgt, von dem es so gut wie ausschließlich lebt.

Die Rosskastanie gab es ursprünglich bei uns nicht. Mit »ursprünglich« meine ich die letzten Jahrtausende, nicht die Zeiten davor, in denen vieles anders war als in unserer Zeit. Erst vor rund 300 Jahren wurde sie in Mittel- und Westeuropa künstlich angesiedelt. Ihre schweren Früchte hätte kein Südostwind jemals hierher transportieren können. Auch kein Tier tut das. Die Ansiedlungsgeschichte der Rosskastanie ist gut genug bekannt, um natürliche Formen der Ausbreitung ausschließen zu können. Sie ist ein »Fremdling von früher«, eine gebietsfremde, neue Baumart, also ein

Neophyt. 300 Jahre sind nicht viel Zeit für einen Baum, der selbst so alt werden kann. Dass nun nach sozusagen einem vollen Rosskastanien-Alter die spezialisierte Motte offenbar nachgekommen ist, passt uns aber ganz und gar nicht. Denn inzwischen wird die Rosskastanie höher geschätzt als viele einheimische Baumarten. Sie »ist nicht mehr wegzudenken« – eine Formulierung, die es verdient, in Anführungsstriche gesetzt zu werden. Denn sie besagt, dass man sich so sehr an diesen Baum gewöhnt hat, dass wir ihn behalten wollen, weil er in Parks und zu Biergärten passt, auch wenn er sich in der freien Waldnatur selbstständig nicht hält. Kurz: Die Rosskastanie erhielt nicht bloß Heimatrecht, sondern sie ist und bleibt begehrt. Sie soll hier sein und erhalten bleiben. Sie soll verteidigt werden gegen eine Kleinschmetterlingsart, auch wenn sie ihrer Natur nach so sehr mit der Rosskastanie verbunden ist wie kein anderes Tier. Mit Ökologie und Objektivität hat das alles ganz offensichtlich nichts zu tun. Aber mit Kultur, und das scheint Grund genug. Wir haben uns die Natur seit Jahrtausenden zurechtgebogen, wie wir sie haben wollen. Daran wird sich wohl auch in Zukunft nichts ändern. Aus kulturellen Gründen »gehören« längst auch die fremden Geranien auf die Balkone im Bayerischen Oberland. Die geraniengeschmückten Häuser gelten als typisch – genauso wie Kastanien in Biergärten.

Auch ich möchte Kastanien nicht mehr missen – im Gegensatz zu manch anderen bin ich jedoch guter Dinge, dass ich das auch nicht muss. Ich liebe die grünen, etwas stacheligen Hüllen, die den anfänglich fast weißen, dann allmählich braun werdenden »Kern« – die eigentliche Kastanie – bis zur Reife umschließt.

Die aus den aufplatzenden Hüllen ausfallenden Kastanien glänzen wie frisch lackiert. In der Hand liegen sie so angenehm, dass man sich ihrem Reiz schwer entziehen kann. Kinder und manche Erwachsene sammeln sie auch heute noch für ihr Leben gern und machen Männchen und andere Figuren daraus. In meiner Kindheit galten Pferdchen aus Kastanien als besondere Herausforderung, weil wir dazu Früchte unterschiedlicher Größe suchen mussten. Recht selten zu finden waren so kleine, dass man sie für die Hufe verwenden konnte. Ketten aus Kastanien waren wegen ihres Gewichts nicht sonderlich begehrt. Dass der Inhalt in Hungerzeiten fein gemahlen als Mehlersatz dienen musste, können wir uns heute kaum noch vorstellen. Anders bei der Walnuss, die ähnlich wie die Rosskastanie aus dem Südosten nach Mitteleuropa kam. Sie wurde zur Nuss schlechthin.

Walnussbäume –
Nachtpfauenaugen und Nusskrähen

Die Walnuss *Juglans regia* war »Baum des Jahres 2008«. Dabei ist sie gar nicht richtig heimisch bei uns. Sie stammt wahrscheinlich aus dem Südosten Europas oder aus Vorderasien. Nahe Verwandte leben, ähnlich wie bei der Rosskastanie, in Nordamerika. Ihr deutscher Name verweist auf den Weg, den sie über Südeuropa genommen hat: Wal-, Walch-, Welschnuss, also Nuss aus (Ober-)Italien. Von dort kam sie im 18. Jahrhundert über die Alpen nach Mitteleuropa. Ihre Nüsse sind sehr schmackhaft und gehaltvoll. Das weiß auch so manches Tier zu schätzen.

Vor einem halben Jahrhundert am Neusiedler See

Anfang der 1960er-Jahre war in den Dörfern im Seewinkel am Neusiedler See die »Neue Zeit« noch nicht angekommen. Touristen
suchten die Gegend vor der Grenze zu Ungarn noch kaum auf. Die
wenigen von damals blieben am See. Die weite Ebene, die sich vom
See aus ostwärts erstreckt, zerschnitt der Eiserne Vorhang. Finstere
Wachtürme überragten den Grenzzaun und bildeten über Kilometer am östlichen Horizont häufig die höchsten Erhebungen. Dahinter lag ehedem die Puszta, der ungarische Teil der alten Donau-
monarchie, die nicht mehr existierte. Die Dörfer im Seewinkel sahen damals wirklich sehr »ungarisch« aus mit ihren kleinen,
niedrigen Häusern entlang der breiten Straßen. Sie schienen sich
vor dem Steppenwind zu ducken, der fast immer wehte. Um den
Seewinkel bildeten sie einen großen Bogen, als ob sie Abstand halten
wollten von den flachen Salzlacken, von denen die meisten im Laufe
des Sommers austrockneten. Zurück blieben weiße Krusten auf
klebrigem Salzschlamm, ungarisch »Zick« genannt. Der Seewinkel
mit den Zicklaken und den Resten der Puszta zog damals vornehmlich Ornithologen an. In die Dörfer kamen kaum Fremde. Der
Weinanbau hatte sich noch nicht auf den Seewinkel ausgebreitet.
Nur an wenigen Stellen am Ostufer, vor allem im Bereich der sogenannten Hölle, gab es die »Sandweine«. Aus ihnen ging der später
sehr bekannt gewordene »Illmitzer Sandhügel« hervor. Von Illmitz
aus, wo sich die Ornithologen meist niederließen, waren Seeufer
und Lacken zu Fuß zu erreichen. Für weitere Fahrten auf den noch
ungeteerten Straßen brauchte man ein Auto. Mit dem Rad waren
sie schlecht zu befahren, zumal wenn es geregnet hatte. Doch die am
See gelegenen Dörfer bargen genug Überraschungen. Im Frühsommer gab es Wechselkröten in so großer Zahl, dass die Abende von
ihren Trillern erfüllt waren. Wo die noch eisenbereiften Räder der
Fuhrwerke tiefe, mit Wasser gefüllte Rinnen hinterlassen hatten,
riefen die Unken auch am Tage so intensiv, dass sie sich wie fernes
Glockengeläute anhörten. Störche nisteten auf den Dächern. Gegen
den Steppenwind erhoben sie sich und ließen sich nach Möglichkeit
von ihm hinaustragen auf die Wiesen, wo sie für ihre Jungen und
sich selbst Nahrung suchten. Im Frühjahr ertönte ihr Klappern oft

gerade dann, wenn man es nicht erwartete, zumal frühmorgens. Natürlich gab es auch viele Schwalben, vor allem Mehlschwalben. Ihre Nester reihten sich dicht an dicht unter den leicht vorgezogenen Dächern. Sie bevorzugten die Seiten, die von den Sommergewittern abgewandt waren und ohne Hindernisse freien Anflug boten. Einen solchen gab es keineswegs überall. Denn vor den meisten Häusern standen Nussbäume wiederum dicht an dicht gereiht. Sie bildeten auch in den Dörfern Alleen. Den Häusern spendeten sie in der Sommerhitze Schatten. Sie dämpften den Wind, sodass dieser nicht zu viel Staub aufwirbeln und in die mit hohen Toren abgeschlossenen Innenhöfe wehen konnte. Im Spätsommer reiften die Nüsse. Man sammelte und verwertete die nahrhaften Walnüsse in vielfältiger Weise. Die Nussbäume wurden kaum höher als die Häuschen selbst. Fingen sie an, diese zu überragen, wurden sie gefällt und durch junge Bäume ersetzt. So war das, bis die Straßen geteert und für den einsetzenden Autoverkehr verbreitert wurden. Innerhalb eines Jahrzehnts verschwanden die meisten Nussbäume. Nur an einzelnen Stellen blieben sie erhalten, nämlich dann, wenn sie kein Verkehrshindernis bildeten. Bald gab es große, alte Walnussbäume fast nur noch an den Straßen außerhalb der Dörfer. Fielen im September ihre Nüsse, wurden sie von den Autos zermalmt. Die Nussbäume hatten ausgedient. Was übrig blieb, mag mehr der Nostalgie und Zufälligkeiten zuzuschreiben sein als Nutzen und Notwendigkeit. Denn nun hatte der Wein die Dörfer am See »übernommen« und ihren früheren Charakter stark verändert.

Europas größter Schmetterling

Verschwunden ist mit dem starken Rückgang der Walnussbäume einer der größten und eindrucksvollsten Schmetterlinge Europas, das Große oder Wiener Nachtpfauenauge *Saturnia pyri*. Fast wie Fledermäuse gaukelten die Falter während lauer Maiabende die Dorfstraßen entlang und in die Nacht hinein. Ihre Raupen fraßen im vorausgegangenen Sommer an den Blättern der Walnussbäume. Sie wuchsen heran und erreichten mit 12 Zentimetern die Größe kleiner Würstchen. Den viel bekannteren, großen Raupen mancher Schwärmer sehen sie allerdings gar nicht ähnlich. Mit Stachelborsten und peitschenartigen Fortsätzen besetzte Pusteln überziehen ihren Körper, der anfangs schwärzlich, bald aber so grün gefärbt ist wie das Laub der Nussbäume. Sie gehören zur Familie der Pfauenspinner, und diese haben keine »glatten«, sondern »haarige« Raupen. Das schützt sie vor hungrigen Vögeln besser als das schlangenartige Schlagen der nackten Schwärmerraupen, wobei am kopfähnlich angeschwollenen Vorderkörper große Augenflecke den Eindruck kleiner Schlangen verstärken. Das erschreckt die Feinde. Diese können jedoch lernen, dass so eine fette Raupe nicht nur harmlos ist, sondern auch gut schmeckt. Die großen Spinnerraupen schützt ihr Borstenkleid unabhängig von Erfahrung und Lernerfolgen der Vögel. Ausnahmen machen außerhalb der Tropen nur wenige, wie Kuckuck und Pirol, die auch haarige und mäßig giftige Raupen verzehren. Die Raupen der Nachtpfauenaugen haben es mit anderen Feinden zu tun, und an diesen liegt es vielleicht weit mehr als am Klima, weshalb sich das Wiener Nachtpfauenauge nicht über das Wiener Becken hinaus westwärts ausbreiten konnte, obwohl Walnussbäume viel weiter verbreitet sind. Ihre Hauptfeinde sind kleine parasitische Wespen. Viele der Puppenkokons, die ich in den 1960er-Jahren in den Dörfern am Neusiedler See fand, als es die Großen Nachtpfauenaugen noch häufig gab, waren wie von feinstem Schrot durchlöchert. Nicht große Schmetterlinge schlüpften aus, sondern winzige Wespen. Zu finden waren die Kokons leicht. Als dicke, nussbraune und sehr feste Gespinste waren sie in den Winkeln befestigt, die Hauswände und Dach bilden. Man brauchte nur die Straßen entlang zu gehen und unter die Dachvorsprünge zu schauen, dann wurde man mit Sicherheit fündig. Die bis zu sieben Zentimeter langen Gebilde waren gar nicht zu übersehen. Die Situation war so einfach wie überschaubar. Die zur Verpuppung bereiten Raupen verließen das Blattwerk der Nussbäume, krochen den Stamm hinab, zur Hauswand hinüber, an dieser hoch, bis sie den Schatten fanden, den das leicht vorstehende Dach wirft, und fertigten ihren Kokon im Winkel. Darin verpuppten sie sich. Solche Stellen unterm Dach machten ihnen die Mehlschwalben nicht streitig, weil diese ihre Nester nicht gern unter Nussbäumen an die Hauswände klebten. Sie schätzen freien An- und Abflug. Die Großen Nachtpfauenaugen müssen damals in den 1960er-Jahren, meinen Eindrücken in den Seewinkeldörfern zufolge, sehr häufig gewesen sein. Ihr natürliches Verbreitungsgebiet, das von der Wiener Gegend über den Balkan bis zum Kaukasus und Iran reicht, deckt sich in Südosteuropa weitgehend mit dem der Walnuss.

Die Herkunft der königlichen Nuss

Juglans regia, die »königliche« Nuss, entstammt diesem südöstlich-vorderasiatischen Bereich. Sie gelangte im Spätmittelalter und der frühen Neuzeit, verstärkt erst im 18. Jahrhundert, nach Mittel- und Westeuropa, obwohl sie schon in früheren Zeiten als vom Menschen geschätzte Nuss im ganzen Mittelmeerraum verbreitet war. Ihr ursprüngliches Areal lässt sich pflanzengeografisch daher nicht so recht rekonstruieren. Zu sehr hat der Mensch ihr Vorkommen verändert. Sie gilt als frostempfindlich, ist es aber nicht in der Art und Weise, wie man so eine Einstufung verstehen würde. Denn natürlich gibt es starke Fröste in Europas Südosten, zumal im gebirgigen Teil des Balkans. Auch am Neusiedler See sind manche Winter sehr kalt. Die Nussbäume hatten dort sogar den Eiswinter von 1962/63 überstanden – vielleicht weil ihre Wurzel tief genug in den Boden hinabreicht. Im Januar 1985 gab es im nördlichen Alpenvorland eine Frostperiode mit extrem tiefen Temperaturen. In München-Riem wurde mit minus 36 Grad Celsius ein Kälterekord gemessen. Im niederbayerischen Inntal gab es minus 27 Grad Celsius an der Hauswand. Die Bodenfröste müssen noch weit tiefer abgesunken sein, wo die Hochnebeldecke den Rand des Inntals erreichte. In dieser Zone der Strahlungsfröste starben tatsächlich zahlreiche Walnussbäume ab. Oberirdisch zumindest, denn größere Bäume trieben später von den Wurzeln her wieder aus und fingen an, den vom Frost verbrannten Stamm mit kahler Krone buschwerkartig zu umwachsen. Die meisten dieser frostgeschädigten Walnussbäume wurden jedoch gefällt, sodass die weitere Entwicklung nicht mehr zu verfolgen war. Jedenfalls sollte es frostempfindlichen Bäumen im atlantisch-wintermilden Westen besser gehen als im klimatisch kontinentalen Osten von Mitteleuropa. So einfach liegen die Verhältnisse jedoch anscheinend nicht. Die Wiener Nachtpfauenaugen vermochten auch in den Jahrhunderten, in denen Walnussbäume weiter westwärts verbreitet wurden, diesen nicht nachzufolgen – auch nicht oder nur unbedeutend vom Südwesten her, wo sie rund ums Mittelmeer, sogar in Nordafrika, vorkommen und mit ihrem westlichen Arealteil von Iberien her über Westfrankreich bis Luxemburg reichen. Gelegentlich gelangten einzelne Große Nachtpfauenaugen auch bis ins Tal der Mosel.

Rätselhafte Pfauenspinner

Das Vorkommen dieser Art der Pfauenspinner-Gruppe hängt also nicht allein von der Walnuss ab. Darauf weist schon der wissenschaftliche Name hin, den die beiden Schmetterlingsforscher Denis und Schiffermüller 1775 diesem großen Verwandten des viel weiter, nämlich über fast ganz Europa verbreiteten Kleinen Nachtpfauenauges *Saturnia pavonia* gegeben hatten: *Saturnia pyri*. Der Artname *pyri* bezieht sich auf die Birne (*Pyrus*), die, wie neben der Walnuss auch andere Obstbäume, zu den Futterpflanzen der Raupen gehört. Das Große oder Wiener Nachtpfauenauge gelangte daher vermutlich schon mit der Ausbreitung von Obstbaumarten aus Vorderasien nach Südosteuropa, und nicht in direktem Zusammenhang mit dem Walnussbaum. Vielleicht ist diese vom Menschen mit verursachte Ausbreitung der Grund dafür, dass sich das Wiener Nachtpfauenauge in seinem südosteuropäischen Arealteil mit dem Vorkommen einer dritten Art von Nachtpfauenaugen, dem Mittleren namens *Saturnia spini*, die Denis & Schiffermüller ebenfalls 1775 beschrieben hat, weithin überschneidet. Dieses lebt zwar bevorzugt an Schwarzdorn, ist aber nicht allzu wählerisch. Warmes Buschwerk bildet den Lebensraum und weniger die größeren Bäume wie beim Großen Nachtpfauenauge. Die häufigste Art der Gruppe, das Kleine Nachtpfauenauge, hatte Linné vorher schon, 1758, aus Südschweden beschrieben. Die Familie der Pfauenspinner, der sie alle zuzurechnen sind, ist hauptsächlich in den Tropen und Subtropen vertreten. Zu ihr gehören die größten und eindrucksvollsten Schmetterlinge überhaupt. Dass Walnussbäume als Futterpflanze genutzt werden können, drückt aus, wie flexibel diese Abkömmlinge tropischer Schmetterlinge bei der Nahrungswahl sind. Nicht einmal auf die Familie der Rosengewächse, zu denen Birnbaum und andere Obstbäume gehören, sind ihre Raupen festgelegt. Sie können ganz andere Pflanzen nutzen, wie eben auch Angehörige der Nussbaumgewächse. Diese haben zahlreiche Arten in Nordamerika und in Hochlagen Südamerikas, wo gleichfalls Pfauenspinner vorkommen. Die Nussbaumgewächse gehören zu einer ehedem weit verbreiteten Flora des Tertiärzeitalters vor der Eiszeit, dem Pleistozän. Die Walnuss gab es damals auch auf Grönland und Spitzbergen. Die heutigen Verbindungen solcher Baumarten mit Tieren, zumal mit Insekten, bleiben ohne Kenntnis der Herkunft und der früheren Verhältnisse ziemlich unverständlich. Die Ökologie der Pflanzen- und Tierarten trägt stets auch Geschichte in sich. Ihr aktuelles Vorkommen und die Tierarten, die an ihnen leben, lassen sich nicht allein aus den Ökofaktoren der Gegenwart erklären. Und wenn dann gar noch eine besondere Lernfähigkeit von Tierarten hinzukommt, werden die Verhältnisse sehr kompliziert.

Walnusskrähen

Das ist in unserer Zeit geschehen. Die beteiligten Akteure sind Krähen, Rabenkrähen *Corvus corone corone* vor allem, aber auch Nebel-*Corvus corone cornix* und Saatkrähen *Corvus frugilegus*. Angefangen haben wohl die Rabenkrähen damit, sich im Spätsommer für die Nussbäume zu interessieren. Zuerst versuchten sie herabgefallene, noch halb grün beschalte Nüsse vollends aufzuschlagen, um an die schmack- und nahrhaften Kerne zu gelangen. Hatten die Nüsse beim Aufprall auf das Straßenpflaster Sprünge bekommen, schlugen sie diese mit ihren kräftigen Schnäbeln fast mühelos auf. Manche waren schon in zwei Hälften zersprungen und deswegen ganz direkt zugänglich. Anscheinend bekamen die Krähen auch mit, was passiert, wenn eine Nuss vom Baum fällt. Und sie zogen daraus die richtige Schlussfolgerung: Man kann sie auch selbst pflücken und aus der Höhe fallen lassen! Es bedurfte nur geeigneter Stellen mit hartem Untergrund und etwas Übung für die Zielwürfe aus dem Flug heraus. Am besten klappt es, wenn die Krähe in fünf bis sieben Meter Höhe unmittelbar vor dem Abwurf ein paar Flügelschläge lang auf der Stelle zu rütteln versucht. Dann hüpft die fast senkrecht fallende Nuss nicht so weit davon. Manchmal landet sie dennoch unter am Straßenrand geparkten Autos. Verkehrsarme Stellen oder offene Innenhöfe sind deswegen gute Orte für das Abwerfen von Nüssen. Die Krähen lernten schnell. Noch in ganz grüner Schale steckende Nüsse platzen nicht! Die weiche Außenhülle dämpft den Aufschlag zu sehr. Solche werden zwar gepflückt, aber dann zuerst von der grünen Schale freigeschlagen, bis sie sich für den Abwurf eignen. Die Nuss im Innern schmeckt in diesem Zustand besonders gut. Das wissen wir und ziehen vorsichtig mit den Fingernägeln die bittere, noch gelbliche Haut ab, solange sie noch nicht zu fest auf dem Nusskern sitzt. Für die Krähen sind die Walnüsse sehr ergiebig. Ein Dutzend reicht pro Tag, um den ganzen Energiebedarf zu decken. Es bleibt auch etwas Fett für den Winter. Doch die Krähen können mehr. Sie verstecken in der kurzen Zeit des Überflusses viele Nüsse als Vorrat für schlechte Zeiten. Nüsse eignen sich dafür bestens. Sie sind groß genug als Einzelportion und sie verderben nicht so leicht. Man muss sich als Krähe nur die Verstecke merken können, um sie wieder zu finden. Für ein Krähenhirn ist das offenbar kein Problem. Walnüsse, die sie im September auf der Wiese im Boden versteckt hatten, fanden sie im Winter zielsicher, ohne lang herumzusuchen - sogar bei geschlossener Schneedecke. Sie landeten an der richtigen Stelle, gruben ein Loch durch den Schnee und holten die einige Zentimeter tief im Boden versteckte Nuss heraus. Dass manche Walnuss dieses »Verstecktwerden« überlebt, zeigen nach Jahren aufwachsende junge Bäumchen weitab vom nächsten fruchtenden Nussbaum. Die Nüsse konnten keimen, weil die Krähen, die sie versteckt hatten, vielleicht abgeschossen oder von einem Habicht geschlagen worden waren. Das Wissen um ihre Nussverstecke besaßen aber nur sie und nicht die anderen Krähen. Höchstens per Zufall hätten diese auf ein Versteck stoßen können. Von den Eichel- und Tannenhähern weiß man seit Langem, dass sie Hunderte oder Tausende Eicheln oder Zirbelnüsse verstecken und damit die Ausbreitung solcher Bäume mit schweren Samen fördern, die der Wind nicht weiter forttragen kann. Krähen tun dies auch, wenn sie Walnussbäume in ihren Revieren haben und diese reichlich Nüsse tragen. Das geschieht zwar nicht alljährlich, aber häufig genug, dass sich das Lernen für die Krähen lohnt. Sie lernen sogar, sich die Nüsse einfach von Autos überfahren zu lassen. Dazu legen sie diese auf die Straße, wenn die Ampel auf Rot geschaltet hat und den Verkehr anhält. In der nächsten Rotphase holen sie sich schnell die brauchbaren Stücke. Erst seit Kurzem wissen wir, dass die Familie der Krähen gar nicht aus unseren Breiten, ja nicht einmal aus Asien stammt, sondern ursprünglich aus Australien.

So treffen sich in unserer Zeit an einer voreiszeitlichen Baumart aus Vorderasien mit Familienursprung in Südasien und Nordamerika ein Pfauenspinner tropisch afrikanisch-orientalischer Herkunft und Krähen, deren Urheimat Australien war. Und auch wir schätzen den Walnussbaum seiner Nüsse und des besonderen Holzes wegen. Seine heutige Verbreitung verdankt er zu einem Großteil uns Menschen. Die Natur und ihre Geschichte haben sich mit der Kulturgeschichte des Menschen so sehr ineinander verflochten, dass es müßig und wohl auch töricht wäre, sie wieder entflechten und voneinander trennen zu wollen. Auch das Wirken des Menschen ist Teil der Natur, nicht »un-natürlich«, auch wenn es bei vernünftiger Betrachtung »un-sinnig« oder »un-passend« sein kann. Mitunter gibt es gute Gründe, bestimmte Tätigkeit abzumildern oder abzustellen. Das Maß gibt die Allgemeinheit der Menschen vor, nicht die Natur selbst. So wie die Nuss aus dem Vorderen Orient, der Pfauenspinner aus den Tropen und die nordischen Krähen durchaus zusammenpassen, so fügt sich vieles mit der Zeit zusammen, was uns auf den ersten Blick und bei (zu) kurzfristiger Betrachtung als unpassend vorkommen mag. Die Veränderungen zu werten stellt eine Kulturaufgabe dar. Es darf nicht allzu übereifrigen, in ein fundamentalistisches Fahrwasser geratenden Eiferern überlassen bleiben, Natur zu beurteilen. Es war und ist völlig in Ordnung, dass wir den Walnussbaum zum »Baum des Jahres 2008« auserkoren haben – so wie wir auch heute mit voller Berechtigung das Aussterben mancher Ackerwildkräuter zu verhindern trachten, die früher als Unkräuter bekämpft worden sind. Natur ist nichts Statisches oder etwas von höherer Macht fest Vorgeschriebenes.

Herbstzeitlose – Endzeit der Zeitlosen

Die Landschaft Colchis am Ostrand des Schwarzen Meeres galt in der griechischen Geschichte und Mythologie als Heimat der Gifte. Berühmteste Giftmischerin war dort Medeia, später lateinisiert als Medea bekannt. Sie konnte auch mit jener Pflanze umgehen, von der es hieß, dass sie die Milch vergifte, wenn die Ziegen davon fraßen. Der Begründer der modernen Systematik von Pflanzen und Tieren, der Schwede Carl von Linné, gab dieser Pflanze 1789 den bis heute unverändert gültigen wissenschaftlichen Gattungsnamen *Colchicum*. Wenigstens zwölf verschiedene Arten enthält die Gattung, und eine davon, die bekannteste sicherlich, das ist »unsere« Herbstzeitlose *Colchicum autumnale.*

Blühen im Herbst – Fruchten im Frühsommer

Die Herbstzeitlose gehört zu den Liliengewächsen. Wenn sie blüht, könnte man auf den ersten Blick meinen, das müsse ein Krokus sein. Doch anders als bei unseren Krokussen schiebt die Herbstzeitlose unvermittelt im Spätsommer oder Frühherbst, meistens in der Zeit von Ende August bis Mitte September, ihre anfänglich hell lilafarbenen Blüten aus der Erde. In Form von lang gestreckten Keulen kommen sie aus dem Boden hervor. An sonnigen Herbsttagen öffnen sie sich und spalten sich tief in die sechs nun kräftiger lila bis bläulich rosa gefärbten Blütenblätter. Darin unterscheiden sie sich ganz klar von den Krokussen. Aus dem solcherart geschlitzten Kelch ragen sechs auffällig gelbe Staubgefäße hervor. Doch nicht sie sind es, welche spät im Jahr fliegende Insekten wie große Hummeln, Fliegen oder Honigbienen anlocken, sondern die Nektardrüsen an ihrem Grund. Die hellen, auch im Ultraviolettlicht kräftig rückstrahlenden Blüten geben dazu das Fernsignal zum richtigen Anflug. Wenn man an einem »goldenen Oktobertag« eine Wiese voller Herbstzeitlosen erblickt, könnte man sie durchaus für eine Krokuswiese im zeitigen Frühjahr halten.

Aber wo gibt es sie noch, die Herbstwiesen voller Blüten von Herbstzeitlosen? Vor mehr als 40 Jahren, im September 1962, zählte ich auf einer Wiese am Rand des Auwaldes im niederbayerischen Inntal 610 Herbstzeitlosen. Zehn Streifen von 50 Meter Länge und fünf Meter Breite wählte ich für die Zählungen und errechnete für die insgesamt etwa sieben Hektar zusammenhängender Wiesenfläche einen Bestand von mehr als 17.000 Herbstzeitlosen. Doch ein Jahrzehnt später wurden die Auwiesen umgepflügt und Maisfelder aus ihnen gemacht. Herbstzeitlosen sind seither gerade dort, wo es sie in großer Zahl gegeben hatte, zur Rarität geworden, weil es keine Wiesen mehr gibt. Auf dem Dauergrünland, wie die modernen Hochleistungswiesen im Sprachgebrauch der Landwirtschaft beinahe ironisch genannt werden, düngt die Überfrachtung mit Gülle die Herbstzeitlosen weg. Sie hat die früher weithin lila leuchtenden Herbstzeitlosenwiesen in schmutzig schwarzbraune, stinkende Flächendepots für Gülle aus der Stallhaltung der Rinder und Schweine verwandelt.

Am längsten konnten sich die Herbstzeitlosen gebietsweise an steilen Hängen halten, auf die man die Gülle nicht ausbringen kann. An Dämmen, wie zum Beispiel entlang der Stauseen am unteren Inn, sind sie heute noch verbreitet. Allerdings nur an den »alten Dämmen« aus der Zeit des Zweiten Weltkriegs, denn diese hatte man, den Umständen entsprechend, nicht »eingegrünt und gestaltet«, wie das später in der Nachkriegszeit andernorts gemacht wurde. Denn man wollte sie möglichst aus der Landschaft (optisch) verschwinden lassen. An diesen Dämmen konnten sich nicht nur die Herbstzeitlosen ansiedeln, sondern auch zahlreiche Arten von Orchideen und anderen seltenen Pflanzen, die aus der intensiv bewirtschafteten Flur verdrängt worden waren.

Orchideen und Wiesenbewirtschaftung

Um die Maimitte blüht an diesen alten Dämmen die Helmorchis *Orchis militaris* auch heute noch recht häufig und auffällig. Bis über 1.000 blühende Pflanzen dieses Knabenkrauts kann man auf einen Kilometer Dammstrecke zählen, vorausgesetzt, der Damm ist nicht mit Buschwerk zugewachsen. An solchen offenen Stellen siedelte sich auch die Herbstzeitlose an und überlebte die Zeit des Niedergangs der Weidewirtschaft und der Überdüngung der Fluren. Nur wächst sie meist näher am Dammfuß als die Helmorchis. Am 16. und 23. September 1995 blühten an der Flanke des Eringer Damms im Bereich des Flusskilometers 49/0 am unteren Inn 42 beziehungsweise 56 Herbstzeitlosen auf 1.000 Quadratmetern. Das sind zwar »nur« noch vier bis sechs und nicht mehr die 20 bis 25 Blüten pro Ar (100 Quadratmeter), die es Anfang der 1960er-Jahre noch auf den Auwiesen gegeben hatte, aber immerhin machen sie noch ein Fünftel der früheren Häufigkeit aus! Weithin gibt es sie nur in geringer Anzahl am Rand von Auen oder sie sind ganz verschwunden. Am sichersten bekommt man Herbstzeitlosen in extensiv bewirtschafteten, großstädtischen Parkanlagen zu sehen. Die frühere Häufigkeit auf dem Land ist auf winzige Reste geschwunden.

Aber was war eigentlich die »frühere Häufigkeit« und was ist der jetzige Zustand? Die kompetenteste Quelle zur Beantwortung dieser Frage sollte die neue »Rote Liste gefährdeter Gefäßpflanzen Bayerns« sein, die Anfang 2003 vom Bayerischen Landesamt für Umweltschutz veröffentlicht wurde. Ihr Bearbeitungsstand gibt das Jahr 2002 an. Eine noch aktuellere Einstufung kann man also nicht erwarten. Doch die Herbstzeitlose wird darin den »Regionalisierten Florenlisten« zufolge lediglich für das Ostbayerische Grenzgebirge in der »Vorwarnstufe« aufgeführt. Für das übrige Bayern gilt sie ohne Häufigkeitsangaben als »nicht gefährdet«. Wovor die »Vorwarnstufe« warnen soll, bleibt offen. Der massive Niedergang der Herbstzeitlosen war offenbar nicht bemerkt worden! Gewiss hatte man sie in früheren Zeiten nicht gezählt. Erstens schätzten sie die Landwirte wegen ihrer Giftigkeit nicht und zweitens kannte man sie ja und nahm sie daher nicht zur Kenntnis. Beachtung wird sie wohl erst dann finden, wenn sie selten genug geworden ist und vor dem Aussterben steht.

Leben mit Unterbrechungen

Dabei verdient die Herbstzeitlose wirklich Aufmerksamkeit. Sie hat Besonderheiten zu bieten, die mit ihrer Lebensweise zusammenhängen. Wenn es wieder an der Zeit ist, kommt sie aus dem Boden hervor. 15 bis 30 Zentimeter unter der Oberfläche sitzt ihre zwiebelartige Wurzelknolle. Die Tiefe schützt vor Frost. Daher braucht sie tiefgründige (Wiesen-)Böden, die diese Versenkung zulassen. Ein innerer Jahresrhythmus oder das sich in den Boden hinein ausbreitende »Temperatursignal« der ersten kühlen Spätsommernächte geben wohl den Anstoß dazu, dass die Knolle eine insgesamt bis über 30 Zentimeter lange Blüte nach oben schiebt. Fertig ausgebildet, ragt sie schließlich wenigstens eine Handbreit über die Bodenoberfläche hinaus. Das macht sie so gut sichtbar auf den abgegrasten Wiesen im Herbst. Kein Blatt begleitet oder stützt sie dabei.

Um die Zeit der herbstlichen Tag-und-Nacht-Gleiche öffnen sich die Blüten. Sie sind bereit, die letzten größeren Insekten aufzunehmen, die noch Blüten besuchen. Nach erfolgter Bestäubung ziehen sich die Blüten zurück und verschwinden im Boden, als ob nichts gewesen wäre. Monate vergehen, bis es zur Befruchtung der Samenanlagen kommt. Unten in der Knolle ruhen die Keime für die Anlage der Samen, bis im nächsten Frühling, ein halbes Jahr nach dem

Blühen, wieder die richtige Zeit gekommen ist. Nun erst treibt die Knolle aus und schiebt etwa von Ende April bis Mitte Mai die schlanken, dick und fleischig wirkenden Blätter. Als dunkelgrünes Büschel kommen sie aus dem Boden hervor. Aus ihnen wächst die große, dreifächrige Samenkapsel empor. Auch sie ist zunächst noch ganz grün. Mit ihrem Blattgrün (Chlorophyll) leistet sie in sich selbst einen Beitrag zur Gewinnung von Energie (über die Fotosynthese) für die Ausbildung der Samen.

Wer nun meint, die grüne »Knospe«, die aus dem Blätterschopf emporwächst, würde sich alsbald zur Blüte öffnen, sieht sich getäuscht. In ihr reifen in Wirklichkeit die Samen. Sie bekommen besondere Anhängsel, die von Ameisen gern abgenagt werden. Dabei verschleppen die Ameisen die Samen und verbreiten sie meterweit von der Mutterpflanze entfernt. Bei der Herbstzeitlose bilden die Reste des »Nabelstranges« (botanisch *Hilum* genannt) diese klebrigen und süßen Gebilde. Und weil sie klebrig sind, können sie auch an den Füßen von Weidetieren hängen bleiben, wenn diese auf die Samenkapseln treten oder, wenn der Wind die Samen bereits ausgestreut hat, so noch weiter getragen werden. So kam auf den Wiesen eine recht gleichmäßige Verteilung der Herbstzeitlosen zustande. Wie mag eine so besondere Lebensweise entstanden sein?

Herkunft und Entstehung der Zeitlosen

»Ursprünglich Anpassung an wintertrockenes Steppenklima, gleichzeitig günstig als Anpassung an Wiesenwirtschaft« meinen Ruprecht Düll & Herfried Kutzelnigg in ihrem außerordentlich inhaltsreichen »Botanisch-ökologischen Exkursionstaschenbuch«. Doch so recht überzeugt diese Ansicht nicht. Denn erstens gibt es bei wintertrockenem Steppenklima keinen plausiblen Grund, das Blühen in den Herbst und davon getrennt das mit dem Wachsen der Pflanze verbundene Fruchten in den Frühsommer zu verlegen. Die allermeisten Zwiebel- und die typischen Steppenpflanzen machen das auch nicht so. Wie eng (sehr) frühes Blühen und ein normaler Fortgang von Wachstum und Samenreifung im Frühjahr aufeinanderfolgen können, zeigen doch die Krokusse oder auch unsere Schneeglöckchen.

Diese schieben manchmal schon die Blüten aus der Erde, wenn noch Schnee liegt. Gerade im kontinentalen Steppenklima folgt auf die trockene und kalte Zeit des Winters der Frühling viel »planmäßiger« als im meistens sehr wechselhaften, atlantisch-ozeanischen Bereich. Auch die Herkunft der Herbstzeitlosen spricht gegen diese Deutung. Das Verbreitungsgebiet der Gattung reicht vom nördlichen Iran und dem Vorland des Kaukasus über die pontischen Steppen am Schwarzen Meer bis zum Nordostrand von Afrika und auf den Balkan. Die Vorkommen eigenständiger Arten auf Kreta zeigen zudem, dass sogar schon voreiszeitlich abgetrennte Inseln des östlichen Mittelmeeres von Zeitlosen besiedelt worden sind. Bei diesem Areal handelt es sich um eine Region, die nicht durch Wintertrockenheit, sondern durch Winterregen, also durch das sogenannte Etesien-Klima gekennzeichnet ist. Dieses war während der Kaltzeiten im Eiszeitalter noch viel stärker ausgebildet als gegenwärtig. Reichlich Winterregen gab es sogar bis noch vor gut 2.000 Jahren, als Nordafrika die »Kornkammer Roms« war. Damals waren heutige Trockensteppen und Halbwüsten im Vorderen Orient recht ertragreiches Land. Diese Region stellte als südwestasiatisches Refugium auch das große Rückzugsgebiet der europäischen Flora und Fauna während der Vereisungszeiten (Glaziale) dar. Es war in dieser Hinsicht weitaus bedeutungsvoller als das viel kleinere auf der Iberischen Halbinsel. Dort gibt es nahe Verwandte, die Merenderen. Die Pyrenäen-Merendera *Medrendera pyrenaica*, die der Herbstzeitlosen recht ähnlich sieht, blüht wie diese im August und September, die *Merendera androcymboides* Südwestspaniens aber im Frühjahr.

Daher halte ich eine andere Erklärung des so merkwürdig abweichenden Blühens und Fruchtens der Zeitlosen für plausibler: In ihre normale Abfolge von Blühen, Wachsen und Fruchten schob sich bei der Entwicklung des Eiszeitklimas der aufkommende Winter wie ein Zeitkeil hinein. Südspanien, wie auch das viel größere südöstliche Mittelmeergebiet, blieben davon verschont. Die Zeitlosen blühten wahrscheinlich ursprünglich ähnlich wie die Krokusse nach dem Winter frühzeitig, nach dem trockenen, kontinentalen Sommer mit Beginn der herbstlichen Niederschläge. Zum verzögerten Wachsen und Fruchten kam es, weil am Anfang der neuen Vegetationsperiode der Druck am größten ist, der im offenen Grasland von den Weidetieren ausgeht. Die Intensität der Beweidung nimmt ab, je mehr neues Grün zur Verfügung steht. Das ist gegenwärtig nicht wesentlich anders. Wenn die dicken grünen Blätter der Herbstzeitlosen Ende April oder im Mai hervorkommen, gibt es schon reichlich frisches Grün in unseren Wiesentälern und Auen.

Die Zeitlosen als Giftpflanzen

Sicherlich wusste schon Medeia, die Giftkundige der griechischen Antike, dass das Gift der Herbstzeitlosen nicht perfekt schützt. Ziegen können diese Pflanze durchaus verzehren, solange die Blätter noch jung sind. Dann wird ihre Milch zwar »giftig«, aber die Ziegen selbst halten danach vielleicht umso mehr aus. Denn auch für die Herbstzeitlose gilt der klassische Satz des spätmittelalterlichen Arztes Paracelsus: *»Sola dosis facet venenum«* (Nur die Menge macht das Gift)! In entsprechend geringen Mengen kann es das Gegenteil von Vergiftung, nämlich sehr Heilsames bewirken.

Bei der Herbstzeitlose verhält es sich auch so. Das offenbart ihre andere Seite, weswegen sie geachtet und geschützt werden sollte und weshalb uns ihr Rückgang mehr angeht, als dass es bald eine weitere gefährdete Art geben wird. Denn alle Teile der Herbstzeitlose, vor allem aber die Samen und die Wurzeln, enthalten das Alkaloid Colchizin. Es ist jahrelang beständig und wirkt vor allem auf die Zellen und die Blutkapillaren. Bei Kindern gelten eineinhalb Gramm und bei Erwachsenen durchschnittlicher Körpergröße fünf Gramm als tödliche Dosis, wenn Herbstzeitlosen-Samen gegessen werden. Doch wer kaut schon Samen von Herbstzeitlosen? Beim Menschen stellen solche Vergiftungen absolute Ausnahmefälle dar. Nicht einmal ihre Blätter könnte man, wie jene des Maiglöckchens mit denen von Bärlauch, mit einer ähnlichen Pflanze verwechseln. Und wo das Vieh die Wahl hat, weil es frei auf der Weide grasen darf und nicht gepresstes Heu als Fertigfutter vorgesetzt bekommt, lässt es die Herbstzeitlosen stehen. Mähmaschinen können natürlich nicht unterscheiden, wenn beim frühen Wiesenschnitt die Blätter und Samenkapseln oder beim letzten Mähen im Herbst die Blüten ins Futter oder Heu geraten.

Der Stoff, der die Zellteilung hemmt

Die Vorteile, welche die Herbstzeitlose zu bieten hat, überwiegen jedoch die Gefahren bei Weitem. Denn es handelt sich bei ihrem Gift, dem Colchizin, um einen ganz besonderen Stoff. Dieser hemmt die Teilung der Zellen in genau jener Phase, in der die beiden »Sätze« des Erbgutes, die Chromosomensätze, voneinander getrennt werden. Handelt es sich dabei um Fortpflanzungszellen, kommt es bei der späteren Vereinigung zweier solcher Keimzellen zu einem Vierfachsatz an Chromosomen anstelle des normal doppelten.

Die moderne Pflanzenzüchtung nutzte dieses Polyploidisierung genannte Verfahren, um besonders leistungsfähige Sorten zu gewinnen. Sie wachsen mit doppeltem oder vierfachem Chromosomensatz kräftiger und setzen unter Umständen mehr Frucht an. Auch die Medizin bedient sich des Colchizins bei der Behandlung bestimmter Krebserkrankungen und Hautkrankheiten. Die Zellbiologie gewann mit seiner Hilfe grundlegende Einsichten in den Bau des Zellkerns und in den genauen Verlauf der Zellteilung. Doch was hier wie eine moderne Errungenschaft von Naturwissenschaft und Medizin klingt, beruht letztlich bereits auf den Erfahrungen, die vor zweieinhalb Jahrtausenden in eben jener Kolchis am Schwarzen Meer gewonnen wurden, von wo Prinzessin Medeia stammte.

Als Priesterin diente sie der göttlichen Hekate. In ihrem Tempel erlernte sie die Geheimnisse des Umgangs mit wirkungsvollen, »hekatischen (= hexenden)« Pflanzen. »Kolchikon« hieß, dem griechischen Arzt Dioskurides zufolge, das Wundermittel damals. Somit war eigentlich nicht »unsere Herbstzeitlose« die ursprüngliche Trägerin jener geheimnisvollen Fähigkeit, das Wachsen von Zellen zu unterdrücken, sondern es war ihre pontische Verwandte, die Breitblättrige Zeitlose *Colchicum latifolium*. Colchizin gewinnt man aber von unserer Herbstzeitlose. Der Rückgang ihrer Bestände auf ein paar Hundertstel der früheren Häufigkeit sollte uns also mahnen, nicht nur der Erhaltung medizinaler Tropenpflanzen hohe Bedeutung beizumessen, sondern auch unsere heimische Flora in gleicher Weise in die Schutzbemühungen mit einzubeziehen. Noch kommt die Herbstzeitlose zwar weit verbreitet vor, wenn auch längst nicht mehr überall häufig. Aber viele schleichende Veränderungen werden übersehen, weil man nicht darauf achtet. Pflanzen wie die Herbstzeitlose könnte man in repräsentativen Gebieten ihres Vorkommens durchaus auch regelmäßig Jahr für Jahr zählen, um ablaufende Trends besser zu überblicken. So aber bleibt die Frage, ob die »Blaue Blume« der herbstlichen Wiesen bald nur noch in größeren städtischen Parkanlagen, wie in München, zu sehen sein wird. Im Nymphenburger Park blüht sie zu Tausenden!

Auf Wiesenstücken am Ufer des Großen Sees im Park, wo die Gänse das Gras beweiden, gab es am 11. September 2004 auf einer Fläche von 400 Quadratmetern etwa 600 Blüten. Besonders dicht besetzte Stellen erreichten bis zu 18 Blüten pro Quadratmeter. So hatte es früher auch auf den Auwiesen ausgesehen. Stadtparks sind sicher ein unzureichender Ersatz für die Wildvorkommen. Wird es also für Zeitlose bald eine Endzeit geben? Die Landbewirtschaftung ändert sich rasch. Die Intensität nimmt zu. Was von der Vielfalt der Natur in Feld und Flur übrig bleiben wird, hängt davon ab, was wir erhalten wollen.

Obstbäume – Früchte aus Nachbars Garten

Kräftig in einen reifen Apfel beißen zu können gehört für ältere Menschen zu den erfreulichsten Errungenschaften der modernen Zahnmedizin. Sich mit einem Biss in den Apfel einen Milchzahn auszubeißen, ist Vergangenheit. Äpfel sind keine Herausforderung mehr. Und ganzjährig verfügbar. Woher sie stammen, droht ähnlich rätselhaft zu werden wie ihr Ursprung. Apfelbaum und Apfel sind längst voneinander getrennt. Äpfel zählen zu den Weitgereisten unter den Früchten. Bananen haben es näher. Für viele Menschen in den Großstädten jedenfalls, wo die Milch aus der Flasche, das Brot aus dem Automaten und der Apfel aus Chile oder Australien kommt. Apfelgeschmack wird künstlich hergestellt; so manchem Apfel fehlt er weitgehend. Äpfel sollte man nicht mit Birnen verwechseln, mahnt ein Sprichwort. Was mitunter gar nicht so leichtfällt, wenn man Obst betrachtet, das weder so recht in die eine noch in die andere Kategorie passt. Äpfel unterliegen strengen EU-Normen. Äpfel klauen zu gehen gehörte zur notwendigen Lebensertüchtigung der Kinder in der Nachkriegszeit. Die heutige Jugend könnte darüber nur müde lächeln. Das ist längst »out«.

Der Wurm drin

Früher war es ganz anders! Beim Obst auf jeden Fall. Äpfel und Birnen reiften bis in die 1970er- oder frühen 1980er-Jahre vielfach noch im eigenen Garten oder in den Bauerngärten. In den Läden im Dorf wurden sie nicht geführt. Wozu auch? Kein Mensch hätte sie gekauft. In den Städten gab es frisches Obst fast nur auf den Märkten. Jahreszeitlich. Wurden Südfrüchte angeboten, stand das extra vermerkt. Die Wende kam mit den Bananen. Die krumme gelbe Wunderfrucht war von Anfang an etwas Besonderes: Verlockend in ihrer Süße, wohlriechender als Schokolade und gesund. Außer dem anfänglich recht hohen Preis sprach nichts gegen Bananen. Der sank und sank, bis sie zu den preisgünstigsten Lebensmitteln gehörten. Die Äpfel kamen dagegen nicht mehr an, als auch sie Einzug in die Regale der Supermärkte hielten. Goldgelbe Birnen waren und blieben teurer. Mitunter sehen sie regelrecht exotisch aus im so reichhaltig gewordenen Sortiment der Früchte. Als ob sie nicht von hier wären! Sie sind es auch kaum mehr. Birnen aus der näheren Umgebung zu bekommen, ist in den allermeisten Supermärkten unwahrscheinlicher als Mangos, Papayas oder Kakis zu erhalten. Äpfel gibt es wohl, vor allem außerhalb der Apfelzeit, denn sie stammen aus Chile, Neuseeland oder einer anderen abgelegenen Obstbauregion der Südhalbkugel. Oder aus speziellen Kühllagern. Dass sie »normiert« sind, fällt auch nicht mehr auf; normiert in Größe, Farbe und Verpackung. Wonach sie schmecken, lässt sich schwer sagen. Nach Apfel muss es nicht sein, wenn das Äußere um so perfekter stimmt. Sehr begehrt sind diese Normfrüchte daher nicht. Verständlicherweise. Für die etwas Älteren erfüllen sie die Erwartungen nicht, die der Genuss frischer Äpfel, möglichst direkt vom Baum, in der Kindheit und Jugendzeit geprägt hatte, und den Jungen bieten sie zu wenig, handelt es sich doch bloß um Äpfel. Seit Langem kaufe ich keine Äpfel mehr, außer es gibt welche direkt vom Bauern oder aus einem privaten Obstgarten. Dann steigen unweigerlich Erinnerungen an die Kindheit auf, als der Wurm im Apfel mein Freund war. Denn solch bewohnte Baumfrucht reifte früher und fiel ab; die Raupe, die im Kernhaus fraß, und ihre Rückstände im Fraßgang ließen sich mit dem Taschenmesser leicht entfernen.

Zwei Sorten hatten es mir besonders angetan; zwei, die ich später nirgendwo mehr in einem Obstladen zum Kauf angeboten fand. Frühäpfel hieß die eine Sorte, offiziell Klarapfel. »Süßling« die andere, eine kleine, rötliche mit sehr süßem Fruchtfleisch, das bei Vollreife fast zu süß war und rasch mehlig wurde. Beide Sorten reiften sehr früh. In der Regel fielen die ersten (wurmigen) schon im Juli zu Boden. Andere kamen später an die Reihe. Die letzten, die ein mächtiger Apfelbaum im Garten trug, wurden vom Baum gepflückt, wenn die ersten Herbstfröste gekommen waren, im Keller gelagert und um Weihnachten gegessen. Auch als Bratapfel entfalteten sie ein wunderbares Aroma.

Im Lauf der Jahrzehnte alterten unsere Apfelbäume. Sie trugen unregelmäßig und immer weniger. Der »Süßling« im Nachbargarten, von dem ich als Kind von den heruntergefallenen Äpfelchen haben konnte, so viel ich wollte, wurde als Erster morsch und brüchig. Und deshalb ersatzlos entfernt wie die meisten Obstbäume, die als Gürtel die Dörfer umgeben und um die Wende vom April zum Mai mit ihrer Blüte eingehüllt hatten. Niemand wollte mehr zum Pflücken auf schwankende Leitern steigen oder mit Pflückkörben Apfel für Apfel herunterholen. Wer überhaupt noch eigenes Obst schätzte, legte sich Kurzstammbäumchen zu, deren Früchte bequem per Hand und ohne Leiter zu pflücken waren. Die Obstwiesen aber verschwanden nach und nach. Sie waren unrentabel geworden. Als Teil der dörflichen Siedlungen lagen die meisten im offiziell ausgewiesenen Bebauungsgebiet. Diese Einstufung vergrößerte die Kluft zwischen tatsächlichem Ertrag an Obst und Gras, das niemand mehr so recht schätzte, weil die Kühe nun im Stall standen und nicht mühsam jeden Morgen frisch gemähte Portionen von Futter aus der Obstwiese erhielten, und dem Wert der Gärten als Baugebiet. Gegen neue Häuser hatten alte Obstbäume einfach keine Chance. Das Aussehen der Dörfer änderte sich – und auch die Luft, die nun von den Ausdünstungen der Massenviehhaltung durchsetzt war. Der Gestank nahm mit der Konzentration der bäuerlichen Landwirtschaft auf einige wenige Betriebe zu, während sich gegenläufig die Stadtluft verbesserte, sodass sich die Verhältnisse von ehedem fast umkehrten. Die Stadt gewann an Lebensqualität. Inzwischen wachsen wahrscheinlich in den Großstadtgärten mehr Obstbäume als in den Bauerngärten auf dem Land, und wohl auch in vielfältigeren Sorten.

So nostalgisch diese kurze Schilderung wirken mag, so zutreffend dürfte sie dennoch sein. Es geht mir auch nicht darum, zu werten, was besser war oder geworden ist und was sich verschlechtert hat. Jeder sieht das auf seine Weise. Äpfel werden in unserer Zeit in Obstbaumplantagen so wunschkonform produziert, dass man sie für vollsynthetisch halten könnte. Sie verbergen nichts, auch keine geschmackliche Überraschung, und sie bieten der Menge nach »viel Apfel für wenig Geld«. Die Käufer wirken mit in der Gestaltung der Zukunft der Produkte, die sie erwerben. In ihrer Gier nach Schnäppchen erschöpft sich der Geschmack. Das Lustgefühl, besonders günstig eingekauft zu haben, übertrumpft den Genuss des Verzehrs. *Suum cuique* lernten wir auf dem Gymnasium in Latein offenbar doch fürs Leben: Jedem das Seine! Meine Frühäpfel und Süßlinge waren eben »meine«. Sie würden heutzutage nicht mehr »gehen«; vielleicht nicht einmal mehr verschenkt, wie die mitunter in den Dörfern angebotenen und sogar in der Stadt zur Selbstbedienung an den Straßenrand gestellten Obstkisten es in für mich erschreckender Weise zeigen. Erschreckend und ernüchternd, denn ähnliche Bilder tauchten vage auch aus Kindheitserinnerungen auf. In manchen Jahren gab es einfach zu viel Obst. Die Äpfel fielen von den Bäumen und verfaulten darunter. Schmetterlinge taten sich gütlich daran, und Unmengen von Wespen. Und ich stellte mir die Frage, ob denn auch die Erwachsenen Äpfel aßen oder nur wir Kinder?

Malum, der Apfel, *Pyrus*, die Birne

Er fällt vom Apfelbaum, und dieser hieß bei den Alten Römern »malus«, was auch schlecht bedeutet und das Gegenstück zu »bonus« ist. Was ein Bonus ist, weiß man, seit Manager nicht mit einem ihren Fehlleistungen entsprechendem Malus abserviert, sondern mit einem Bonus belohnt werden. Dabei waren die Vorleistungen für so manchen Bonus so miserabel, dass man meinen könnte, die Manager hätten Äpfel und Birnen nicht auseinanderhalten können. Diese, die Birnen, heißen nun aber nicht Malus, sondern *Pyrus*, lateinisch »pirum«. Es stammt aus dem Altgriechischen und bedeutet feurig. Mit Pyromanen sind allerdings keine Birnenliebhaber gemeint, sondern Menschen, die eine verderbliche Lust am Feuermachen haben, am Zündeln. Warum dieser Kurzausflug ins Schullatein? Der Grund ist, dass die wissenschaftlichen Namen etwas aussagen, zumindest oft andeuten, was auch im Hinblick auf die zu betrachtende Pflanze interessant ist. *Malus* für Apfel- und *Pyrus* für Birnbaum drücken keine besondere Wertschätzung für diese Obstbäume aus. Was ein neues, persönliches »warum?« aufwirft. Warum kann ich mich nicht erinnern, dass in meiner Kindheit die Erwachsenen Äpfel mit einer ähnlichen Begeisterung wie ich gegessen haben? Warum weiß ich nicht einmal sicher, ob sie überhaupt frische Äpfel aßen? Bei Bratäpfeln im Winter und bei Apfelscheiben bin ich mir sicher; auch beim Apfelkuchen und dem mit Zimt versetzten Apfelkompott. Aber frische Äpfel »roh vom Baum«? Mag ja sein, gelegentlich und nebenbei. Das Vergnügen, in einen saftig-knackigen Apfel zu beißen, entspricht mehr der Zahnarztwerbung als der früheren Wirklichkeit. Da machte bei uns auf dem Land eher der Spruch vom »in den sauren Apfel beißen« die Runde. Die Kinder warnte man davor. Unreife Äpfel konnten unangenehme Folgen haben, von denen die Bauchschmerzen noch die harmloseren waren. Und Birnen? Die schmeckten meistens so bitter, dass sie den Mund zusammenzogen. Außerdem knirschte es zwischen den Zähnen, weil sie so viele Steine im Fruchtfleisch hatten. Das Verschwinden der Apfel- und Birnbäume nahmen die Erwachsenen offenbar auch recht gelassen hin. Viel weniger Obstbäume als früher hielten sie für ausreichend. Nachgepflanzt wurde allenfalls in den neuen Privatgärten. Dann aber die modernen Standardsorten.

Flüssiges Obst

Manche Veränderungen verlaufen so offensichtlich, dass man sie nicht sieht. Meine Vorstellungen, wozu die Apfel- und Birnbäume in den Gärten der Bauern im Dorf gut waren, hatte der kindliche Genuss der reifenden Früchte geprägt. Doch für diese Art Genuss waren sie nicht vorgesehen gewesen. Dass Äpfel und Birnen zum Essen abfielen, war nur Nebensache. Die Hauptsache war nicht das

Obst, sondern der Most, der daraus gemacht wurde. Deshalb ging es gar nicht darum, wie wohlschmeckend eine bestimmte Apfelsorte war, sondern wie gut sie sich für das Vermosten eignete. Die Frühäpfel im Garten meines Elternhauses taugten dafür nicht.

Deshalb gab es im ganzen Dorf mit seinen sicherlich mehreren Tausend Apfelbäumen keinen weiteren Baum dieser Sorte. Tafelbirnen waren so gut wie unbekannt. Die üblichen Birnbäume wuchsen zu großen, pyramidenförmigen Bäumen heran. Ihre Birnen blieben klein und hart. Aber sie trugen so reichlich, dass es unter den Birnbaumalleen am Straßenrand im Spätsommer matschige Schichten zerfahrener Birnen gab. Selten war eine dabei, die durch ihr intensives, reines Gelb auffiel und für ein paar Bissen gut war und schmeckte. War es so weit, wurden die Birnen »geschüttelt«, weil Schlagstellen, die sie sich beim Aufprall auf den Boden bildeten, bei der anschließenden Art der Obstverwertung keine Rolle spielten. Sie wurden ohnehin gleich in die Mostpresse gegeben, die in wohl jedem Bauernhaus vorhanden war. Und nun fügte sich zusammen, was *Malus* und *Pyrus* ausdrückten. Die (Most-)Äpfel gaben die Hauptmenge des Saftes, der für sich allein wenig Geschmack nach der Gärung entwickelt hätte, und von den Mostbirnen kam das »Feuer«. Je nach Sorte und Mischung schmeckte der Most fad oder sehr gut. Damit wurde klar, warum es rund drei- bis viermal mehr Apfel- als Birnbäume im Dorf gab. Sie entsprachen dem Mischungsverhältnis im Most. Und warum Tafelobst erst später, auf dem Umweg über die Obstläden und die kleinen Privatgärten, in Erscheinung trat. Die bäuerliche Bevölkerung produzierte mit den Obstgärten Most, kein Obst. Most war das Normalgetränk in den Bauernhöfen, nicht Wasser. Dem war nicht zu trauen. Denn die Pumpbrunnen standen oft nur wenige Meter von den Misthäufen entfernt, aus denen stetig eine braune Soße herauslief und im Boden versickerte. Zwangsläufig mussten solche Brunnen für die Trinkwassernutzung behördlich gesperrt werden, als die allgemeine Wasserversorgung eingeführt wurde – auch wenn es lange, heftige Widerstände gegen den Anschluss an die zentrale Wasserversorgung gab. Als diese in den 1960er- und 1970er-Jahren aufgebaut wurde, war es bereits sehr schwierig, von den landwirtschaftlichen Abwässern nicht beeinträchtigte Flächen für die Trinkwassergewinnung zu bekommen. Es ging und geht fast nur noch in Wäldern mit ausreichend großem Abstand von landwirtschaftlichen Nutzflächen. Die Umstellung auf Stallviehhaltung und Güllewirtschaft erschwerte die Ausweisung von Wasserschutzgebieten beträchtlich. Dass man früher doch mit den Hausbrunnen bestens zurechtgekommen war, wurde zwar als Argument immer wieder vorgebracht, aber ohne den Zusatz, dass man ohnehin praktisch kein Brunnenwasser getrunken hatte. Was in der Küche gebraucht wurde, das wurde abgekocht. Gegen den Durst gab es den Most. Oder das in Bezug auf den Alkoholgehalt stärkere und teurere Bier. Denn beim Most reichten die milden drei Prozent Alkohol, also etwa die halbe Stärke des Vollbieres. Die desinfizierende Wirkung war dank der Lagerung in den Mostfässern gewährleistet. Die Bitterstoffe löschten den sommerlichen Durst ungleich besser als reines Wasser. Das war vor allem bei der Arbeit auf dem Feld wichtig. Ein Mostkrug ersetzte mehrere Krüge Wasser.

Honigsüße statt Zuckerkegel

Die Süße, die reifes Obst für die Kinder so erstrebenswert machte, lieferten die Obstbäume seit Jahrhunderten auf eine andere Weise. Sie verlor erst mit der allgemeinen Verfügbarkeit von Zucker an Bedeutung. Ihre Erzeuger waren die Honigbienen und eine der Hauptquellen die Blüten der Apfel- und Birnbäume. Die Imkerei wird inzwischen in ihrer Bedeutung meist recht einseitig dargestellt. Das Bestäuben der Blüten ist ins Zentrum gerückt, so als ob die Bienen für die Blüten da wären. Tatsächlich zahlen Obstbauern den Imkern für diese Dienste. In Nordamerika, wo seit rund einem Jahrzehnt ein großes Bienensterben Schlagzeilen macht, werden die Bienenvölker zu ihren Einsätzen kreuz und quer über den Kontinent gefahren. Dort, wo Tafelobst erzeugt wird, wie in Südtirol oder am Bodensee und im Alten Land bei Hamburg, beschränkt sich die Rolle der Bienen auf die Bestäubung, die Frucht bringen soll. Früher stand die Erzeugung von Honig im Vordergrund. Er war »die Süße«, bis ihn raffinierte Rohr- und Rübenzucker verdrängten und gesundheitsgefährdend wurden. Selbst dort, wo die Erzeugung von Most nicht so bedeutsam war, weil unpassende Witterung nicht genügend Obsterträge lieferte, wurden Apfel- und Birnbäume der Bienen wegen gepflanzt. Sie lieferten nach dem Vorspiel der Weidenkätzchen und der kleinen Frühlingsblumen die erste Haupttracht im Frühjahr, bis schließlich der Klee zu blühen begann. Und weil sich das Blühen in Feld und Flur im Hochsommer nach und nach erschöpfte, wurden Spätsommer- und Herbstblüher gefördert oder gezielt angepflanzt. Eine in unserer Zeit höchst problematisch gewordene Pflanze, der Riesenbärenklau *Heracleum mantegazzianum*, auch Herkulesstaude genannt, wurde der Bienen wegen eingeführt und ausgepflanzt. Auf den mager gewordenen Böden konnte sie sich im 19. und frühen 20. Jahrhundert aber nicht so recht halten, weil sie für ihren Wuchs große Mengen an Stickstoffsalzen im Boden braucht. Die Verhältnisse änderten sich zu ihren Gunsten, als in den 1970er-Jahren die großflächige Überdüngung des Landes einsetzte. Als hoch- und spätsommerliche Bienenweide eingeführt und wie Klee auf dorfnahen Feldern angebaut wurde auch das aus Kalifornien stammende Büschelschön oder »Bienenfreund« *Phacelia tanacetifolia*. Geschätzt wird es auch als sogenannte Gründüngung, da es keine Krankheiten auf andere Nutzpflanzen überträgt und von keinen Schädlingen befallen wird. Mit dem Rückgang der Imkerei sind auch die bezeichnend blauvioletten Phacelia-Flächen nur noch selten zu sehen; am ehesten noch in den Städten oder am Stadtrand, wo Bienen gehalten werden.

Apfel- und Birnbäume, Most und Honig bildeten jahrhundertelang ein Beziehungsdreieck, das in allen Teilen einer Symbiose gleichkam. Als Nebenprodukte gab es in der Reifezeit Frischobst für die Kinder, Apfelsaft und mit Honig gesüßte Lebkuchen. Da die Obstbäume weit genug voneinander entfernt stehen mussten, um einen guten Fruchtansatz zuzulassen, wuchs Gras auf. Die Obstgärten waren in aller Regel Obstwiesen. Das Gras wurde nach Bedarf parzellenweise gemäht, sodass es unter den Obstbäumen alle Entwicklungsstadien zwischen frischem Schnitt und hohem Gras gab. Diese kleinteilige Nutzung förderte die Artenvielfalt in der Pflanzendecke am Boden. Eine Fülle Blütenpflanzen entwickelte sich, zog ein Heer von Tagfaltern und anderen Schmetterlingen an, bot im

Wurzelraum jede Menge Nahrung für Käfer- und Schnakenlarven und wurde auf diese Weise zu etwas Besonderem: einem vielfältigen und ertragreichen Lebensraum für Pflanzen und Tiere. Normalerweise sind, wie schon mehrfach ausgeführt, Vielfalt und Mangel miteinander verbunden. In der Obstwiese sorgten regelmäßiger Schnitt der Bodenvegetation auf kleineren Teilstücken, auch grasende Kühe im Herbst und Düngung mit Stallmist dafür, dass die besondere Kombination von hoher Diversität und Produktivität zustande kam. Obwohl fast stets nur Apfel- und Birnbäume vorhanden waren, stellte sich eine in ihrer Zusammensetzung einzigartige Vogelwelt ein. Die typische Artenliste liest sich wie ein Rückblick in alte Zeiten: Wiedehopf und Steinkauz, Rotkopfwürger und Gartenammer, Gartenrotschwanz und Grauschnäpper und selbstverständlich beide an und in den Gebäuden der Höfe nistenden Schwalbenarten, die Rauch- und die Mehlschwalbe. Haus- und Feldsperlinge gehörten zu den Dauerbesuchern der Obstgärten, natürlich auch die Stare, die der Menge nach das Bild der Vogelwelt beherrschten. Sie lohnen einen etwas vertieften Blick.

Starensaga

Stare sind bei Obst- und Weinbauern wie auch bei so manchem Kleingärtner alles andere als beliebt. Im ostösterreichischen Burgenland jagte man die Schwärme im August und September mit einem Kleinflugzeug, dem »Starljäger«, über den Eisernen Vorhang nach Ungarn hinüber, bis die Weinlese beendet war. In Südwesteuropa werden nach wie vor Hunderttausende abgeschossen. Doch überall hingen in den Obstgärten und an Scheunen die Starenkästen gerade so, als ob man die Schädlinge absichtlich züchten wollte. Das war auch der Fall – ursprünglich. Es dauerte nur ein paar Jahrzehnte, bis sich die Lage für die Stare änderte. Als zwitschernde Frühlingsboten hatten sie in den 1980er-Jahren auf dem Lande weitgehend ausgedient. Die Obstwiesen wurden gerodet; die Tradition der Starenkästen geriet in Vergessenheit. Man hängte jetzt Meisenkästen und Nistmöglichkeiten für Wildbienen auf. Die Stare wurden seltener. Wo früher im August Hunderttausende in schwarzen Wolken mit brausendem Fluggeräusch zum Übernachten ins Schild einfielen, kamen nur noch Hunderte; ein Rückgang auf ein paar Tausendstel der Häufigkeit, in der Stare noch in den 1960er-Jahren vorkamen. Der Zusammenhang mit den Obstbäumen ist tatsächlich sehr eng und ambivalent. Er zeugt davon, wie selbstbezogen die jeweiligen Teile der Landbevölkerung die Verhältnisse zu ihren Gunsten betrachteten und steuerten. Den Winzern waren die Stare immer schon verhasst. War der Sommer günstig verlaufen, sodass ein guter bis sehr guter Weinjahrgang zu erwarten war, hatten sich auch die Stare bestens vermehrt. Sie hielten auf ihre Weise Weinlese. Nasskalte Frühjahrs- und Sommerwitterung beeinträchtigte die Starenbruten und die Entwicklung der Trauben. Schlechte Jahre für beide waren die Folge. Dass weniger Stare als in guten Jahren kamen, nützte den Weinbauern nichts. Warum aber »züchtete« die Landbevölkerung überhaupt Stare? Ohne die Zigtausende von Nistkästen mit zwei Bruten von je vier bis sechs Jungen pro Jahr wären die Bestände viel niedriger geblieben – niedrig genug vielleicht, um im Weinbau keine Schäden zu verursachen. Und warum wurden ausgerechnet die Obstwiesen zum Starenparadies? Um diese Fragen zu beantworten, müssen wir zwei Bereiche betrachten, die beim Obstbaum und Star zusammenkommen. Beide gehen von den Menschen, von der bäuerlichen Bevölkerung aus. Der erste ist indirekt, aber sehr wirkungsvoll. Wie schon ausgeführt, wurden die Obstgärten als Dauergrünland kleinteilig bewirtschaftet. Die übliche Form war das Mähen der benötigten Frischfuttermenge frühmorgens mit der Sense. Die Stare sind ihrer Natur nach bei der Nahrungssuche Fußgänger. Gemessenen Schrittes, wie es uns vorkommt, suchen sie die frisch gemähten Flächen ab. Dabei kommt ihnen eine Besonderheit im Bau ihrer Schnäbel zugute. Sie können diese so in den Boden stecken, dass sie mit einer leichten Drehung, »Zirkeln« genannt, den Schnabel an der Spitze öffnen und damit den Wurm oder die Larve der Wiesenschnake packen und herauszuziehen vermögen. Doch das geht eben nur auf frisch gemähten, kurzrasigen Flächen. Sobald das Gras eine Handbreit hoch oder höher aufgewachsen ist, versagt ihre spezielle Technik. Sie ist aber nötig, um die Jungen mit genau dem zu versorgen, was sie für ein rasches Wachstum und eine gesunde Entwicklung benötigen:

Eiweiß von Insekten und Würmern. Kirschen oder Frühäpfel, so sehr die alten Stare solche Früchte auch mögen, taugen nicht zur Fütterung der Jungen. Die heutige, in den 1980er-Jahren üblich gewordene Langgrasbewirtschaftung mit mehrmaligem Schnitt auf großen Flächen während des Sommers bringt zwar kurzfristig für wenige Tage beste Bedingungen für die Nahrungssuche, aber das reicht für die beiden Bruten nicht den ganzen Sommer über. Den Staren wuchs in unserer Zeit das Grünland zu, von dem sie über Jahrhunderte lebten. Entsprechend seltener und seltener wurden sie. Die Entwicklung erfasste auch die städtischen Parkanlagen, die aufgrund des Kostendrucks heute zunehmend als »Blumenwiesen« bewirtschaftet werden. Der kurz geschorene, den Sommer über vielfach gemähte Rasen ist in Verruf geraten. Die Naturschützer prangerten ihn ungeachtet seiner Vorzüge für Igel (geschützt und geschätzt!), Gartenvögel (geschützt und mit Einschränkungen – Amsel – auch geschätzt!) und Glühwürmchen mit so großem Erfolg an, dass Rasenmähen spießig und »unökologisch« wurde. Amsel, Drossel, Fink und vor allem der Star sehen das verständlicherweise ganz anders. Sie wurden nicht berücksichtigt und demzufolge seltener. Die Stare ganz besonders. Aber diese wären ohne die Starenhäuschen (»Starenkobel«) gar nicht so häufig geworden. Die Versorgung mit Nistkästen hatte einen anderen Grund. Früher holte man die fett gewordenen, fast flüggen Jungstare rechtzeitig aus den Kästen, bevor sie ausflogen, und briet sie. Gebratene Stare galten als Delikatesse. Die Nistkästen waren nicht aus Freundlichkeit aufgehängt worden und schon gar nicht als Vogelschutzmaßnahme gedacht, sondern höchst eigennützig. Deshalb hatten die Nistkästen auch die leicht aufklappbare Vorderseite, und deshalb wurden sie auf Stangen oder an Scheunenwänden so angebracht, dass sie gut erreichbar blieben. Das Dezimieren der Bruten beeinträchtigte die Starenbestände nicht wirklich, weil sie durch die besondere Form der Bewirtschaftung der Obstwiesen als Bestand hoch produktiv blieben und ohnehin bei der Überwinterung hohen Verlusten ausgesetzt gewesen wären. Daher kam es wahrscheinlich erst in der Übergangszeit zu den gewaltigen Starenschwärmen, als die Tradition der Starenkästen noch lebendig war, die Jungen aber nicht mehr gegessen wurden. In wenigen Jahren können bei dieser Verschiebung des Verhältnisses zwischen Bruterfolg und Brutverlusten die Bestände geradezu explodieren. Für einen Obstbau, der auf die Erzeugung von Most und nicht auf Tafelobst ausgerichtet war, spielten die Verluste an Äpfeln oder Birnen keine Rolle. Die Vorzüge gebratener Jungstare überwogen ganz klar. Im Weinbau sieht das ganz anders aus. Der Wert der Trauben liegt ungleich höher als der von Mostäpfeln. Die Mostregionen kümmerten die Folgen für die Weinregionen nicht. Landwirtschaft war immer ertragsorientiert. Was die Erträge minderte, war automatisch Schädling, und nicht bloß lästig. Die Starenkasten-Tradition hätte es ohne Starenbraten nicht gegeben. Sie wäre aber ohne die auf Most und mitunter auch auf das Brennen von Obstschnaps ausgerichtete Obstwiesenkultur nicht zustande gekommen. Stare waren vor der Ausbreitung der Obstgarten-Kulturen sicherlich vergleichsweise seltene Vögel gewesen. Ihre vornehmlich afrikanische und südasiatische Verwandtschaft drückt wahrscheinlich ganz zutreffend das Verhältnis aus. »Unser« Star *Sturnus vulgaris* übertrifft als Art seine ganze Starenverwandtschaft von 107 weiteren Starenarten um ein Vielfaches. In Nordamerika, wohin er vor erst gut 100 Jahren gebracht worden ist, dürfte er gegenwärtig die häufigste Vogelart überhaupt sein. Der europäische Bestand wurde in den 1990er-Jahren noch auf 100 Millionen geschätzt. Zur Zeit seiner größten Häufigkeit könnte er eine halbe Milliarde oder mehr betragen haben. Was für eine Nebenwirkung der Apfel- und Birnbäume!

Der Apfelwickler

Der »Wurm« im Apfel war vor einem halben Jahrhundert normal, gegenwärtig allenfalls für besonders Wohlgesonnene ein sicheres Zeichen für »Bio«. Erfreut war ich über die rosafarbene Raupe im Apfel natürlich auch nicht. Noch weniger, wenn die angrenzenden Teile irgendwie danach schmeckten, wohl weil ich das Taschenmesser nach dem Ausschneiden nicht gut genug geputzt hatte. Die Feststellung »heuer sind die Äpfel wieder besonders wurmig!« war oft zu hören. Es dauerte, bis ich mich für den Verursacher, einen Kleinschmetterling namens Apfelwickler *Cydia pomonella*, näher interessierte. Das geschah, als mir auffiel, dass der unverkennbare Falter in den Lichtfallenfängen immer seltener vorkam. Glücklicherweise hatte ich ihn bei allen Lichtfängen stets genau registriert. Ende der 1960er- und Anfang der 1970er-Jahre war er noch sehr häufig. Die kleinen schiefergrauen Schmetterlinge mit dem augenartigen, braunen Ende der Vorderflügel flogen breit gestreut von Mitte Mai bis Anfang September, hauptsächlich im Juni und Juli. Da die Lichtfallen mit Lichtanlockung mechanisch wirken und die Insekten dabei nicht beschädigt oder getötet werden, greifen die Fänge nicht in die Bestände ein. Sie messen lediglich die Häufigkeit in standardisierter Weise. Wie bei allen häufigen Insekten schwanken die Bestände je nach Verlauf der Witterung und Wirksamkeit der Parasiten von Jahr zu Jahr unter Umständen recht stark. Doch seit den späten 1970er-Jahren erreichten sie die frühere Häufigkeit nicht wieder. Wenn ich die durchschnittlichen Fangergebnisse von 1969 zugrunde lege, ging die Häufigkeit des Apfelwicklers auf ein Zehntel zurück. Zweifellos ein erfreulicher Befund für den Obstbau. Wurmige Äpfel will ja auch kein Biobetrieb haben. War das die Wirkung des Spritzens?, fragte ich mich. Im Obstbau wurde seit den 1960er-Jahren sehr viel Gift gespritzt. Das in den 1970er-Jahren aufkommende und sich rasch ausbreitende Umweltbewusstsein minderte den Gifteinsatz insbesondere im nicht-kommerziell betriebenen Gartenbau nachhaltig. Also hätten die Apfelwickler eigentlich wieder häufiger werden müssen. Das taten sie aber nicht. Lag es dann vielleicht an der Rodung der Obstwiesen? Wenn es viel weniger Apfelbäume gibt, müssten auch die Apfelwickler seltener werden. Am Wurm im Apfel zeigte sich eine grundsätzliche Schwierigkeit, Vorgängen in der Natur auf die Spur zu kommen. Die anfängliche Begeisterung über die neuen Gifte, mit denen in den beiden Nachkriegsjahrzehnten höchst leichtfertig herumgespritzt wurde, war der Ernüchterung gewichen, dass solche chemischen Keulen auch ihre großen Nachteile haben und uns Menschen gefährlich werden können. Innerhalb von nur einem Jahrzehnt war damals das Wundermittel DDT zum weltweit geächteten Stoff der Chemie geworden, der die ganze Branche in Verruf brachte. »Chemisch« bedeutet seither für viele Menschen nichts anderes als giftig.

Die Erklärung lieferte schließlich das genauere Befassen mit der Lebensweise des Apfelwicklers. Der »Wurm« ist nichts anderes als die Raupe, die sich durch das Fruchtfleisch zum Kernhaus durchfrisst und eigentlich die proteinreichen Kerne zum Ziel hat. In diesen steckt, zwar geschützt durch chemische Verbindungen, die beim Verzehr die für uns Menschen und viele andere Lebewesen hoch giftige Blausäure abspalten, all das, was die Raupe braucht, um sich verpuppen und zum Schmetterling verwandeln zu können. Ist es so weit, seilt sie sich ab oder kriecht einfach aus dem bereits vom Baum gefallenen Apfel. Sie sucht nach passenden Ritzen am Baumstamm, in denen sie sich einspinnt und bis zum nächsten Frühjahr überwintert. Dann erst verpuppt sie sich, wandelt sich zum Schmetterling um und fliegt aus. Die Weibchen paaren sich mit den Männchen. Danach legen sie ihre Eier, aus denen die kleinen Raupen schlüpfen und sich in die heranwachsenden Äpfel hineinfressen. Die großen alten Obstbäume eigneten sich für die Überwinterung der Raupen bestens. Ihre Stämme sind bedeckt von rissiger Borke mit vielen Spalten, in die Apfelwickler-Raupen hineinpassen. Die neuen Niederstammsorten bieten ungleich weniger um nicht zu sagen fast nichts. Ihre Borke ist glatt. Abgefallene Äpfel bleiben auch nicht mehr unter ihnen liegen. Die geänderte Vorgehensweise bei der Obstproduktion unterbricht den Lebenslauf des Apfelwicklers häufig genug, um ihn auch ohne Gifteinsatz auf niedrigem Niveau zu halten. Dass diese Schlussfolgerung im Wesentlichen zutrifft, ergab der Vergleich mit den Verhältnissen in den Obstgärten der Großstadt. Apfelwickler flogen dort im ersten Jahrzehnt des 21. Jahrhunderts in ziemlich genau der gleichen geringen Häufigkeit wie in den Gärten der Dörfer im niederbayerischen Inntal. Alte Apfelbäume sind hier wie dort selten geworden; junge vom neuen Typ wurden vorherrschend. Die Anbauform änderte die Lebensbedingungen für den Schmetterling grundlegend. Für den Obstschädling Apfelwickler aus unserer Sicht positiv. Für andere Insekten und deren Nutzer allerdings negativ. Der Apfelwickler steht stellvertretend für zahlreiche, fast ausnahmslos harmlose Insekten, die es in den Obstgärten nun nicht mehr gibt. Mit ihrem Niedergang verschwanden die Gartenvögel oder wurden selten. Im Verlauf von wenigen Jahrzehnten änderte sich mehr als in Jahrhunderten. Gewinner und Verlierer gibt es dabei immer. Nichts kann nur positiv oder ausschließlich negativ ablaufen.

Heimatkunde der Nutzpflanzen – auch eine Apfelgeschichte

Waren die Jahrhunderte vor den großen Veränderungen unserer Zeit also die guten Zeiten? Wir Menschen sind geneigt für besser zu halten, was uns vertraut ist, was wir gewohnt sind, was es gab, bevor die Veränderung kam. Streuobstwiesen werden in unserer Zeit unter Schutz gestellt, um sie als alte Kulturform zu erhalten. Gleiches geschieht mit alten Haustierrassen oder Obstsorten. Eines der Argumente, die für ein solches Tun sprechen, gründet auf der Theorie des »historisch Gewachsenen«. Menschenhände hatten Obstwiesen geformt. Was in der Zeit vor der Inkulturnahme dort existierte, liegt zu weit zurück, um noch in die Bewertung mit einbezogen zu werden. Schutzziele dieser Art entsprechen dem Denkmalschutz oder, besser noch, der Erhaltung oder Wiederherstellung historischer Dorf- und Stadtbilder. Vergangenes wird zum Wert an sich, wenn erst einmal genügend Zeit verstrichen ist und es als »historisch« und schützenswert gilt. In unserer schnelllebigen Zeit veraltet vieles rascher als früher und wird damit schneller historisch. Noch ist der Mais hierzulande zu jung, um in eine ähnliche Kategorie wie die Kartoffel zu kommen, obwohl beide Kulturpflanzen nicht von hier sind, sondern aus der »Neuen Welt« Mittel- und Südamerikas kamen – und das fast zur selben Zeit (kurz nach der »Wiederentdeckung« Amerikas durch Christoph Kolumbus). Nicht von hier stammen unsere »althergebrachten« Getreidearten, der Weizen, die Gerste, der Roggen und der Hafer. Ihre Heimat ist der Vordere Orient, aus dem auch viele andere Pflanzenarten kamen, die bei uns heute längst zur Flora von Feld und Flur gehören. Zugehörig wurden sie, weil sie einfach schon lange genug da sind. Mit dem Mais wird es noch eine Weile dauern, bis auch diese Hybridpflanze als heimisch angesehen wird.

Fragen wir uns umgekehrt, welche Nutzpflanzen denn nun wirklich im ursprünglichen Sinne bei uns in Mitteleuropa heimisch sind, geraten wir in Erklärungsnöte. So genau ist das nämlich gar nicht bekannt. Am wahrscheinlichsten gehören Rüben dazu – und Apfel- und Birnbaum. Beide gibt es in Wildformen, Wild- oder Holzapfel und Wildbirne genannt. Essbar sind sie beide nur bedingt, und zwar mehr in dem Sinne, dass man die Früchte essen kann, wenn man das unbedingt möchte. Gewisse Folgen auf die Verdauung nicht ausgeschlossen. Wahrscheinlich stammen aber die bei uns üblichen Zuchtsorten nicht von den beiden Wildformen ab. Molekulargenetische Untersuchungen machen es wahrscheinlich, dass die Stammart der Kulturäpfel ein asiatischer Wildapfel mit dem wissenschaftlichen Namen *Malus sieversii* ist, der mit dem Kaukasus-Apfel *Malus orientalis* gekreuzt worden war. Unser Wildapfel blieb, abgesehen vielleicht von der Mostgewinnung, ungenutzt. Ein erneuter Hinweis auf die recht geringe Wertschätzung, die dem Apfel hierzulande zuteilwurde.

Äpfel schätzte man hingegen schon in den alten Hochkulturen im Mittelmeerraum, zumal im östlichen Teil und darüber hinaus bis Persien. Mit dem Apfel verbinden sich große Mythen. Nur nicht die von jener biblischen Eva, die Adam mit einem Apfel verführt haben soll. Das steht so nicht geschrieben. Zur »Frucht vom Baum der Erkenntnis«, dessen Identität noch immer gesucht wird, wurde der Apfel erst im europäischen Mittelalter gemacht. Eine Übersetzungsschwäche, nichts weiter, liegt dem »Paradiesapfel« zugrunde, den die Österreicher noch abwegiger mit der amerikanischen Tomate gleich setzten (»Paradeiser«) und andere in den Orangen, den »Äpfeln aus China« (Apfel-sine), sehen möchten. Doch die sagenhaften »Goldenen Äpfel der Hesperiden« des Altertums waren nicht im Osten, in den Paradiesgärten Persiens, zu holen, sondern im fernen Westen jenseits der Säulen des Herkules auf Gibraltar im Atlantik. Sie nährten den Mythos vom versunkenen Atlantis. Ein Apfel soll tatsächlich zum Zankapfel geworden sein. Eris, die Zwietracht säende Göttin und Schwester des Kriegsgottes Ares, warf dem Schönling Paris einen Apfel mit der Aufschrift »Der Schönsten« zu. Er sollte eine der in einer Hochzeitsgesellschaft versammelten göttlichen Schönheiten Hera, Athene und Aphrodite zur Schönsten küren. Aphrodite, der er den Apfel gab, versprach ihm die schöne Helena, was den Trojanischen Krieg auslöste. Es lag also irgendwie nahe, die Frucht vom Baum der Erkenntnis mit dem Apfel gleichzusetzen. Dass die Alten Griechen und Römer mehr von Obst hielten als die Germanen und überhaupt verfeinerten, raffinierteren Formen der Speisen zugetan waren, hatte zur Folge, dass dort auch viel früher schon Obstsorten gezüchtet wurden als in den »finsteren Wäldern Germaniens«. Mit der Zucht von Apfel- und Birnensorten war es daher nicht weit her jenseits der Limes genannten Grenze, die gleichsam die Met und Most trinkenden Barbaren von den Wein genießenden Zivilisierten trennte. Bis heute greifen beide Regionen nicht wesentlich ineinander.

Wir wissen daher wenig darüber, in welchem Umfang im Mittelalter und in den Jahrhunderten davor Obstbäume angepflanzt wurden. Karl der Große hatte Anfang des neunten Jahrhunderts seinen Untertanen das Pflanzen von Feigenbäumen empfohlen und sogar die Kultivierung von Oliven nördlich der Alpen für möglich gehalten. Das war in der Warmzeit des Mittelalters, im sogenannten Mittelalterlichen Klima-Optimum. Ob diese Warmzeit den Obstbau beförderte, ist ungewiss. Aber es gibt einen indirekten, gleichwohl recht aufschlussreichen Zeugen aus dem Pflanzenreich, der als Halbschmarotzer bevorzugt auf Apfelbäumen wächst. Es ist die Mistel. Sie ist mit der Ausbreitung des Apfelbaums eng verbunden, wie im Kapitel über die Mistel näher ausgeführt wird. Übertroffen wird diese Reichweite nur noch durch die Einführung der Apfelbäume in Nordamerika, Chile, Südaustralien und Neuseeland. *Malus domestica* gehört damit zu den am weitesten verbreiteten Baumarten überhaupt. Die meisten Apfelsorten – nämlich über 20.000 – gab es Ende des 19. Jahrhunderts. Davon blieb nicht viel übrig. Die Honigbienen mussten dem Apfel überall hin folgen, denn in seinen neuen Heimatgebieten ging es nicht mehr um Most, sondern um Tafelobst für den Weltmarkt. Das Buch »Life Counts« führt daher die Honigbiene als das mit weitem Abstand häufigste Nutztier der Erde an, mit grob geschätzten 3.172.864.740.000 Stück. Die meisten Äpfel produziert ein Land, das man spontan nicht einmal zu den typischen Apfel-Ländern zählen würde, nämlich China. Mit über 20 Millionen Tonnen im Jahre 2004 übertraf es alle neun Nächstplatzierten zusammen, unter ihnen auch Deutschland mit

1,6 Millionen Tonnen. Apfel-sine wäre diesen Zahlen zufolge die angemessene Bezeichnung. Die Pommologie, die Wissenschaft vom Obst mit dem Schwerpunkt Apfel, würde eine solche Umbenennung natürlich glatt ablehnen. Wie umgekehrt der »Erdapfel« nichts als eine unwürdige Herabstufung des Apfels zur Kartoffel ist. Verfolgen wir nun die schon angekündigte Verknüpfung des Apfelbaums mit der Mistel und den unerwarteten Konsequenzen, die sich daraus ergeben.

Misteln – Druidenzauber und Heilmittel

Mit goldener Sichel schnitt der Druide Miraculix Misteln in den hohen Eichen, wenn seine Gallier wieder einmal den Zaubertrank nötig hatten, um sich mit den Römern herumschlagen zu können. So steht es geschrieben in »Asterix und Obelix«. Doch die Misteln, die tatsächlich bei den keltischen Druiden hochgeschätzt waren, wachsen nicht auf Eichen. Bei der Eichenmistel oder Riemenblume *Loranthus europaeus* handelt es sich um etwas ganz anderes. Aus ihren Beeren wurde ursprünglich der Vogelleim gewonnen. Die Zeit der Gallier und ihrer Konflikte mit den Römern war zwar in der Tat eine Eichenzeit mit erheblich wärmerem Klima, als wir es gegenwärtig haben. Aber ob die Eichenmistel damals in Gallien vorkam, ist nicht bekannt. Die Weiße Mistel *Viscum album* breitete sich in ihrer »Laubbaum-Form« erst ein gutes Jahrtausend nach Cäsar und dem Gallischen Krieg nach Mitteleuropa aus. Das geschah während der spätmittelalterlichen Verschlechterung des Klimas zu Beginn der Kleinen Eiszeit. Diese dauerte ein halbes Jahrtausend von etwa 1350 bis 1850. Eine ähnliche Klimaverschlechterung hatte es am Ende der Römerzeit gegeben. Sie löste die Völkerwanderung aus und dauerte ebenfalls rund ein halbes Jahrtausend. In sie hinein fällt die von Historikern »dunkle Jahrhunderte« genannte Zeit vom fünften bis zum siebten Jahrhundert, aus der es wenig historisch verwertbare Aufzeichnungen gibt.

Auf den Leim gehen

Dies ist in sehr groben Zügen die Vorgeschichte zur Mistel, einer höchst bemerkenswerten, als sehr heilkräftig angesehenen Pflanze. Ihr Name leitet sich ab vom lateinischen *viscum*, was Vogelleim, also zäh-klebrig bedeutet und dem griechischen *ixós* entspricht. Allein diese lateinisch-griechische Herkunft des Wortes weist darauf hin, dass Mistel nicht als althergebrachte Bezeichnung im keltischen oder germanischen Wortschatz existierte, sondern später hinzukam und wenig verändert erhalten geblieben ist. Das Wort ist im deutschsprachigen Raum erst aus dem neunten Jahrhundert belegt. Deutsch gab es damals allerdings als Sprache noch gar nicht. Die Mistel steht damit im Gegensatz zum Apfel, für den es das gemeine germanische *aplu* und das Keltische, noch im Altirischen erhalten gebliebene *ubull* gab. So fügt sich die Wortgeschichte in die Herkunftsgeschichte der Pflanze ein, die deshalb besonders rätselvoll ist, weil es die mit *viscum* gemeinte Mistel in drei verschiedenen, einander aber äußerst ähnlichen Arten gibt, von denen zwei auf Nadelbäumen vorkommen und eine auf Laubbäumen. Lange betrachteten die Botaniker diese drei Misteln als sogenannte Ökotypen und nicht als eigenständige Arten. Pflanzen bereiten oft weit größere Schwierigkeiten bei der Einteilung in Arten als Tiere. Jedenfalls war wohlbekannt, dass es eine Tannenmistel, eine Kiefernmistel und eine »Laubbaummistel« gibt, die einander bis in kleinste Details gleichen, aber eben auf verschiedenen Arten beziehungsweise Typen von Bäumen schmarotzen. Misteln sind Halbschmarotzer. Sie entziehen dem Wirtsbaum, auf dem sie mehr oder weniger kugelig wachsen, Wasser und Nährsalze, stellen aber die übrigen für Wachstum und Vermehrung benötigten Stoffe selbst her. Ihre länglichen, recht derben Blätter mit glattem Rand enthalten wie auch die Sprosse Blattgrün. Nach gegenwärtiger Sichtweise sind sie in drei Arten zu gliedern, nämlich in die Tannenmistel *Viscum abietis*, die ausschließlich auf der Tanne vorkommt, in die Kiefernmistel *Viscum laxum*, die Wald- und Schwarzkiefer besiedelt und sehr selten auf der Fichte schmarotzt, sowie die nur auf Laubhölzern lebende *Viscum album*. Der gegenwärtigen Verbreitung nach gedeiht die Laubholzmistel vorwiegend auf Pappeln (insbesondere Hybridpappeln),

Linden, Birken und Apfelbäumen. Die Hauptbaumarten des mittel-europäischen Laubwaldes kommen in den Listen der Wirtsbäume entweder nicht vor, wie Eichen, Rotbuchen, Eschen und Ulmen, oder nur selten und in städtischer Umgebung, wie Spitzahorn und Salweiden. Entsprechend fallen die Fichten als Nadelbäume mit größter Häufigkeit in den Forsten ganz aus dem Rahmen, während die seltene Tanne sogar eine eigene Art von Misteln trägt. Lediglich für die Kiefer ließe sich ein Zusammenhang annehmen, sind doch Waldkiefern von Natur aus häufig und Kiefernwälder ein Naturtyp von Wald. Dennoch sind Kiefernmisteln gar nicht so leicht zu finden.

Was lässt sich aus diesen eher verwirrenden Befunden schließen? Zunächst einmal, dass die natürlichen Haupttypen von Wäldern in Mitteleuropa offensichtlich nicht die Heimat der Mistel(n) sind. Die warmen südöstlichen Eichenwälder besiedelt eine andere Gattung, die Riemenblume, die Buchen- und die Fichtenwälder gar keine Mistel. Auch in Eschen-Ulmen-Wäldern kommen so gut wie keine Misteln vor. Linden, die in früheren Jahrtausenden wesentliche Bestandteile der Laubwälder waren, nehmen unter den Wirtsbäumen deshalb einen Spitzenplatz ein, weil sie von Menschen im Siedlungsbereich sehr häufig angepflanzt worden sind. Sie rücken mit den (Hybrid-)Pappeln und den Apfelbäumen zu einer Gruppierung zusammen, die so nicht zum Wald gehört und in dieser Kombination nirgends waldbildend auftritt. Auch die vierte stark von Misteln besetzte Baumart, die Birke, gehört in die Siedlungsbereich-Gruppierung und trägt vor allem dort Misteln, ebenso wie auch Ahorn, Erlen und andere Holzgewächse, an denen man in der freien Natur so gut wie nie welche findet. Also scheint die Mistel auf irgendeine Weise in engerer Verbindung mit den Menschen zu stehen.

Der Seidenschwanz – Apfeldiebe aus dem Norden

Ein Vogel aus dem Hohen Norden hilft uns bei des Rätsels Lösung weiter, der Seidenschwanz *Bombycilla garrulus*, früher Pestvogel genannt, weil seine rätselhaften Einflüge mit Ausbrüchen der Pest in Verbindung gebracht worden waren. In manchen Wintern kommen die Seidenschwänze in großen Schwärmen aus den Wäldern des

Nordens in die Dörfer und Städte. Viele Tausende können es sein; Millionen insgesamt. Die ersten Schwärme treffen in Mitteleuropa bereits im Spätherbst oder zu Beginn des Winters ein. Unstet streifen sie umher, suchen nach Beeren und Früchten, die sie mit nur geringer Scheu vor den Menschen hastig verzehren, und ziehen weiter. In einem zweiten, zumeist sogar größeren Zwischenaufenthalt treffen sie im Frühjahr wieder ein – und verzehren die nun reifen Beeren der Misteln. Erst jetzt kommt die Verbindung mit der Mistel zustande. Zu Beginn des Einfluges der Seidenschwänze sind die Mistelbeeren noch nicht reif. Da suchen sie nach Äpfeln, die noch an den Bäumen hängen, und Beeren, wobei späte Sorten den Winterfrost brauchen, um genießbar zu werden. Die Äpfel hingegen sind reif, wenn die Seidenschwänze eintreffen. Reif und weich und ergiebig; ganz anders als die Wildäpfel. Kann es sein, dass die Verbindung mit der Mistel von den Äpfeln ausgeht? Es sieht ganz danach aus. Denn die Masseneinflüge von Seidenschwänzen fielen den Menschen auf und wurden in Klöstern und Stadtarchiven aufgezeichnet. Ragnar Kinzelbach hat ihre Geschichte zusammengestellt. Daraus lässt sich bei aller Unvollständigkeit des Materials ablesen, dass die Masseneinflüge erstens ganz gut den Zyklen der Sonnenflecken folgen, und zweitens, dass sie erst ab dem Spätmittelalter richtig (und regelmäßig) einsetzten. Sie bildeten sich also aus, nachdem der Obstbau ausgeweitet und in Mittel- und Nordwesteuropa weithin üblich geworden war. Die Pflanzung von Mostobst! Es bleibt, wie schon ausgeführt, lange am Baum und in guten Jahren auch in Mengen übrig, weil es nicht gegessen wird. Wenn, wie das in den letzten beiden Jahrzehnten mehrfach der Fall war, große Seidenschwanzinvasionen zu uns kommen, lässt sich leicht beobachten, wie die bunten Vögel mit den klingelnden Rufen nach Äpfeln suchen.

Fehlt noch die Verbindung zu den Misteln. Sie ist ganz einfach. Im Frühjahr, zur Reifezeit der Mistelbeeren, kommen die Seidenschwänze wieder. Der klebrige Schleim macht ihnen nichts aus. Ihre Verdauung läuft sehr schnell. Manchmal sieht man, dass Seidenschwänze im Flug Samenkerne der Mistel wie an einer dünnen Schnur, die aus ihrer Kloake hängt, nach sich ziehen. Sie kommen in Schwärmen, ernten gemeinsam, rasten zusammen auf dafür geeigneten Bäumen im Kronenbereich und verbreiten so gleich in Mengen die Mistelsamen. Es sind die »Seidenschwanz-Bäume«, die am stärksten mit Misteln befallen sind. Und sehr oft bilden Apfelbäume Zentren der Mistelverbreitung. Sicher waren es die essbaren Äpfel, die die Ausbreitung begünstigten, weil sie für die Seidenschwänze am attraktivsten sind. Deshalb treten die Misteln auf den Bäumen in aller Regel in Gruppen und in Altersklassen auf, die sich in der Größe deutlich unterscheiden. Denn Seidenschwanz-Einflüge gibt es nicht jedes Jahr, sondern meist in Abständen von sieben bis elf Jahren, selten dichter gedrängt. Und während die »Laubbaum-Mistel«, ich würde sie lieber die Seidenschwanz-Mistel nennen, in den Siedlungen vor allem um die Obstgärten sehr häufig wurde, blieben die beiden Waldmistel-Arten Tannen- und Kiefernmistel vergleichsweise rar. Sie sind auf die gelegentliche Ausbreitung durch Misteldrosseln angewiesen. Die Kiefernmistel kommt weitverbreitet im Osten und Südosten Europas bis Kreta vor. Im vorderasiatisch-östlichen Mittelmeerraum gibt es eine weitere Mistelart mit roten Beeren *Viscum cruciatum*. Die Alten Griechen kannten sie. Auf dem griechischen Namen *ixós* wurzelt das lateinische *viscum* und auch unser deutsches Wort Mistel. Als Apfelbaum-Mistel ist sie ziemlich neu; hier zumindest. Woher sie stammt, wissen wir nicht. Es wird sich aber zukünftig sicher durch genetische Vergleichsuntersuchungen herausfinden lassen. Gegenwärtig gibt es besonders viele Misteln. In München allein an die hunderttausend. Man kümmert sich kaum um diesen Halbschmarotzer. Früher schnitt man sie möglichst vollständig aus den Bäumen, um diese zu schützen und auch um Mistelzweige für Weihnachten zu gewinnen. Inhaltsstoffe der Mistel gelten geradezu als medizinische Wundermittel, und zwar nicht nur in der Homöopathie. Doch wer Misteln auf den eigenen Bäumen hat, betrachtet sie in aller Regel mehr als Schädling denn als nutzbringend.

Die Einstellungen zu bestimmten Pflanzen ändern sich mit der Zeit. Und das oft recht schnell. Aus den viele Jahrhunderte mühsam per Hand bekämpften und einigermaßen in Schach gehaltenen Ackerunkräutern wurden in unserer Zeit geschätzte Wildkräuter. Aber nicht etwa weil die Landwirtschaft umgedacht hätte, sondern weil sie selten geworden sind und fast nur noch im Siedlungsraum der Menschen überleben können. Erst wenn Pflanzen und Tiere rar werden oder verschwinden, gewinnen sie für die Menschen an Wert. Solange sie häufig und selbstverständlich sind, bleiben sie unbeachtet oder man bekämpft sie, damit sie nicht überhandnehmen. Die Lebewesen an sich in ihrer Eigenart und Einzigartigkeit zu betrachten fällt den meisten Menschen schwer. Vielleicht verstehen wir die Natur deshalb so wenig, weil wir sie in zwei Formen von Wertsystemen taxieren, nach »nützlich oder schädlich« und nach »selten oder häufig«. Beides mündet in »gut« oder »schlecht«. Das nimmt den Arten die Buntheit des weiten Spektrums, presst sie in Kategorien, die es in der Natur gar nicht gibt, und trennt, was eigentlich zusammengehört. Um dieses Zusammengehören ging es; um die Erneuerung des alten Blicks auf die Natur und um eine Biologie, die tatsächlich Lebenskunde meint: lebendige Biologie.

Ausblick

Alles fließt ...

Was gibt es zum Abschluss zu sagen? Dass vieles weggelassen wurde! Selbstverständlich, denn die Natur ist weitaus vielfältiger, als das aus den gewählten Beispielen hervorgeht. Wer unsere Pflanzen- und Tierwelt kennt, wird jede Menge weiterer Aspekte anfügen können oder das Ausgeführte nach seinen Erfahrungen zurechtrücken wollen. Ergänzungen sind erwünscht und Widerspruch schärft die Betrachtungsweise. Jedoch verliert man sich auch allzu leicht in Einzelheiten. Dann, so heißt es, geht der Blick aufs Ganze verloren. Was ist dieses Ganze? Ich weiß es nicht. Und ich habe den Verdacht, dass es diejenigen, die darauf pochen, noch weniger wissen. Ist es die Summe der Unkenntnis? Dann können wir es nicht kennen. Oder die Zusammenfassung aller Kenntnisse? Dann wissen wir auch nicht viel mehr, weil wir den Anteil der Teile am Ganzen nicht kennen. Denkübungen für Philosophen sind das. Ich gebe mich mit weniger zufrieden, nämlich mit der Einsicht, dass wir nichts Festgefügtes und Dauerhaftes erfassen können. Alles unterliegt dem Fluss der Zeit. Die Natur ist Geschichte, Naturgeschichte. Ein Blick aus dem Fenster bietet mir sogleich jede Menge aufschlussreicher Beispiele. Ein Star trippelt über den Rasen, zieht da und dort eine Schnakenlarve aus dem Boden und fliegt dann mit diesem Bündel aus »Gewürm« zum Starenkasten, um seine Jungen zu füttern. Wenige Meter von ihm entfernt hüpft eine Amsel umher, hält den Kopf immer wieder schief, um mit einem Ohr dem Kratzen von Regenwürmern zu lauschen, zieht einen mit sichtlicher Anstrengung heraus und verfüttert ihn den Jungen im Nest in der Ligusterhecke.

Vom Dach des Nachbarhauses ertönen das markante »Guh, guh, guckh« eines Türkentaubers *Streptopelia decaocto* und der gepresste Gesang eines Hausrotschwänzchens *Phoenicurus ochruros*.

Am Gartenzaun blühen zart rosafarben Heckenrosen *Rosa canina*, die goldgrün schillernde Rosenkäfer *Cetonia aurata* und *Potosia cuprea* besuchen, neben einem »Amerikaner«, dem Pfeifenstrauch *Philadelphus coronarius*, auch Falscher Jasmin genannt, obwohl seine weißen Blüten wunderbar duften. Noch nicht geöffnet sind die Blütentrauben eines ostasiatischen Schmetterlingsstrauches oder Sommerflieders *Buddleia davidii*, neben dem zwei kleine japanische Fächerahorne *Acer palmatum* der dunkelrotblättrigen Variante ihre fein gestalteten, tief geschlitzten Blätter waagerecht ausbreiten. Über 30 verschiedene Arten von Holzgewächsen enthält unser kleiner Garten. Im Nachbargarten steht ein großer Ginkgo *Ginkgo biloba*, dahinter ein nordamerikanischer Silberahorn *Acer saccharinum*, dann eine Rotbuche *Fagus sylvatica*, wieder mehrere Birken *Betula verrucosa*, Felsenbirnen *Amelanchier ovalis*, deren dunkel blaurote Früchtchen gerade reifen und den Mönchsgrasmücken schmecken, die zwischendurch lautstark singen. Durch das Gezweig der beiden Birken im Garten turnt jetzt unser Kohlmeisenpaar, verfolgt vom durchaus lästig wirkenden Betteln ihrer drei frisch ausgeflogenen Jungen. Eine Gruppe von Haussperlingen, es gibt sie hier tatsächlich noch, hüpft auf der Straße herum. Feldsperlinge hatten einen Nistkasten im Garten bezogen. Manchmal gesellen sie sich zu den stets »aufgeregten« Haussperlingen.

»Alles gewöhnlich«, wird der auf Raritäten bedachte »Artenjäger« dazu sagen, und »ein heilloses Durcheinander, typisch für die Verfremdung unserer Natur« manch orthodoxer Naturschützer. Auf ihre Weise haben sie recht. Keine Besonderheiten der Pflanzen- und Tierwelt habe ich aufgezählt und die Zusammensetzung entspricht typischen Stadtverhältnissen, nicht aber den Wunschvorstellungen, wie die heimische Natur sein soll. Aus meiner Sicht haben sie dennoch beide unrecht. All diese Arten sind genauer betrachtet Besonderheiten. Es geht nicht darum, ob sie selten sind oder nicht. In jeder dieser Arten steckt Geschichte, ihre Lebensgeschichte und die ihrer jeweiligen Umwelt – und wie sich diese im Lauf der Zeit verändert haben. Deshalb halte ich dem aufs »Heimische« bedachten Naturschützer entgegen, dass die Stare, die einst in lichten Wäldern lebten und auf von Spechten geschlagene oder von Pilzbefall ausgefaulte Naturhöhlen angewiesen waren, seit Jahrhunderten halb domestiziert den Siedlungsraum der Menschen bewohnen. Sie waren schon lange da, als die Amsel anfing, sich von einem scheuen Wald(rand)bewohner zu einem Stadtvogel zu entwickeln. Das ist erst gut zwei Jahrhunderte her. Inzwischen gehört sie zu den häufigsten Vögeln Europas überhaupt. In Städten und Dörfern gibt es weit mehr Amseln als »in der Natur«. Der Hausrotschwanz war sogar einst ein Hochgebirgsvogel. Wo die Felsen an der Waldgrenze aufsteigen, gibt es ihn immer noch. Aber in diesem Lebensraum der Naturfelsen ist er weitaus seltener als an den »Kunstfelsen« von Dörfern und Städten. Seine beste Zeit hatte er in den letzten Jahren des Zweiten Weltkriegs. Die zerbombten Städte waren ein passender Lebensraum. Obwohl ich das weiß, staunte ich doch wieder, als ein am Ortsrand noch im Bau befindliches Haus von diesem Vogel bereits bezogen wurde, bevor dort Menschen wohnten. Die Geschichte der meisten Arten, die in die Menschenwelt kamen, reicht viel weiter in die Vergangenheit zurück als ein Menschenalter. Wir kennen sie so, wie sie vor Jahrhunderten oder Jahrtausenden geworden sind. Der Vorgang als solcher ist aber längst nicht zu Ende. Die Einwanderung der Türkentaube erlebte ich ganz unmittelbar. Die ersten Exemplare dieser vorderasiatischen Art, die ich als Schüler in den 1950er-Jahren sah, konnte ich zunächst nicht bestimmen, weil sie in keinem der damals verfügbaren Vogelbestimmungsbücher verzeichnet waren. Zwei Jahrzehnte später war die Türkentaube wenn nicht die häufigste, so doch, nach der Ringeltaube, die zweithäufigste Taubenart in Mitteleuropa. Als sich in den 1960er- und 1970er-Jahren die Türkentaube im niederbayerischen Inntal rapide ausbreitete, waren Ringeltauben dort noch scheue »Waldtauben«, mehr zu hören als zu sehen. Jetzt brüten sie auch in Städten und Dörfern.

Auch die »Invasion« des Drüsigen oder Indischen Springkrautes *Impatiens glandulifera* erlebte ich von Anfang an. Den richtigen Namen dieser so auffällig blühenden Pflanze zu erfahren war noch schwieriger als bei der Türkentaube. Die ersten Notizen zu ihrem Vorkommen führte ich noch unter der (nicht zutreffenden) Bezeichnung Balsaminen-Springkraut. Nach einer ersten großen Ausbreitungswelle in den 1970er- und frühen 1980er-Jahren wurde das als Zierpflanze aus der westlichen Himalajaregion im 19. Jahrhundert eingeführte Drüsige Springkraut für zwei Jahrzehnte wieder weniger auffällig, bis in den letzten Jahren erneut eine starke Ausbreitung einsetzte. Jetzt kämpft der Eindringling vor allem mit den Brennnesseln um Platz. Die Gründe für das erhöhte Vorkommen, die Überdüngung von Fluren und Wäldern, kennt man inzwischen. Abzustellen ist sie nicht. Sie gehört zu den Auswirkungen der so hoch produktiv gewordenen modernen Landwirtschaft. Sie hat das Springkraut invasiv gemacht. Die Pflanze selbst wäre das nicht. Sie reagiert wie der Löwenzahn auf den Mähwiesen auf das Überangebot an Stickstoffdünger. Überfülle hat den Mangel abgelöst, der sich im Verlauf von Jahrhunderten ergeben hat. Das bleibt nicht folgenlos.

Denke ich zurück an die Zeit Ende der 1950er- und Anfang der 1960er-Jahre, als ich anfing, die Natur zu beobachten und Aufzeichnungen darüber zu machen, hielte ich mein Gedächtnis für trügerisch, gäbe es die Notizen nicht. So viel hat sich gewandelt. Zu viel, um auch nur vage Eindrücke davon im Kopf zu speichern. Die vollen Notizbücher ermöglichen es mir, das Ausmaß der Veränderungen nachzuvollziehen. Unzureichend sind sie dennoch. Viel habe ich aufgeschrieben, aber im Hinblick auf den heutigen Bedarf zu wenig. In dem Maße, in dem meine Kenntnisse wuchsen, nahmen auch die Notizen zu. Sie waren aber auch dem Zeitgeist unterworfen. Was normal schien, blieb unerwähnt. Was mir neu war, vermerkte ich, auch wenn es nichts Besonderes war. Mitunter ist es ganz gut, einen bestimmten Ort erst nach einem größeren zeitlichen Abstand wieder aufzusuchen. Langfristig bedeutungslose Schwankung, Fluktuation, die es von Jahr zu Jahr gibt, fallen stärker auf, aber weniger ins Gewicht als die schleichenden Trends. Einen Supersommer wie 2003 vergisst man so schnell nicht. Er war nach wenigen Wochen ungewöhnlich warmer Witterung auffällig geworden. An die Sommer davor und danach erinnert man sich schon nicht mehr. Doch nicht jener besondere Sommer prägte den Gang der Entwicklung, sondern der Trend, den die Fluktuationen überdeckten. Und dieser hatte so gut wie nichts mit dem Supersommer zu tun. Ihn bestimmen die Überdüngung und die sich verändernden Formen der Landnutzung. Ihren bestimmenden Einflüssen sind auch die Naturschutzgebiete unterworfen. Deshalb kommt so mancher gut gemeinte Schutz »der Natur« nicht zugute. Ich kenne die Auen an Inn, Alz und Salzach seit meiner Kindheit. Wie sie damals aussahen und wie sie sich seit Ende der 1960er-Jahre entwickelt haben, habe ich in Notizbuchaufzeichnungen recht umfangreich dokumentiert. Fotos ergänzen die Notizen. Die früheren Aufnahmeorte sind jetzt kaum wiederzuerkennen. Wo die Auen licht und von sonnigen, trockenen Stellen durchsetzt waren, weil sie als Niederwald genutzt wurden, waren sie voller Blumen im Frühjahr und voller Singvögel im Frühsommer. Sie waren den an der Natur Interessierten ohne Einschränkungen zugänglich. Jetzt sind sie zugewachsen und durch und durch feucht geworden. Naturschutzgebiete wie das an der unteren Alz bis zur Mündung in den Inn, einst als Blumen- und Schmetterlingsparadies bekannt, sperren die Naturfreunde weitestgehend aus. Das Wegegebot macht die Natur zur Kulisse; der Artenschutz distanziert von der Beschäftigung mit der phantastischen Vielfältigkeit der Lebewesen. Die Ausweisung als Naturschutzgebiet hat zwar die Naturinteressierten weitgehend ausgesperrt, verhindert aber nicht, dass Fichten neu hineingepflanzt werden, schwere Traktoren fahren und die Ränder des Schutzgebietes mit Gülle überschüttet werden. Wo ich früher, vor der Unterschutzstellung, das Brandknabenkraut *Orchis ustulata*, den Frühlings- *Gentianella verna* und den Fransenenzian *Gentianella ciliata*, das fein lilablaue Kugelblümchen *Globularia cordifolia*, das zarte Katzenpfötchen *Antennaria dioica* und andere Pflänzlein auf den Trockenrasen fand, wächst jetzt Wald. Keine Heidelerche singt mehr. An den letzten lichteren Stellen stehen Hochsitze mit Wildfütterungen davor, weil die Jagd uneingeschränkt weitergeht. Dichtes Gebüsch überwuchert die alten Steinwälle, die einst zum Schutz vor Hochwässern angelegt wurden. Eidechsen gab es an ihnen in großen Beständen, und die seltenen Schlingnattern dazu. Sie sind verschwunden, wie viele andere Arten auch, die, so man Bilanz machen wollte, dem Naturschutz zum Opfer fielen.

Doch wie sollte bilanziert werden? Das Neue gegen das Alte, oder nur die Verluste? Die früher für die Inn-Auen bezeichnenden Schlagschwirle sind bis auf wenige Reste vereinzelt singender Vögel verschwunden, weil die Auen zuwuchsen, als die Nutzung als Niederwald aufhörte. Wo Pappeln gepflanzt worden waren, hielt sich der Pirol und vermehrte sich. Ohne diese Pflanzungen hätte er wahrscheinlich das Dickicht des geschlossenen Erlenwaldes verlassen. Am Fluss selbst, im Bereich der Stauseen, gingen die Anzahl der Enten stark zurück. Sie machen seit Jahren schon kaum noch ein Zehntel der Bestände der 1960er- und 1970er-Jahre aus. Aber es siedelte sich der Seeadler an. Silberreiher halten sich nun am unteren Inn auf, wie vielerorts im nördlichen Alpenvorland. Einzelne überwintern sogar innerhalb von Ortschaften an kleinen Bächen und auf Wiesen, auf denen die weißen Reiher auf dem Schnee stehen und Mäuse zu fangen versuchen, die sich in ihren Laufgängen unter der Schneedecke bewegen. Vor 50 Jahren waren die Silberreiher eine solche Seltenheit, dass Ornithologen ihretwegen an den Neusiedler See fuhren, dem einzigen Ort westlich des Eisernen Vorhangs, an dem sie vorkamen. Ihre Wiederausbreitung zählt wie das Comeback von See-, Fisch- und Steinadlern, von Kranich und Uhu, Biber und Fischotter zu den großen Erfolgen des Artenschutzes. Nicht vor den Naturfreunden musste geschützt werden, sondern vor dem Abschuss, der diese Tiere bis in die jüngere Vergangenheit dezimierte und ihre Ausbreitung verhinderte. An jedem beliebigen Ort sind in der Rückschau, so diese auf einer hinreichend soliden Datenbasis möglich ist, vielfältigste Veränderungen sichtbar. Worauf soll dann Bezug genommen werden, wenn sich ohnehin alles ändert? Muss der Naturschutz also resignieren und das seit der Antike bekannte »Alles fließt« akzeptieren?

Wie die Änderungen empfunden werden, hängt von der inneren Einstellung ab. Wer Beständigkeit erwartet, wird vom Fluss der Zeit zwangsläufig enttäuscht werden. Wer die Natur in einem bestimmten Zustand festhalten möchte, handelt gegen die Natur. Schutz bedeutet, sich gegen den Strom der Zeit zu stemmen. Die Gründe sollten überzeugend, die Ergebnisse nachvollziehbar sein – an der Natur selbst vor allem, nicht allein an der Absicht, die mit dem Schutz verbunden wird. Gegenentwürfe sind daher nötig, denn der bloße Einspruch führt in der Regel zu nichts. Machbarkeit ist eine politische Frage, aber nicht nur. Die Natur muss in der Lage sein, sich in die gewünschte Richtung zu entwickeln. Und für uns gilt zu bedenken, dass diese Richtung unser Wunsch, das Ziel einer gesellschaftlichen Gruppierung ist, und keine Naturnotwendigkeit. Die Natur verfolgt keine Ziele. Jeder ihrer Zustände ist gleich gut, weil die Natur nicht wertet. Sie gibt uns auch keine Betriebsanweisung für den Naturschutz. Die Konzepte müssen von Menschen entwickelt werden. Sie spiegeln damit zwangsläufig den allgemeinen Zeitgeist und den speziellen Wissensstand der Akteure. Richtig und falsch sind zeitbedingte Wertungen. Es gibt sie nicht absolut. Ob der Sommerflieder im Garten irgendwann in Zukunft als »zu unserer Natur gehörig« angesehen wird, wie das zahlreiche Schmetterlinge längst tun, hängt weder von seiner Herkunft noch von seiner Lebensform als Pflanze ab. Er wird, wenn die Einstellung der Naturschützer der Zukunft dies zulässt, dann als Teil des Ganzen angesehen werden, und nicht mehr als Fremdkörper. Denn »das Ganze« ändert seine Bedeutung mit der Zeit.

Ist also alles nur eine Frage der Zeit? Vieles ja, aber nicht alles. Manches, was für uns Menschen und für viele andere Lebewesen längst als schlecht erkannt ist, ließe sich ändern. Die Überdüngung in erster Linie, die uns sehr viel kostet; viel mehr an Geld, als sie über die landwirtschaftliche Wertschöpfung einbringt. Von ihr gehen die stärksten Veränderungen in Wald und Flur aus. Mit ihr verbunden ist die krasse Vereinheitlichung, die Gleichmacherei. Auch sie müsste nicht sein. Sie wird mit Steuergeldern finanziert. Aus eigener Wertschöpfung entsteht sie nicht. Veruntreutes Geld ist das. Längst wäre es an der Zeit, dass sich die Bevölkerung dagegen wehrt. Knappes Geld ist gut für die Natur. Und knappe öffentliche Kassen für das Wohlergehen der großen Mehrheit der Menschen auch. Wir brauchen keine Fernblicke in die Zukunft, wenn es um die Lösung der Gegenwartsprobleme geht. Sie lenken nur ab von dem, was geändert werden müsste.

Was wir aber brauchen ist eine neue Haltung zur Natur. Die »grüne Entwicklung« der letzten Jahrzehnte hat sie ziemlich genau in dem Maße verklärt, wie sie uns entfremdet wurde. Mutter Natur ist keine gütige oder zürnende Mutter, der wir Schande antun. Sie setzt sich zusammen aus Bäumen und Wäldern, Tieren und Blumen, aus Äckern und Wiesen, Städten und Dörfern. Und aus Menschen. Es war der größte Fehler im Naturschutz, die Menschen gegen die Natur zu stellen. Das ließe sich korrigieren. Die Begeisterung für die Natur muss wieder ermöglicht werden. Sie sollte dort anfangen, wo sie sich am besten entfaltet und am stärksten nachwirkt, bei den Kindern und Jugendlichen. Zu viel wird ihnen von der Natur vorenthalten und viel zu viel in der Natur verboten. Das Virtuelle der Computer ist kein Ersatz für die wirkliche Welt. Wer ihre Erlebbarkeit einschränkt, macht sich zum Handlanger der Naturnutzer und Naturzerstörer.

Nachbemerkungen

Was mich antreibt ist Neugier. Sie macht auch das Gewöhnliche interessant, wenn man sich damit näher befasst. Gewöhnlich ist es ja nur, weil man daran gewöhnt ist und nichts Neues erwartet. Daher gilt das Streben meistens dem Seltenen, der Rarität. Die Neugier als natürliches Erbe der Kindheit nimmt mit der Zeit ab, vor allem dann, wenn mit den Entdeckungen nicht das Gefühl des Staunens aufkommt, das uns fesselt. Staunen als Belohnung der Neugier weckt die Lust, weiter zu machen, mehr zu erfahren, tiefer einzudringen. Ob staunen zu können eine Gabe ist oder erlernt wird, weiß ich nicht. Erweckt werden muss diese Fähigkeit auf jeden Fall zur rechten Zeit. Sie wächst und gedeiht, wenn sie Vorbilder hat, und Partner, mit denen das Staunen geteilt werden kann. Der Funke der Begeisterung springt über und wirkt ansteckend. Der erste, der mich für die ganze Breite der Natur begeisterte und mich das Staunen lehrte, war mein Biologie- und Chemielehrer Alfred Brundobler. Seine Art reißt heute noch mit, ein halbes Jahrhundert nach der Zeit, in der ich ihn als Lehrer hatte. Seine Unterrichtsstunden bildeten für mich die Höhepunkte meiner Schulzeit. In den Ferien vermisste ich sie.

Der notwendige Schulwechsel beim Übergang in die Oberstufe des Gymnasiums schuf den Kontakt zu einer Gruppe Naturbegeisterter, deren Leitfigur Karl (›Carlo‹) Pointner (†) war. Wir alle, die wir uns um ihn scharen durften, wurden von ihm angesteckt von einer nie mehr endenden Begeisterung für die Natur. Sie teilte sich für mich von Anfang an nicht in Vögel (Ornithologie), Insekten (Entomologie), Pflanzen (Botanik) und all die anderen ›Logien‹, in die sich die Spezialisten hineinarbeiten. Um Carlo blieb alles interessant, vom Gewitter bis zum Gewittertierchen, vom Blaukehlchen im Schilf bis zum zahmen, menschengeprägten Kolkraben auf der Faust, von den versteinerten Muscheln in den Sandgruben des niederbayerischen Hügellandes bis zu den Kieseln im Inn und dem Glitzern des Glimmerschiefers im Sand, den das Hochwasser ausgeworfen hatte.

Während des Studiums an der Universität München ergab sich nach diesen ersten Erfahrungen der Anschluss an den Deutschen Jugendbund für Naturbeobachtung (DJN) ganz von selbst. Dem höheren Wissensniveau entsprechend, das wir als Studierende erreicht hatten, wurden die gemeinsamen Exkursionen nicht nur ergiebig für alle Fachbereiche der Biologie, sondern zu unvergesslichen Erlebnissen. Der Freundeskreis existiert immer noch und stellvertretend für alle, denen ich mich nach wie vor verbunden fühle, führe ich hier Ortrun Preuss auf. Der spätere Berufsweg zwang zu keiner allzu engen Spezialisierung, denn an der Zoologischen Staatssammlung, in der ich 36 Jahre lang als Ornithologe wirken konnte, ist fast die ganze Bandbreite der Zoologie vertreten. Mit den Schwesterinstitutionen für Botanik, Paläontologie, Geologie, Mineralogie und Anthropologie der Staatlichen Naturwissenschaftlichen Sammlungen Bayerns erschließt sich jedem Mitarbeiter, der das anstrebt, mühelos das ganze Spektrum der Natur. Jahrzehntelang begleitete und förderte dort Ernst Josef Fittkau als mein Direktor an der Zoologischen Staatssammlung meine Forschungen. Kein besseres Vorbild hätte ich haben können. Er ist als Zoologe ein Spezialist für die winzigen, für Normalsterbliche praktisch ununterscheidbaren Zuckmücken aus aller Welt, erkannte als Ökologe die Natur des amazonischen Regenwaldes früher und besser als die internationale Forscherkonkurrenz und fand dennoch die Zeit, zum hervorragenden Kenner von Meeresmollusken zu werden und eine große Sammlung davon aufzubauen. Seine noch bedeutendere Sammlung von Ethnographika der südamerikanischen Indianerkulturen gehört nun zu den Schätzen des Staatlichen Museums für Völkerkunde in München. Generell schränkt das Arbeitsethos in der Zoologischen Staatssammlung nicht ein, sondern regt zu fachübergreifenden Fragestellungen und zur Zusammenarbeit an. Es herrscht die Atmosphäre einer inspirierenden Freiheit. Besonders erfreulich war für mich als Ornithologe, der ich meine Doktorarbeit über Wasserschmetterlinge gemacht hatte, die Kollegialität der Entomologen. Sie bestimmten mir jedes Insekt, das mich interessierte, und das waren nicht nur Einzelstücke sondern deren viele. So wie mir die großartige Bibliothek der Zoologischen Staatssammlung nicht nur stets uneingeschränkt zur Verfügung stand, sondern auch alles besorgte, was ich wünschte. Mit dem gleichen Entgegenkommen förderten Botanische Staatssammlung, Botanischer Garten und Botanisches Institut meine Interessen. Die Direktorin, Susanne Renner, beteiligte sich trotz ihrer äußerst knappen Zeit sogar mehrere Jahre an den Enzianzählungen. Über die angeschlossenen Amateur-Gesellschaften von Ornithologie und Entomologie bis zur Botanik und den Fossilienfreunden wurde der Austausch mit den vielfältigen, äußerst wertvollen Erfahrungen und Befunden der Feldbiologen gewährleistet. Keine andere wissenschaftliche Institution verzahnt sich so fruchtbringend mit den Kennern aus dem Kreis der Amateure wie die naturkundlichen Museen, die dank ihrer seit Jahrhunderten bewährten Ausrichtung Dauerhaftigkeit garantieren. Wir, die wir in einer so besonderen Institution forschen können oder konnten, wissen, von welch hoher Qualität Wissen und Befunde der Amateure sind.

In der Bayerischen Akademie der Wissenschaften erweiterte Hubert Ziegler (†) als Vorsitzender der Kommission für Ökologie noch einmal ganz beträchtlich die Bandbreite der Themen, mit denen ich mich zu beschäftigen hatte, nachdem ich Mitglied dieser Kommission geworden war. Die in diese Kommission berufenen Kollegen aus den anderen ökologisch-naturwissenschaftlichen Fachbereichen wurden für mich zu Mentoren, die wie Doktorväter wirken und immer wieder aufs Neue begeisterten.

Dass sich all das im Dialog mit der Öffentlichkeit bewährte, dazu trugen ganz wesentlich auch die Medien bei. Sie kamen mit ihren Anfragen auf mich zu und erweiterten damit zusätzlich das Spektrum der Themen, mit denen ich mich beschäftigte. Für den sanften

Zwang, den sie ausübten, mich verständlich auszudrücken, danke ich stellvertretend für alle Michael Miersch für die Printmedien, dem BR für den Rundfunk und Volker Panzer mit seinem ›Nachtstudio‹ für das Fernsehen. Viele andere wirkten auf ihre Weise auf mich: Die Studierenden in 30 Jahren Lehrtätigkeit mit ihren Fragen und ein großer Kreis von Freunden, von denen es für nicht wenige offenbar ein Gebot der Freundschaft war, mich bei den Freilandarbeiten zu unterstützen. Zu diesen Freunden gehören vor allem (in alphabetischer Reihenfolge) Georg Bonauer, Raimund Mascha, Franz Segieth, Joachim Soyka und Wolfgang Wiesinger. Die hier nicht Genannten werden sich an manchen Stellen im Buch an ihre Beiträge zu den gemeinsamen Unternehmungen und Forschungen erinnern und es mir hoffentlich nachsehen, dass sie nicht erwähnt wurden. Es sind ihrer zu viele. Was daraus geworden ist, liegt allein in meiner Verantwortung. Dass etwas daraus werden konnte, lag an der Bereitschaft des oekom Verlags, so ein Buch zu machen, und insbesondere am Engagement von Christoph Hirsch und der Lektorin Ute Heek.

Meine Frau Miki Sakamoto-Reichholf teilt meine Begeisterung uneingeschränkt. Bei all meinen Arbeiten wirkt sie mit, gelegentlich im Vertrauen darauf, dass die mitunter doch recht seltsam wirkenden Untersuchungen in der Natur etwas Sinnvolles ergeben. Ob es so ist, stellt sich oft erst Jahre später heraus. Freilandforschung ist schön, aber nicht gut planbar. Oft diktiert das Wetter sehr plötzlich, was zu tun ist. Doch da nichts so bleibt, wie es ist, und jedes Jahr anders verläuft, bringt fast jeder Tag draußen Überraschungen und immer wieder Neues.

Ausgewählte Literatur

Bayerische Landesanstalt für Wald und Forstwirtschaft (2003): Beiträge zum Wacholder. – LWF, Freising.

Bayerische Landesanstalt für Wald und Forstwirtschaft (2003): Der Wald für morgen. – LWF, Freising.

Bayerische Landesanstalt für Wald und Forstwirtschaft (2005): Beiträge zur Rosskastanie. – LWF, Freising.

Bayerische Landesanstalt für Wald und Forstwirtschaft (2006): Beiträge zur Schwarzpappel. – LWF, Freising.

Bernatzky, Aloys (1973): Baum und Mensch. – W. Kramer, Frankfurt.

Bonn, Susanne & Peter Boschlod (1998): Ausbreitungsbiologie der Pflanzen Mitteleuropas. – UTB Quelle & Meyer, Wiesbaden.

Brauns, Adolf (1991): Taschenbuch der Waldinsekten. – G. Fischer, Stuttgart.

Chmelar, Jindrich & Walter Meusel (1986): Die Weiden Europas. – Neue Brehm-Bücherei 494. Ziemsen, Wittenberg.

Dörfelt, Heinrich & Herbert Görner (1989): Die Welt der Pilze. – Urania, Leipzig.

Düll, Ruprecht & Herfried Kutzelnigg (1988): Botanisch-ökologisches Exkursionsbuch. – Quelle & Meyer, Heidelberg.

Ellenberg, Heinz (1963): Die Vegetation Mitteleuropas mit den Alpen. – Ulmer, Stuttgart.

Erlbeck, Reinhold, Ilse E. Haseder & Gerhard K. F. Stinglwagner (1998): Das Kosmos Wald- und Forstlexikon. – Kosmos, Stuttgart.

Genaust, Helmut (1983): Etymologisches Wörterbuch der botanischen Pflanzennamen. – Birkhäuser, Basel.

Gerken, Bernd (1988): Auen. – Rombach, Freiburg.

Gleich, Michael, Dirk Maxeiner, Michael Miersch & Fabian Nicolay (2000): Life Counts. Eine globale Bilanz des Lebens. – Berlin Verlag, Berlin.

Hartmann, Elisabeth et al. (1995): Neophyten. – Ecomed, Landsberg.

Hasel, Karl (1985): Forstgeschichte. – Parey, Hamburg.

Heinrich, Bernd (2000): Die Bäume meines Waldes. – Ullstein/List, Berlin.

Heß, Dieter (1983): Die Blüte. – Ulmer, Stuttgart.

Hesse, Hermann (1952/2000): Bäume. – Insel TB, Frankfurt.

Heynert, Hans (1986): Die Pflanzenwelt Europas. – Landbuch, Hannover.

Hintermeier, Helmut & Margrit (2009): Die Weide. Baum und Strauch für Tier und Mensch – Delp, Bad Windsheim.

Höhn, Reinhardt (1977): Seltsames aus dem Reich der Pflanzen. – terra magica, Luzern.

Holzberger, Rudi & Ernst Fesseler (1989): Der Wald zwischen Wildnis und Monokultur. – Ravensburger Otto Maier, Ravensburg.

Holzner, Wolfgang (1981): Ackerunkräuter. – Stocker, Graz.

Jacobs, Werner & Max Renner (1974): Taschenlexikon zur Biologie der Insekten. – G. Fischer, Stuttgart.

Kinzelbach, R. (1995): Der Seidenschwanz, *Bombycilla garrulus* (LINNAEUS, 1758) in Mittel- und Südeuropa vor dem Jahre 1758. – Hessisches Landesmuseum Darmstadt.

Knoll, Fritz (1956): Die Biologie der Blüte. – Springer, Berlin.

Koch, Manfred (1996): Wir bestimmen Schmetterlinge. – Neumann, Radebeul.

Körber-Grohne, Udelgard (1987): Nutzpflanzen in Deutschland. Kulturgeschichte und Biologie. – Theiss, Stuttgart.

Kugler, Hans (1970): Blütenökologie. – G. Fischer, Stuttgart.

Küster, Hansjörg (1996): Geschichte der Landschaft in Mitteleuropa. Von der Eiszeit bis zur Gegenwart. – Beck, München.

Küster, Hansjörg (1998): Geschichte des Waldes. Von der Urzeit bis zur Gegenwart. – Beck, München.

Labhard, Felix & Till Lohmeyer (2001): Faszination Pilze. – BLV, München.

Lehmann, Albrecht (1999): Von Menschen und Bäumen. Die Deutschen und ihr Wald. – Rowohlt, Reinbeck/Hamburg.

Otto, Hans-Jürgen (1994): Waldökologie. – UTB Ulmer, Stuttgart.

Pollan, Michael (2002): Die Botanik der Begierde. Vier Pflanzen betrachten die Welt. – Claasen, München.

Radkau, Joachim (2007): Holz. – oekom, München.

Reichholf, Josef H. & Miki Sakamoto (2007): Waldzeiten. – Kessel, Remagen-Oberwinter.

Reichholf, Josef H. (1988): Feuchtgebiete. Seen und Teiche, Flüsse und Bäche, Moore und Auen. – Mosaik, München.

Reichholf, Josef H. (1989): Feld und Flur. Ökologie des Kulturlandes. – Mosaik, München.

Reichholf, Josef H. (1989): Siedlungsraum. Zur Ökologie von Dorf, Stadt und Straße. – Mosaik, München.

Reichholf, Josef H. (1990): Wald. Ökologie der mitteleuropäischen Wälder und ihrer Lebensgemeinschaften. – Mosaik, München.

Reichholf, Josef H. (1992): Comeback der Biber. Ökologische Überraschungen. – Beck, München.

Reichholf, Josef H. (2005): Die Zukunft der Arten. Neue ökologische Überraschungen. – Beck, München.

Reichholf, Josef H. (2007): Eine
kurze Naturgeschichte des letzten Jahrtausends. – S. Fischer,
Frankfurt.

Reichholf, Josef H. (2007): Stadtnatur. – oekom, München.

Reichholf, Josef H. (2010): Naturschutz. Krise und Zukunft. –
Suhrkamp, Frankfurt.

Reinbothe, Horst & Claus Wasternack
(1986): Mensch und Pflanze. –
Quelle & Meyer, Heidelberg.

Schaarschmidt, Horst (1988): Die
Walnussgewächse. – Neue
Brehm-Bücherei 591. Ziemsen,
Wittenberg.

Schroeder, Fred-Günter (1998): Lehr-
buch der Pflanzengeographie. –
UTB Quelle & Meyer, Heidelberg.

Schütt, Peter et al. (1992): Lexikon
der Forstbotanik. – ecomed,
Landsberg.

Söhns, Franz (1907): Unsere Pflanzen. Ihre Namenserklärung und
Stellung in der Mythologie und
im Volksaberglauben. – Teubner,
Leipzig.

Sperber, Georg & Stephan Thierfelder
(2005): Urwälder Deutschlands. –
BLV, München.

Stamp, L. Dudley (1973): Man and
the Land. – Collins, London.

Stopp, Fritz (1961): Unsere Misteln. –
Neue Brehm-Bücherei 287. Ziemsen, Wittenberg.

Suzuki, David & Wayne Grady (2004):
Tree, a life story. – Greystone
Books, Vancouver.

Urania Pflanzenreich (1995): Vegetation. – Urania, Leipzig.

Urania Tierreich (1989): Insekten. –
Urania, Leipzig.

Bildnachweis

Die meisten und hier nicht benannten Bilder wurden von
Josef H. Reichholf zur Verfügung gestellt.

S. 128, Kiefernzapfen, fotolia © VRD

S. 128, 159, Wacholderzweig, fotolia © Uros Petrovic

S. 159, Wacholderbeeren, fotolia © photocrew

S. 176, 215 Eicheln, fotolia © Farmer

S. 176, Haselnüsse, fotolia © Marzia Giacobbe

S. 183, Fichtenzapfen, fotolia © Stefan Körber

S. 215, Eichenblätter, fotolia © Kautz15

S. 242, Mistel, fotolia © photocrew

S. 242, Kastanie, fotolia © ExQuisine

S. 273, Walnussblatt, fotolia © SyB

S. 273, Walnüsse, fotolia © H.D.Volz

S. 293, Apfel, fotolia © Gabriele Rohde

S. 293, Apfelkörbchen, fotolia © Irina Fischer

S. 311, Mistelbund, fotolia © Tamara Kulikova

Von der Erobe-
rung der Städte

»Raus in die Natur«, zieht es die nimmermüden Stadt-
menschen, sobald die Frühlingssonne lacht. Rechnen
müssen sie dabei neuerdings mit Gegenverkehr.
Viele Tiere und Pflanzen finden auf dem Land keinen
Lebensraum mehr und retten sich in die Städte.
Die Großstadt Berlin belegt bereits einen Spitzenplatz
unter den deutschen Vogelschutzgebieten. In einem
Münchner Innenhof wurden bis zu 260 Schmetterlingsarten gezählt.

J. H. Reichholf
Stadtnatur
Eine neue Heimat für
Tiere und Pflanzen

318 Seiten, mit vielen farbigen
Abbildungen, 24,90 EUR
ISBN 978-3-86581-042-7

/Ⅲ oekom
Die guten Seiten der Zukunft

Erhältlich bei www.oekom.de, oekom@verlegerdienst.de